U0274158

污染综合防治最佳可行技术参考丛书

欧盟委员会
EUROPEAN COMMISSION

聚合物生产工业
污染综合防治最佳可行技术

Reference Document on
Best Available Techniques in the
Production of Polymers

欧盟委员会联合研究中心　编著
Joint Research Center, European Communities

环境保护部科技标准司　组织编译

周岳溪　宋玉栋　伏小勇　陈学民　等译

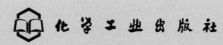
化学工业出版社
·北京·

图书在版编目（CIP）数据

聚合物生产工业污染综合防治最佳可行技术/欧盟委员会联合
研究中心编著．周岳溪等译．—北京：化学工业出版社，2015.10
（污染综合防治最佳可行技术参考丛书）
ISBN 978-7-122-25208-1

Ⅰ.①聚…　Ⅱ.①周…　Ⅲ.①聚合物-化工生产-工业污染防治
Ⅳ.①X783.1

中国版本图书馆 CIP 数据核字（2015）第 224249 号

Reference Document on Best Available Techniques in the Production of Polymers/by Joint Research Center，European Communities.

Copyright © 2007 by European Communities. All rights reserved.
Chinese translation © Chinese Research Academy of Environmental Sciences，2015
Responsibility for the translation lies entirely with Chinese Research Academy of Environmental Sciences.
Authorized translation from the English language edition published by European Communities.
本书中文简体字版由 European Communities 授权化学工业出版社出版发行。
未经许可，不得以任何方式复制或抄袭本书的任何部分，违者必究。

责任编辑：刘兴春　卢萌萌　　　　　　　　　装帧设计：关　飞
责任校对：宋　玮

出版发行：化学工业出版社（北京市东城区青年湖南街 13 号　邮政编码 100011）
印　　刷：北京永鑫印刷有限责任公司
装　　订：三河市胜利装订厂
787mm×1092mm　1/16　印张 17　字数 360 千字　2016 年 5 月北京第 1 版第 1 次印刷

购书咨询：010-64518888（传真：010-64519686）　售后服务：010-64518899
网　　址：http://www.cip.com.cn
凡购买本书，如有缺损质量问题，本社销售中心负责调换。

定　　价：138.00 元　　　　　　　　　　　　　　　版权所有　违者必究

《污染综合防治最佳可行技术参考丛书》组织委员会

顾　问：吴晓青
主　编：赵英民
副主编：刘志全　王开宇
编　委：冯　波　张化天　王凯军　左剑恶
　　　　张洪涛　胡华龙　周岳溪　刘睿倩

《聚合物生产工业污染综合防治最佳可行技术》翻译人员

翻译人员：周岳溪　宋玉栋　伏小勇　陈学民　郭瑞斌

《序》

中国的环境管理正处于战略转型阶段。2006 年，第六次全国环境保护大会提出了"三个转变"，即"从重经济增长轻环境保护转变为保护环境与经济增长并重；从环境保护滞后于经济增长转变为环境保护与经济发展同步；从主要用行政办法保护环境转变为综合运用法律、经济、技术和必要的行政办法解决环境问题"。2011 年，第七次全国环境保护大会提出了新时期环境保护工作"在发展中保护、在保护中发展"的战略思想，"以保护环境优化经济发展"的基本定位，并明确了探索"代价小、效益好、排放低、可持续的环境保护新道路"的历史地位。

在新形势下，中国的环境管理逐步从以环境污染控制为目标导向转为以环境质量改善及以环境风险防控为目标导向。"管理转型，科技先行"，为实现环境管理的战略转型，全面依靠科技创新和技术进步成为新时期环境保护工作的基本方针之一。

自 2006 年起，我部开展了环境技术管理体系建设工作，旨在为环境管理的各个环节提供技术支撑，引导和规范环境技术的发展和应用，推动环保产业发展，最终推动环境技术成为污染防治的必要基础，成为环境管理的重要手段，成为积极探索中国环保新道路的有效措施。

当前，环境技术管理体系建设已初具雏形。根据《环境技术管理体系建设规划》，我部将针对 30 多个重点领域编制 100 余项污染防治最佳可行技术指南。到目前，已经发布了燃煤电厂、钢铁行业、铅冶炼、医疗废物处理处置、城镇污水处理厂污泥处理处置 5 个领域的 8 项污染防治最佳可行技术指南。同时，畜禽养殖、农村生活、造纸、水泥、纺织染整、电镀、合成氨、制药等重点领域的污染防治最佳可行技术指南也将分批发布。上述工作已经开始为重点行业的污染减排提供重要的技术支撑。

在开展工作的过程中，我部对国际经验进行了全面、系统地了解和借鉴。污染防治最佳可行技术是美国和欧盟等进行环境管理的重要基础和核心手段之一。20 世纪 70 年代，美国首先在其《清洁水法》中提出对污染物执行以最佳可行技术为基础的排放标准，并在排污许可证管理和总量控制中引入最佳可行技术的管理思路，取得了良好成效。1996 年，欧盟在综合污染防治指令（IPPC 96/61/CE）中提出要建立欧盟污染防治最佳可行技术体系，并组织编制了 30 多个领域的污染防治最佳可行技术参考文件，为欧盟的环境管理及污染减排提供了有力支撑。

为促进社会各界了解国际经验，我部组织有关机构翻译了欧盟《污染综合防治最佳可行技术参考丛书》，期望本丛书的出版能为我国的环境污染综合防治以及环境保护技术和产业发展提供借鉴，并进一步拓展中国和欧盟在环境保护领域的合作。

环境保护部副部长 吴晓青

《序》

　　石油化工是国民经济重要支柱性产业，也是污染物排放量大的行业。构建先进科学理念，强化资源综合利用，实施污染物的全过程减排，有效支撑石油化工行业可持续发展，改善环境质量。工业发达国家积累了成功经验，可供我国借鉴。

　　水污染控制是中国环境科学研究院的重要学科领域之一，周岳溪是该学科的主要带头人，二十多年来一直从事工业废水和城镇污水污染控制工程技术研究和成果推广应用，相继承担了多项国家科研计划项目，特别是国家水体污染控制与治理科技重大专项的项目，开展重污染行业废水污染物全过程减排技术研究与应用，取得了很好的社会效益、经济效益和环境效益。在项目的实施过程中，注重吸取国外的先进理念和技术，结合项目的实施，组织翻译了欧盟《污染综合防治最佳可行技术参考》丛书中的《石油炼制与天然气加工工业污染综合防治最佳可行性技术》、《大宗有机化学品工业污染综合防治最佳可行技术》、《氨、无机酸和化肥工业污染综合防治最佳可行技术》、《有机精细化学品工业污染综合防治最佳可行技术》和《聚合物生产工业污染综合防治最佳可行技术》等。该类图书由欧盟成员国、相关企业、非政府环保组织和欧洲综合污染防治局组成的技术工作组（TWG）负责编著，旨在实施欧盟"综合污染预防与控制（IPPC）（96/61/EC 号）指令"所提出的污染综合预防和控制策略，确定最佳可行技术（BAT 技术），实施污染综合防治，减少大气、水体和土壤的污染物排放，有效保护生态环境。

　　该丛书系统介绍了欧盟在上述领域的行业管理、通用 BAT 技术、典型生产工艺 BAT 技术以及最新技术进展等，内容翔实，实用性强。相信其出版将在我国石油化工行业污染综合防治领域引进先进理念，促进工程管理能力，提高科学技术研究与应用发展。

中国工程院院士

中国环境科学研究院院长
2013 年 11 月

‹前言›

本书是结合本课题组承担的国家水体污染控制与治理科技重大专项（国家重大水专项）项目的实施，翻译欧盟石油化工《污染综合防治最佳可行技术（BAT 技术）参考》丛书之一，即"聚合物生产工业污染综合防治最佳可行技术参考文件"［Integrated Pollution Prevention and Control Reference Document on Best Available Techniques in the Production of Polymers］的中译本。主要内容为：绪论；第 1 章　总论；第 2 章　通用工艺技术；第 3 章　聚烯烃；第 4 章　聚苯乙烯；第 5 章　聚氯乙烯；第 6 章　不饱和聚酯；第 7 章　乳液聚合丁苯橡胶；第 8 章　含丁二烯的溶液聚合橡胶；第 9 章　聚酰胺；第 10 章　聚对苯二甲酸乙二醇酯纤维；第 11 章　黏胶纤维；第 12 章　BAT 备选技术；第 13 章　BAT 技术；第 14 章　新技术；第 15 章　结束语；参考文献；附录。

本书全面、系统地介绍了欧盟聚合物生产行业的运行管理、生产工艺技术和污染综合防治的 BAT 技术等，内容翔实、实用性强。适合于行业管理人员和从事污染防治的工程技术人员阅读，也可作为环境科学与工程专业的科研、设计、环境影响评价及高等学校高年级本科生及研究生的参考用书。

本书翻译人员及分工为：第 1 章、第 10 章、第 13 章、第 14 章：陈学民、宋玉栋、周岳溪；第 2 章、第 4 章、第 5 章、第 6 章、第 7 章、第 8 章、第 9 章：郭瑞斌、宋玉栋、周岳溪；第 3 章、第 11 章、第 12 章：伏小勇、宋玉栋、周岳溪。此外，宋广清、白兰兰、陈雨卉、胡田、刘苗茹、肖宇、杨茜、岳岩、王翼、张猛、张雪、朱跃、周璟玲、林成豪、丁岩、王软祥、徐守强、胡玉龙、朱晨、朱泽敏等参与了部分译稿整理工作。

全书由宋玉栋、周岳溪译校、统稿。

本书的翻译出版获得了欧盟综合污染预防与控制局的许可与支持；得到了国家水体污染控制与治理科技重大专项办公室、国家环保部科技标准司、中国环境科学研究院领导的支持；化学工业出版社对本书出版给予了帮助，在此谨呈谢意。

限于译校者知识面与水平，加之时间紧迫，本书难免存在不妥和疏漏之处，恳请读者不吝指正。

周岳溪

2015 年 12 月

‹目录›

绪论

0.1 内容摘要

0.1.1 引言

聚合物生产（POL）BREF（最佳可行技术参考文件，best available tehniques reference document），BREF 是根据欧盟理事会指令 96/61/EC（IPPC 指令）中 16（2）款的技术交流成果。本绪论介绍主要调查结果、重要 BAT 技术（最佳可行技术，best available techniques）结论及相关排放/消耗水平。阅读应结合 BREF 序言对目的、用法和法律条款的诠释。本绪论可作为单独技术文件，但由于未反映 BREF 所有内容，不能作为 BAT 决策依据。

0.1.2 本书范围

本书重点介绍欧洲聚合物生产工业具有相当生产规模和环境影响的主要产品，这些产品主要采用专用装置生产。涵盖的产品清单还可以进一步补充，目前包括聚烯烃、聚苯乙烯、聚氯乙烯、不饱和聚酯、乳液聚合丁苯橡胶、含丁二烯的溶液聚合橡胶、聚酰胺、聚对苯二甲酸乙二醇酯纤维和黏胶纤维。

由于 IPPC 指令中未能预见，因此，并未建立聚合物生产装置划分 IPPC 装置和非 IPPC 装置的具体界限。

0.1.3 聚合物生产工业及其环境问题

聚合物公司生产从日用品到高附加值材料的多种基础产品，采用的生产工艺间歇运行或连续运行，装置规模从 10000t/a 到 300000t/a 不等。

这些基础聚合物产品被出售给下游加工厂家，然后为广大终端用户市场提供服务。

聚合物生产的化学过程包括聚合反应、缩聚反应和加成聚合反应三种基本反应类型。因此，工艺步骤较少，主要包括前期准备、反应物及产物的分离。在许多情况下，必须进行冷却、加热、真空或加压操作。生产过程中不可避免会产生废物流，可通过回收系统或减排系统处理，或作为废物处置。

聚合物行业的关键环境问题是排放挥发性有机物、某些情况下排放高负荷有机废水、排放大量废溶剂和不可回收固体废物，以及能耗高。考虑到该行业的多样性和生产聚合物差异性，本文未能提供该行业的完整情况。尽管如此，本文中提供的排放和消耗数据均来自该行业广大范围内正在运行的装置。

0.1.4 BAT 备选技术

BAT 备选技术分为通用技术和某些聚合物的专用技术两类。前者包括环境管理工具、设备设计与维护、监测以及节能和末端处理的通用技术。

0.1.5 最佳可行技术（BAT 技术）

本书正文涉及的背景资料和相关技术，详细介绍了环境管理 BAT 技术，本绪论不予赘述。

（1）与 CWW BREF 的衔接

"化学工业废水废气处理/管理"的 BREF 文件，描述了可在整个化工行业通用的技术，对通用的回收或减排技术也进行了详细说明。

当 CWW BREF 中描述的末端处理技术用于聚合物行业，且达到 BAT 相关排放水平时，该技术也是聚合物行业的 BAT 技术。

（2）流量和浓度水平

本书主要涉及排放和消耗水平满足要求的生产类 BAT 技术，同时也涉及排放浓度水平可在 CWW BREF 中找到的末端处理技术。所有 BAT 技术相关的排放水平都是指总排放，既包括点源排放也包括逸散性排放。

（3）理解 BAT 的应用

本书列出的 BAT 技术包括通用 BAT 技术和涉及聚合物的专用 BAT 技术。通用 BAT 技术是指通常可应用于所有聚合物生产装置的 BAT 技术。专用 BAT 技术是指专门用于主要或只生产某些特定类型聚合物装置的 BAT 技术。

① 通用 BAT 技术　通过先进的设备设计减少逸散性排放，具体内容如下。

- 使用波纹管密封、双重填料密封的阀门或具有同等效能的设备。对于涉及高毒性物料的场合，特别推荐使用波纹管密封阀。
- 使用磁力泵、屏蔽泵或带液体屏障和双重密封的泵。
- 使用磁力压缩机、屏蔽电动机驱动的压缩机或带液体屏蔽和双重密封的压缩机。
- 使用磁力搅拌机、屏蔽电动机驱动的搅拌机或带液体屏蔽和双重密封的搅拌机。
- 尽可能减少法兰（或接头）的数量。
- 使用有效的密封垫。
- 使用封闭的采样系统。
- 在封闭系统中排放废水。
- 收集排放口排气。

开展污染物逸散性排放的评估和测量，从类型、用途和工艺条件等方面对设备部件进行分类，进而确定最易造成逸散性排放的要素。

结合逸散性排放评估和测量结果，基于部件和使用数据库，建立和执行设备监测与维护（M&M）计划或（和）泄漏检测维修（LDAR）计划。

以下技术结合使用以减少粉尘排放量：

- 浓相输送比稀相输送可更有效地防止粉尘排放。
- 尽可能降低稀相输送系统中的速度。
- 通过表面处理和合适的管道布置减少输送线上粉尘的生成。
- 在除尘单元采用旋风除尘器或过滤除尘器，纤维过滤器系统更加有效，特别是对于细尘。
- 使用湿式除尘器。

尽量减少装置的开车与停车，以避免峰值排放并降低整体的消耗水平（例如每吨产品能耗和单体消耗）。

妥善保存紧急停车条件下的反应器物料（例如采用防泄漏存储系统）。

循环使用紧急停车保存的反应器物料，或用作燃料。

通过适当的管道设计和专用工具来预防水污染。为便于检修，新建或改建系统的排水收集系统应做到以下几点。例如：

- 管道和水泵布置在地面以上。
- 管道布置在便于检修的管廊内（ducts）。

对于以下排水分别采用单独的收集系统：

- 受污染的工艺排水。
- 冷却水、厂区地面径流等可能由于泄露或其他污染源而被污染的水。
- 清净下水。

采用以下一种或多种技术处理来自脱气筒仓的空气吹洗气流和反应器排气：

- 循环利用。
- 热氧化。
- 催化氧化。

- 吸附。
- 火炬（仅针对不连续排放）。

采用火炬系统处理来自反应系统的不连续排放物。只有在这些排放物既不能在生产过程中循环利用也不能作为燃料使用时，采用火炬系统处理才是 BAT 技术。

尽可能使用热电联产产生的蒸汽和电能。当一个工厂使用蒸汽或蒸汽有合适的出路时，通常要建立热电联产装置。热电联产的电能可以厂内利用，也可以对外输出。

对于可找到低压蒸汽内部或外部用户的地方，通过在厂内或工艺内产生低压蒸汽来回收反应热。

- 对聚合物工厂有资源化潜力的废物进行再利用。

使用液态原料且生产液态产品的多产品工厂使用清管系统。

废水处理装置上游建立缓冲池以获得稳定的废水水质。这种方法适用于所有产生废水的工艺，如 PVC 和 ESBR。

对废水进行有效处理。废水处理可在集中式污水处理厂进行，也可在专门的废水处理站进行。根据废水水质，可能需要进行专门的预处理。

② 聚乙烯生产 BAT 技术 从 LDPE 工艺往复式压缩机回收单体：

- 循环利用于生产工艺。
- 输送到热氧化器。

收集挤出机废气。在 LDPE 生产中，从挤出工段（后密封）排放的废气富含 VOCs。通过吸出处理该工段烟气，单体排放量随之减少。

通过处理吹洗空气减少来自于整理和存储工段的污染物排放。

在尽可能高的聚合物浓度下运行反应器。提高反应器中的聚合物浓度，可使生产工艺整体的能量效率得到优化。

使用闭路循环冷却系统。

③ LDPE 生产的 BAT 技术

- 在最低压力下运行低压分离器（low pressure seperator，LPS）。
- 选择适用溶剂。
- 采用脱挥挤出。
- 处理脱气筒仓吹洗空气。

④ 悬浮聚合工艺的 BAT 技术

- 应用闭路氮气吹洗系统。
- 优化汽提过程。
- 循环利用汽提过程回收单体。
- 冷凝挥发的溶剂。
- 选择适用溶剂。

⑤ 气相聚合工艺的 BAT 技术

- 应用闭路氮气吹洗系统。
- 选择合适的溶剂和共聚单体。

⑥ LLDPE 溶液法工艺的 BAT 技术

- 冷凝挥发的溶剂。
- 选择适用溶剂。
- 采用脱挥挤出。
- 处理脱气筒仓的吹洗空气。

⑦ 聚苯乙烯的 BAT 技术 通过以下一种或多种技术来减少和控制存储过程中的排放：

- 尽量减小液位变化。
- 采用气体平衡管线。
- 采用浮顶存储罐（仅适用于大型储罐）。
- 安装冷凝器。
- 回收处理排气。

回收所有吹洗气流和反应器排气。

收集和处理造粒排气。通常，造粒工段的吸气同反应器排气和吹洗气流一起处理。本技术只适用于 GPPS 和 HIPS 工艺。

采用以下的一种或多种技术及其同等技术减少 EPS 生产工艺配制工段的污染物排放：

- 采用蒸气平衡管线。
- 采用冷凝器。
- 回收处理排气。

采用以下一种或多种技术减少 HIPS 生产工艺溶解系统的排放：

- 采用旋风分离器处理输送空气。
- 采用高浓度泵系统（high concentration pumping system）。
- 采用连续溶解系统。
- 采用蒸气平衡管线。
- 回收处理排气。
- 采用冷凝器。

⑧ 聚氯乙烯生产的 BAT 技术 VCM 进料采用适当的存储设施，通过合理的设计和维护防止泄漏造成对空气、土壤和水的污染：

- 在常压下用冷藏罐存储 VCM。
- 在常温下用加压罐存储 VCM。
- 储罐装备带冷却回流的冷凝器来避免 VCM 排放。
- 储罐连接 VCM 回收系统或适当的排气处理设备以避免 VCM 排放。

通过以下措施防止 VCM 卸载时连接处的排放：

- 采用蒸气平衡管线。
- 在连接断开前抽空和处理连接段的 VCM。

通过组合应用以下技术减少反应器中残留 VCM 的排放：

- 减少反应器打开频率。
- 反应器泄压时排气输送到 VCM 回收系统。
- 将反应器液体物料排到密闭容器。
- 用水润洗和清洗反应器。
- 将反应器清洗水排放到汽提系统。
- 向反应器通入蒸汽和/或用惰性气体冲洗以去除残留的微量 VCM，并将清洗气体转移到 VCM 回收系统。

采用汽提技术处理聚合物悬液或胶乳以获得低 VCM 含量的产品。

组合应用以下技术处理生产废水：

- 汽提。
- 絮凝。
- 废水生物处理。

采用除尘技术防止干燥工段的粉尘排放，悬浮 PVC 采用旋风除尘器，微悬浮 PVC 采用袋式除尘器，乳液 PVC 采用多袋式除尘器。

用以下一种或几种技术处理回收系统的 VCM 排放。

- 吸收。
- 吸附。
- 催化氧化。
- 焚烧。

预防和控制设备连接和密封处所产生的逸散性 VCM 排放。

通过以下一种或几种技术预防聚合反应器发生 VCM 的事故性排放：

- 反应器给料和操作条件采用专门的控制设备。
- 用化学抑制系统终止反应。
- 具有反应器应急冷却能力。
- 设置搅拌应急电源（仅针对催化剂不溶于水的情况）。
- 具有紧急情况下受控排气到 VCM 回收系统的能力。

⑨ 非饱和聚酯生产的 BAT 技术　采用以下一种或几种技术处理废气：

- 热氧化。
- 活性炭。
- 乙二醇洗涤器。
- 升华箱。

对废水（主要来自反应过程）进行热处理，通常同废气一起处理。

⑩ ESBR 生产的 BAT 技术　合理设计和维护储罐，防止泄漏造成对空气、土壤和水的污染，并应用以下一种或几种存储技术：

- 尽量减小液位变化（只适用于综合性工厂）。
- 安装气体平衡管线（只适用于邻近储罐）。
- 采用浮顶（只适用于大型罐）。

- 安装排气冷凝器。
- 优化苯乙烯汽提。
- 排气回收进行外部处理（通常采用焚烧处理）。

采用以下技术或其同等技术控制扩散排放（逸散性）并使其最小化：

- 定期检查法兰、泵、密封等。
- 预防性维护。
- 闭环采样。
- 装置设备升级：采用串联机械密封、防泄露阀门、改良型密封垫。

收集工艺设备排气进行处理（通常为焚烧处理）。

水的循环利用。

采用生物处理或同等技术处理废水。

通过废物分类收集使危险废物的产生量最小化，并将其收集后外送处理。

采用好的管理措施和装置外循环使用，使无害废物的产生量最小化。

⑪ 溶液聚合含丁二烯橡胶生产的 BAT 技术

通过以下一种或两种技术或其同等技术去除产品中的溶剂：

- 脱挥挤出。
- 蒸汽汽提。

⑫ 聚酰胺生产的 BAT 技术

采用湿式除尘器处理聚酰胺生产过程中的烟气。

⑬ 聚对苯二甲酸乙二醇酯纤维生产的 BAT 技术

在 PET 生产废水输送到综合污水处理厂前采用以下一种或几种技术进行预处理：

- 汽提。
- 循环利用。
- 或其他同等技术。

采用催化氧化或同等技术处理 PET 生产废气。

⑭ 黏胶纤维生产的 BAT 技术

- 在防护罩中运行精纺机。
- 冷凝处理纺丝生产线废气回收 CS_2，并将其循环回生产工艺。
- 采用活性炭吸附回收废气中的 CS_2。根据废气中 H_2S 的浓度，可采用不同的 CS_2 吸附回收技术。
- 采用催化氧化生产 H_2SO_4 的脱硫工艺处理废气，根据质量流量和浓度，可采用多种不同工艺氧化含硫废气。
- 回收纺纱浴中的硫酸盐。BAT 技术是以硫酸钠形式回收废水中硫酸盐。副产品具有经济价值且可出售。
- 通过碱沉淀串联硫化物沉淀去除废水中的 Zn。
- 采用厌氧硫酸盐还原削减技术处理排入敏感水体的废水。
- 采用流化床焚烧炉焚烧无害废物，回收热量用于蒸汽或能量生产。

0.1.6 BAT 技术相关排放和消耗水平

采用通用 BAT 技术和不同产品的专用 BAT 技术后，可达到以下排放与消耗水平（见表 0.1）

表 0.1 采用通用 BAT 技术和专用 BAT 技术后的排放与能耗水平

项目	VOC/(g/t)	粉尘/(g/t)	COD/(g/t)	悬浮固体/(g/t)	直接能耗/(GJ/t)	危险废物/(g/t)
LDPE	新建装置：700~1100 已有装置：1100~2100	17	19~30		管式：2.88~3.24[①] 高压釜：3.24~3.36	1.8~3.0
LDPE 共聚物	2000	20			4.50	5.0
HDPE	新建装置：300~500 已有装置：500~1800	56	17		新建装置：2.05 改建装置：2.05~2.52	3.1
LLDPE	新建装置：200~500 已有装置：500~700	11	39		新建装置：2.08 改建装置：2.08~2.45	0.8
GPPS	85	20	30	10	1.08	0.5
HIPS	85	20	30	10	1.48	0.5
EPS	450~700	30			1.80	3.0
S-PVC	VCM 18~45 技术分歧：18~72	10~40	50~480	10[②]		0.01~0.055
E-PVC	100~500 技术分歧：160~700	50~200	50~480	10[②]		0.025~0.075
UP	40~100	5~30			2~3.50	7
ESBR	170~370		150~200			

① 未计入低压蒸汽 0 到 0.72GJ/t 的正值（取决于对外输出低压蒸汽的可能性）。

② 在单独的 PVC 生产厂区或含有 PVC 生产装置的综合厂区，AOX 排放量可达 1~12g/t。

对于 PVC 生产过程中排入空气 VCM 量的 BAT AEL，三个成员国提出了技术分歧。这些成员国提出的 BAT AEL 如表 0.2 所列。这些技术分歧的合理性在于：AEL 范围的上限适用于规模较小的生产厂，较宽的 BAT AEL 范围并非由于不同 BAT 应用效果的差异，而是由于产品生产结构的差异。在这个范围中，任何 BAT AEL 都有对应的整个生产工艺采用 BAT 技术的工厂。

表 0.2 成员国提出的 BAT AEL

项目	排入空气的硫 /(kg/t)	排入废水的 SO_4^{2-}/(kg/t)	COD/(g/t)	排入水的 Zn /(g/t)	直接能耗 /(g/t)	有毒废物 /(g/t)
黏胶纤维	12~20	200~300	3000~5000	10~50	20~30	0.2~2

0.1.7 结束语

聚合物生产 BAT 技术资料交流于 2003~2005 年执行。信息交流过程非常成功，在技术工作组最终会议期间及会后，都达到了高度的共识。仅有一项关于 PVC 生产 BAT 技术排放水平的技术分歧记录。EC 启动实施了包括清洁生产、废水处理与循环新技术以及管理策略系列课题在内的 RTD 项目，对本书的编制提供了支持。这些项目的成果无疑会直接受益于本 BREF 的修订。在此，恳请读者就本书（包括绪论）涉及 EIPPCB 的相关研究结果予以确认。

0.2 序　　言

0.2.1 本书的地位

除特别说明外，本书中的"指令"（directive）是指关于综合污染预防与控制的欧盟理事会指令（96/61/EC）。该指令的实施不违反欧盟关于工作场所健康和安全的条款，本书也是如此。

本书介绍了欧盟成员国和相关工业部门的最佳可行技术（BAT）、相关监测及其发展的技术交流系列成果的部分内容。本书由欧盟委员会根据指令第 16（2）条款出版。因此，根据指令附录Ⅳ要求确定"最佳可行技术"（BAT 技术）时必须考虑本书内容。

0.2.2 IPPC 指令的相关法律义务和 BAT 技术定义

为了帮助读者理解起草本书的法律背景，序言介绍 IPPC 指令（简称"指令"）最直接相关的条文，包括"最佳可行技术"的定义。显然，该介绍内容不完整，仅提供信息，也不具法律效力，不能改变或偏离指令的条文。

指令的目的是综合预防和控制附录Ⅰ中的污染行为，提高环境保护整体水平。指令的法律基础是保护环境。实施兼顾其他欧盟目标，如欧盟行业的竞争性、促进持续发展。

具体地，指令为不同类型工业设施提供许可制度，要求运营商和监管部门全面综合考察工业设施的污染和资源消耗。总目标是改善工艺技术的管理和控制，整体上提高环境保护水平。指令的核心是第 3 条提出的基本原则，经营者应采取所有合理的预防措施，特别是通过应用 BAT 技术，防止污染，改善环境效益。

指令第 2 (11) 条定义了"BAT 技术"，是"生产发展及其运行方法的最有效、最先进的阶段，反映技术实际适应性，为制定排放限值提供了基本技术依据，防止或（若无法防止时）减少污染排放及其对环境的整体影响。"第 2 (11) 条款对该定义的进一步说明如下：

- "技术"包括装置设计、建造、维护、运行和报废、退役的技术与方法。
- "可行"技术是指在经济和技术可行条件下，在相关工业部门可规模实施应用，具有成本和技术优势。这些技术不限于欧盟成员国内部使用或生产，只要经营者可合理地获得。
- "最佳"是指在实现对整体环境的高水平保护方面最有效。

此外，指令附录Ⅳ包括"在通常或特定情况下，确定最佳可行技术时需要考虑的事项……尤其要考虑措施的可能成本和效益，以及污染预防原则"等。这些事项包括欧盟委员会按照指令第 16 (2) 条款公布的信息。

许可授权部门在确定许可条件时应考虑指令第 3 条提出的一般原则。这些条件必须包括排放限值，适当时可用等效参数或技术措施补充或替代。根据指令第 9 (4) 条款，这些排放限值、等效参数和技术措施，必须在不妨碍达到环境质量标准的前提下，基于 BAT 技术，不规定使用任何技术或特定技术，但应考虑相应装置的技术特点、地理位置和当地环境条件。任何情况下，许可条件都应包括对最大限度减小远程或跨界污染的规定，实现整体高水平的环境保护。

根据指令第 11 条款，欧盟成员国有义务确保主管部门遵循并知悉 BAT 技术的发展。

0.2.3　本书的编写目的

指令第 16 (2) 条款要求欧盟委员会组织"各成员国和工业部门开展有关最佳可行技术、相关监测及其发展的技术信息交流"，并公布交流成果。

第 25 项中指出，技术信息交流的目的是"在欧盟层次上发展和交流有关 BAT 技术的信息，将有助于解决欧盟内部的技术不平衡，促进欧盟所采用的限值和技术在全球的推广，帮助欧盟成员国有效地实施本指令"。

欧盟委员会（环境总署）为了指令第 16 (2) 条款的实施，建立了专门的信息交流论坛（IEF），在 IEF 框架下建立了技术工作组。IEF 和技术工作组中都包括欧盟成员国及工业部门代表。

本书编写目的是为了准确反映指令第 16 (2) 条款规定的技术交流，为许可授权部门确定许可条件提供技术资料。使 BAT 技术的有关资料成为提高环境效益的有力手段。

0.2.4 资料来源

本书汇集了不同渠道收集的资料，包括为协助委员会工作而特别设立的专家组，这些资料已经委员会核实。对所有的贡献者谨呈谢意。

0.2.5 本书的理解和使用

本书提供的资料，旨在为具体案例中确定 BAT 技术提供参考。在确定 BAT 技术和设定基于 BAT 技术的许可条件时，始终应以实现整体高水平环境保护为总目标。本书的其余部分提供了下列资料。

第 1 章中提供聚合物行业的基本资料。第 2 章提供该行业应用工艺和技术的基本资料。第 3 章～第 11 章提供具体聚合物类别的基本资料，包括所采用的生产工艺以及反映本书编制期间实际装置排放和消耗水平的数据资料。

第 12 章更加详细地介绍了污染减排及其他技术这些技术与确定 BAT 技术和设定基于 BAT 技术的许可条件密切相关。具体内容包括与确定 BAT 技术和基于 BAT 技术的许可条件密切相关的可达排放值、成本、跨介质污染问题，以及 IPPC 许可的装置，如新装置、现有装置、大型或小型装置可采用的技术。显然，技术过时的生产装置不在其中。

第 13 章介绍不同技术，排放水平、消耗水平等数据资料，总体上与 BAT 技术相协调。目的是通过排放量和消耗水平的相关资料，为设定基于 BAT 技术的许可条件，或为根据指令第 9（8）条款制定具有普遍约束力的法规提供适用的参考。然而需要强调的是，本书无意提出任何排放限值。设定合适的许可条件，需考虑当地、现场的因素，如装置的技术特征、所处的地理位置，以及当地的环境条件。对于现有装置，需考虑装置升级改造的技术经济可行性。即使为了达到整体环境的高质量保护这一单一目标，往往也涉及不同类型环境影响的权衡问题，这些判断会受到当地因素的影响。

本书虽然试图解决其中一些问题，但不可能完全充分。第 11 章的技术与排放/消耗水平并非适用于所有装置。另一方面，确保高水平保护环境的责任，必须使远距离或跨界污染最小化。这意味着，许可条件的设定不能仅考虑当地因素。总之，最重要的是，许可授权部门应充分考虑本书包含的技术资料。

BAT 技术具有时效性，本书将适时修订更新。恳请将相关的意见和建议转至欧洲综合污染预防与控制局（设在未来技术研究所），联系地址如下：

Edificio Expo, c/Inca Garcilaso, s/n, E-41092 Sevilla, Spain

Telephone：+34 95 4488 284

Fax：+34 95 4488 426

e-mail：JRC-IPTS-EIPPCB@ec.europa.eu

Internet：http://eippcb.jrc.es

0.3 本书的范围

在 IPPC 指令附录 I 中定义了指令第 1 条款所涉及的工业活动的行业分类。附录 I 第 4 节对化工行业进行了定义。本书针对工业规模聚合物材料的生产。具体而言，本书重点解决 IPPC 指令附录 I 中以下行业的部分问题。

生产基础有机化学品的化工装置，例如：

① 基础塑料材料（聚合物、合成纤维和纤维素基纤维）。

② 合成橡胶。

③ 醇、醛、酮、羧酸、酯、乙酸酯、醚、过氧化物和环氧树脂等含氧有机物。

上述范围涵盖了种类繁多的聚合物产品。因而，本书根据聚合物的生产量、生产过程的潜在环境影响以及数据的可获得性筛选了部分聚合物生产过程进行阐述。本书介绍与环境相关的单元过程、单元操作以及典型装置的常规设施。本书属于聚合物生产工艺设计前期环节的总体技术指南，重点在于生产工艺技术改进、工厂的运行维护，特别是不可避免的废物排放的管理。本书无法也无意取代与"绿色化学"相关的化学教材。

本书不涉及聚合物进一步加工生产最终产品。但当这些加工过程与聚合物的生产在技术上相联系并在同一地点实施，且对聚合物装置的环境影响产生作用时，也会在本书中涉及，例如，纤维或复合纤维的生产。

当具体聚合物生产过程需要时，废气和废水的处理也是本书的内容之一。但它更侧重于该处理技术在聚合物行业的可应用性和效果，而不是处理技术本身的描述。关于此内容，读者可以在化工废水废气处理（CWW）BREF 中找到一些有用资料。

1

总论

［1，APME，2002，16，Stuttgart-University，2000］
本书中用到的最重要的专业术语和缩写可在最后的词汇表中找到。

1.1 定　义

"聚合物"一词源于希腊语中的"poly"（许多）和"meros"（部分），是一类具有同一构成原理的化合物产品。它们都由被称为"大分子"的化合物（包含大量较小重复组成单元的长链分子）组成。含有少量单体的聚合物分子通常被称为"低聚物"（词义是"一部分"）。

聚合物可分为不同类型：天然聚合物（如羊毛、丝、木材、棉花）、半合成聚合物（化学修饰的天然聚合物，例如酪素塑料、纤维素塑料）和人工合成聚合物［27，TWGComments，2004 年］。

聚合物单体大多数属于大宗有机化学品，目前，通常利用石化原料（石油和天然气）生产。但也有例外，如纤维素类聚合物利用棉花、木材纤维或可再生原料合成的可降解产品进行生产。

1.2 结　构

大分子可以是线型结构、分枝结构（具有侧链），也可以是链与链之间相互连接的交联结构。三类大分子的结构示意如图 1.1 所示。

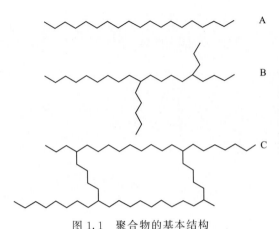

图 1.1　聚合物的基本结构

A—线型聚合物；B—分枝聚合物；C—交联聚合物

聚合物既可由同一种单体组成（均聚物），也可由不同种单体组成（共聚物）。对于由两种单体（如 A 和 B）组成的线型共聚物，不同单体之间基本上可按以下 3 种方式排列。

- 无规共聚物：两种单体在聚合物分子中无规律地随机排列。
- 嵌段共聚物：只含单体 A 的低聚物链段与只含单体 B 的低聚物链段交替排列。
- 交替共聚物：单体 A 和单体 B 在聚合物分子内交替排列。

共聚物内的单体组成和排列方式会对聚合物的物理化学性质产生很强的影响。线型均聚物和上面提到的三类线型共聚物结构如图 1.2 所示。

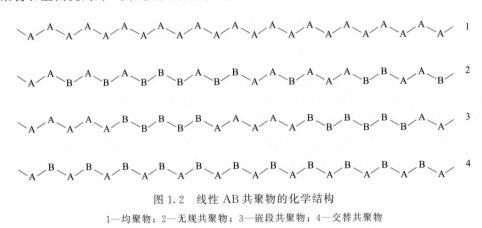

图 1.2　线性 AB 共聚物的化学结构

1—均聚物；2—无规共聚物；3—嵌段共聚物；4—交替共聚物

除了线型共聚物，接枝共聚物可通过向已有的均聚物主链上（由单体 A 组成）接枝侧链（由单体 B 组成）进行生产（见图 1.3）。

聚合反应是具有统计学意义的反应过程。因此，与 DNA 等一些天然聚合物不同，人工合成聚合物由于生产过程中涉及的反应机理，总是呈现一定的分子量分布而没有确切的分子量。人工合成聚合物的摩尔质量可从几千 g/mol 到几百万 g/mol。例如，图 1.4 是两种不同的聚乙烯样品的正态化后的分子量分布（MMD）曲线。

除摩尔质量和化学组成外，聚合物材料的性质还会受到 MMD 形状的影响。图 1.4

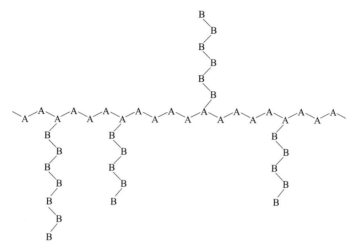

图 1.3　接枝共聚物组成

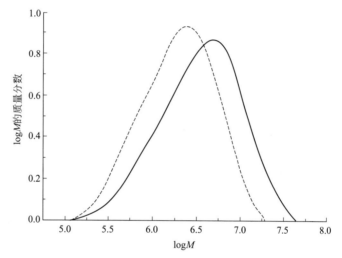

图 1.4　两种不同的聚乙烯样品正态化后的分子量分布曲线

[29，M. Parth，et al，2003]

给出的样品都具有单峰 MMD，但为了获得某些特殊的机械性能，在某些情况下需要生产像天然橡胶（NR）等天然聚合物一样具有双峰或多峰 MMD 的聚合物。这可通过两步串联的聚合反应实现。

1.3 性　　能

1.3.1　一般性能

由于聚合物的构成原理具有很高的灵活性，因此可以生产出具有不同性能和性能组合的聚合物。成型、纤维或膜状的聚合物可具有以下性能：

- 刚性或柔性；
- 透明、半透明或不透明；
- 坚硬或柔软；
- 耐候或可降解；
- 耐高温或低温。

此外，聚合物还可同某些填充物复合，或与其他产品（如玻璃纤维）混合，制成所谓的复合材料，或与其他聚合物材料混合而生成聚合物共混物（polymer blends）。

聚合物通常不是某一特定领域能够采用的唯一材料。替代材料一直存在，聚合物必须在市场竞争中取得成功才能被应用。聚合物常常在许多应用中具有优势，例如：

- 质量轻，有助于节省运输和燃料费用；
- 具有电绝缘性，适合生产电线、开关、插座、电动工具和电子产品；
- 具有光学透过性，适合用于包装、照明和镜头；
- 具有耐腐蚀性，适用于管道、灌溉、防雨和运动用品；
- 对化学品、真菌和霉菌具有耐受性；
- 易于加工成所需要的复杂形状；
- 与其他替代材料相比费用低。

1.3.2 热学性能

通常，物质可以固态、液态和气态三种物理状态存在。但对于聚合物材料，并非如此简单。例如，大多数聚合物会在达到沸点前分解，交联聚合物在其熔化前分解。

根据聚合物基本的热学性能，可将其分为热塑性塑料、热固性塑料、橡胶或弹性体，以及热塑性弹性体四类。

（1）热塑性塑料

热塑性塑料是指在室温下或多或少具有一定刚性，且加热可熔化的聚合物材料。

（2）热固性塑料

热固性塑料在室温条件下也具有刚性，但由于分子中具有交联链结构而不能熔化。

（3）橡胶或弹性体

橡胶在室温下具有弹性。大多数橡胶属于非结晶材料而没有固定的熔点。它们有一个远低于室温的玻璃化转变点，在玻璃化转变温度以下它们是刚性的。

（4）热塑性弹性体

热塑性弹性体是指室温条件下具有弹性以及和硫化橡胶相似的特性，但加热条件下可软化或熔化的嵌段共聚物或聚合物共混物（polymer blends）。加热软化或熔化过程具有可逆性，因此，产品可被重新加工或注塑。

1.4 主要用途

1.4.1 应用领域

聚合物材料被用于塑料袋等简单家居用品，也被用于高级光学或电子元件，以及医学领域。聚合物材料在西欧国家的主要应用领域如图1.5所示。该数据不包括弹性体和纤维素纤维。2003年，热塑性塑料和热固性塑料在西欧消费总量为48788千吨。

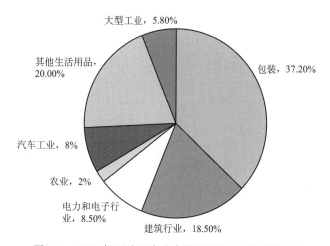

图 1.5　2003 年西欧国家聚合物材料的主要应用领域

1.4.2 加工技术

一系列的加工技术可将聚合物原料加工成最终产品所需要的形状。这个加工过程通常与聚合物颗粒的生产地点完全分离。加工过程本身主要是采用以下不同技术的物理转换过程。

- 挤出　　用于管道、型材、膜片、电缆绝缘层的加工。
- 注塑　　用于不同的，通常是复杂形状产品的生产。如机器零配件、电源插头和注射器等医疗器械；适用于热塑性塑料和热固性塑料。
- 吹塑　　用于瓶子、容器和薄膜的生产。
- 压延　　用于薄膜和薄片的生产。
- 滚塑　　用于大型制品加工。
- 拉挤　　用于杆、管等的加工。
- 吹膜　　用于热塑性塑料加工。

- 薄膜挤塑　　用于热塑性塑料加工。
- 涂层　　　　用于不同衬底上的薄层。
- 压制　　　　用于树脂加工。
- 纺丝　　　　用于纤维加工。
- 压铸　　　　用于热固性塑料加工。
- 压塑　　　　用于热固性塑料加工。
- 硫化　　　　用于橡胶加工。
- 混炼　　　　普遍适用的技术。

通常，在上述加工过程中没有化学反应发生。但橡胶硫化过程、利用聚乙烯交联生产某些类型的电缆绝缘层的过程以及原位聚合加工某些树脂的过程属于例外。这些特殊的加工过程在文献［14，Winnacker-Kuechler，1982］中有所描述。

1.5　主要产品

1.5.1　基于原油的聚合物

不同的市场需求产生了种类繁多的聚合物材料，这些材料可划分为以下几类：

（1）结构材料

聚合物作为主要和最可见的结构组件，包括以下亚类。

- 通用高分子（聚乙烯、聚丙烯、聚苯乙烯、聚氯乙烯、乳液聚合丁苯橡胶等）。这些聚合物使用量大，价格低廉，主要应用于管道、薄膜、型材、容器、瓶子、片材、轮胎等。

- 工程聚合物和特种橡胶（ABS 树脂、聚酰胺、聚酯、聚缩醛、聚甲基丙烯酸甲酯、EPDM、NBR 等）。这些聚合物价格中等，常用于有特殊需要的场合。多用于加工较小的部件（夹子、阀门、特殊的机器部件等）。

- 高性能产品（聚酰亚胺、聚四氟乙烯、聚砜、聚醚酮、硅橡胶、氟橡胶等）。这些生产量小、价格高的聚合物产品用于满足各种极端要求，如耐高温、耐候、耐溶剂、特殊的耐磨损或光学性能、重要医学应用中的高纯度要求等。

- 热固性聚合物（聚酯、环氧树脂、酚醛树脂、醇酸树脂）通常用作涂料用树脂和纤维增强用黏合剂，广泛应用于船舶和制动衬面等领域。

（2）功能材料

聚合物作为实现特殊功能的辅助材料使用。它们用于构成整个系统中较小且经常是不可见的部分，包括以下亚类。

- 常规应用，如分散剂、清洁剂、絮凝剂、增稠剂、超级吸收剂、黏结剂和胶黏剂等。在这类材料中，基于聚醋酸乙烯酯、聚丙烯酸及其衍生物、聚乙烯醇的聚合物被大量使用。

• 特殊技术应用，如膜、光纤、电导产品和发光产品等。在这类材料中，高价聚合物材料仅在功能性而非机械性能发挥重要作用的场合进行少量使用。

热塑性聚合物产品分类（不包括弹性体和热固性树脂）如图 1.6 所示。

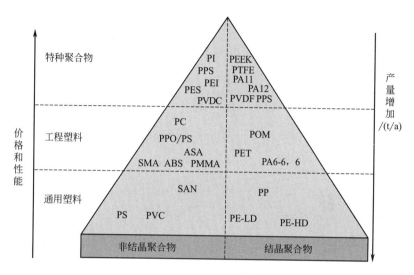

图 1.6 热塑性聚合物产品分类

通常，非结晶聚合物具有无序结构，具有软化点，且常常透明，而结晶聚合物具有有序结构，有软化点和熔点，且大多不透明。

以石油为原料生产的聚合物中，有七类聚合物其消费量占到整个聚合物的约 80%，包括聚烯烃（PE 和 PP）、聚苯乙烯（PS）、聚氯乙烯（PVC）、聚对苯二甲酸乙二醇酯（PET）、乳聚丁苯橡胶（ESBR）、聚酰胺（PA）和不饱和聚酯纤维（UP）。

在每类产品中，都存在多种针对具体应用优化的不同等级的产品（定制的）。
例如：
• 具有良好流动性能的 PE 用于注塑加工盒子或容器等；
• 具有优良的长期稳定性的 PE 用于加工管道；
• 具有良好的吹塑性能的 PE 用于加工机动车的燃料箱。

上述三种 PE 聚合物对于这些具体的应用不能相互替换。有些具有低分子量，而有些具有高分子量；有些具有狭窄的分子量分布，而有些具有很宽的分子量分布。这些参数将决定产品最终的机械性能、流变性能和其他物理性能。

1.5.2 基于可再生资源的聚合物

历史上，第一代聚合物是利用可再生资源生产的：
• 利用纤维素（棉花）或其衍生物（醋酸纤维素）生产的纤维；
• 利用多肽（羊毛）生产的纤维；

- 利用醋酸纤维素生产的塑料；
- 利用树上刮下来的树脂（聚异戊二烯）生产的橡胶。

虽然此类产品中一些仍然具有竞争性（橡胶、黏胶纤维），但其他产品，特别是在热塑性材料应用领域，由于生产成本高、性能欠佳、有时也由于过高的环境成本等原因，已不具有竞争性。

发展木质材料塑料（合成木材）的尝试依然局限于少数应用领域（用于地板、船舶和乐器的薄片制品）。

谷物衍生产品（如聚乳酸）以及淀粉和石化生产聚合物的混合体系为以再生资源为原料生产塑料提供了新的机会。

一般来说，可再生原料既可用于生产汽车、船舶建造材料等长期使用产品，也可用于生产可堆肥包装材料或可生物降解覆膜等短期使用产品。

1.5.3　可生物降解聚合物

可生物降解材料的市场仍局限于少数应用领域。过去普遍的政治导向目标，如通过可生物降解材料替代常规聚合物产品解决其环境问题，多年来导致几个行业以很高的代价发展。最终，它们中的一些替代物被证明是不切实际的，要么是由于产品性能不能满足要求，要么是由于加工性能和经济性不能满足要求，有时也由于环境效益不明确。

由于可生物降解聚合物的生产尚未在欧盟产生明显的环境影响，因此，本书未对此类聚合物进行描述。

目前，在可生物降解性被认为具有技术优越性的领域，可生物降解产品已被开发并走向市场，例如：

- 可生物降解农用覆膜；
- 可生物降解垃圾袋用于堆肥处理，更容易操作并使废物管理具有生态效益；
- 可降解纸张涂料；
- 可生物降解卫生薄膜用于丧葬用品和卫生巾。

生物降解性取决于材料的化学结构而非原料来源。因此，以可再生资源为原料的产品以及人工合成材料为原料的产品都可在市场上找到。赛璐玢、淀粉和聚-3-羟基丁酸酯已在市场上存在多年。近年来又新发展出了聚乳酸和很多基于化石原料的可生物降解聚合物，例如共聚酯。

法律认可有组织的堆肥是一种资源回收方式以及一种可降解行为的标准化测试方法，这是可生物降解聚合物成功发展的重要前提。

在西欧，需要使用可生物降解材料的总市场需求，据估计目前约为 $50\sim200kt/a$ 左右。而根据 2000 年国际化学经济手册中的 CEH 市场研究报告，可生物降解聚合物的实际消费量约 $8kt/a$。

1.6 生产和市场

1.6.1 总体情况

2003 年，全世界塑料产量约为 1.69 亿吨。图 1.7 显示塑料与钢铁和铝产量增加的对比。

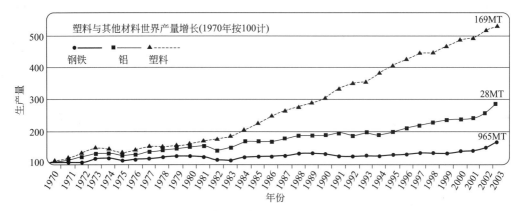

图 1.7 聚合物生产量增长与钢和铝的对比

如图 1.8 所示，如果将每年每人的消费量作为衡量标准，在西欧（EU-15），结构聚合物材料的消费量依然存在很大的地区差异。

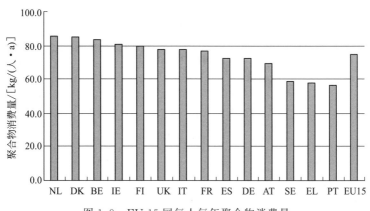

图 1.8 EU-15 国每人每年聚合物消费量

通常，聚合物行业包括聚合物生产商、加工商和机器制造商。在 EU-15 国中，大约有 71200 人从事聚合物生产，如果考虑包括聚合物加工商和机器制造商在内的更广阔的行业生产链，约有 140 万人从事该行业（2003 年）。

在 EU-15 国中，大约有 45 家公司（主要为跨国公司）大规模生产热塑性塑料材料。这些塑料材料被出售给约 30000 中小企业，然后由它们将聚合物加工成最终使用的产品。

EU-15 国热塑性塑料、热固性塑料的消费数据及其相对份额如表1.1所列。本书讨论的产品覆盖了热塑性塑料和热固性塑料总消费量的约 80%。

表 1.1　2001～2003 年西欧热塑性塑料和热固性塑料消费量 ［38，Plastics_Europe，2004］

产品/(kt/a)	2001 年	2002 年	2003 年	2003 年份额
LDPE/LLDPE	7758	7996	8062	16.5%
HDPE	5047	5348	5430	11.1%
PE 总量	12805	13344	13492	27.6%
PP	7247	7707	7879	16.1%
PVC	5725	5748	5832	11.9%
PET	3424	3678	3802	7.8%
PS/EPS	3083	3118	3136	6.4%
聚酰胺	1305	1330	1328	2.7%
其他热塑性塑料	530	556	594	1.2%
ABS/SAN	792	788	803	1.6%
丙烯酸树脂	368	363	298	0.6%
PMMA	302	317	327	0.7%
聚碳酸酯	411	446	471	1.0%
聚缩醛	176	181	186	0.4%
热塑性塑料总量	36168	37576	38148	78.2%
氨基塑料	2664	2615	2630	5.4%
聚氨酯	2493	2575	2672	5.5%
酚醛树脂	1001	976	980	2.0%
非饱和聚酯纤维	484	480	490	1.0%
醇酸树脂	357	360	370	0.8%
环氧树脂	400	397	398	0.8%
其他热固性塑料	3120	3100	3100	6.3%
热固性塑料总量	10519	10503	10640	21.8%
总量	46648	48079	48788	100%

欧盟新成员国 2003 年热塑性塑料和热固性塑料消费量数据如表 1.2 所列。

表 1.2　欧盟新成员国各国 2003 年塑料消费量 ［38，Plastics_Europe，2004］

国家	2003 年消费量/kt
塞浦路斯	40
捷克	710

续表

国家	2003 年消费量/kt
爱沙尼亚	70
匈牙利	580
拉脱维亚	50
立陶宛	90
马耳他	20
波兰	1730
斯洛伐克	250
斯洛文尼亚	180
保加利亚	260
罗马尼亚	280
总和	4260

欧盟新成员国不同类型塑料的消费量及其份额如表 1.3 所列。

表 1.3　欧盟新成员国不同类型塑料的消费量 [38，Plastics _ Europe，2004]

产品	数量/kt	份额
HDPE	550	13%
LDPE	760	18%
PP	780	18%
PVC	800	19%
EPS	140	3%
PET	300	7%
PS	390	9%
其他	540	13%

尽管欧洲聚合物消费量增长速率放缓，而其他地区尤其是亚洲消费量增长强劲，欧洲聚合物仍将增长。人口增加和生活质量提高是带动聚合物增长的驱动力。新应用领域的出现和对其他材料的替代，将推动欧洲聚合物生产进一步发展。

通用塑料表现出以下发展趋势。

• 通用塑料的质量和供应量不断提高，进一步拓宽了其应用领域，从而扩大了市场，提高了市场占有率。因此，特种塑料或特殊标号的产品已不再是唯一的选择。这打开了聚合物标准化的道路。不同厂家生产的产品可相互替换，这会对产品价格产生相应的影响。

• 由于聚合物的供应量持续提高（过量供应）且生产规模（平均生产规模）不断扩大，生产单位聚合物的利润下降。一种典型通用塑料（聚丙烯）的情况如图 1.9 所示。

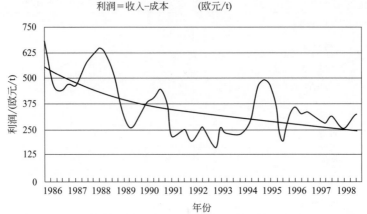

图 1.9 通用塑料生产利润的变化趋势（以聚丙烯为例）

• 原材料成本是总成本的主要组成部分。原材料价格具有国际性和周期性。表 1.4 给出了 1993～1999 年间原材料的最高和最低价格信息，以及 1999 年第三季度的价格。

表 1.4 1993～1999 年间原材料价格

价格 /（欧元/t）	1993～1999 年 最高价格	1993～1999 年 最低价格	1999 年第三季 度平均价格
石脑油	182/1997 年第一季度	94/1999 年第一季度	178/1999 年第三季度
乙烯	521/1997 年第二季度	321/1993 年第二季度	360/1999 年第三季度
丙烯	453/1995 年第二季度	222/1993 年第一季度	320/1999 年第三季度
苯	289/1994 年第四季度	186/1999 年第一季度	240/1999 年第三季度

• 单位产品利润率的降低通过生产厂规模的扩大进行部分补偿，从而产生了所谓的"世界级规模"，即通用聚合物 100000～450000t/a，工程树脂 50000～100000t/a。这些大型生产装置在可变成本不变或只有微小调整的情况下，从根本上显著降低了固定成本。这成为生产厂商之间相互合作建立合资企业或转让其企业的驱动力。因此，西欧近年来生产厂商数量明显减少，而整体生产规模增加。

• 西欧生产厂家竞争压力不断增加，使它们只能通过生产优化、建立高效的世界级规模工厂、持续开发高品质产品和开创新的应用领域来应对。

2001 年、2002 年、2003 年通用塑料的生产情况如表 1.5 所列，它们代表了聚合物销售总量的 75%。2003 年西欧通用塑料的生产能力如表 1.6 所列。对比表 1.5 中的产量数据可以看出，欧洲存在明显的产能过剩。

表 1.5 EU-25＋挪威＋瑞士通用塑料生产量 [39，APME，2003]

通用塑料/（kt/a）	2001 年	2002 年	2003 年
LDPE	4681	4727	4681
LLDPE	2236	2187	2493

续表

通用塑料/(kt/a)	2001 年	2002 年	2003 年
HDPE	4570	4685	4845
PP	7526	8113	8638
PVC	5681	6531	6694
PET	1770	1760	1854
PS	2401	2550	2540

表 1.6　2003 年西欧通用塑料生产能力

	生产能力/(kt/a)
LDPE	5900
LLDPE	3400
HDPE	7300
PP	9300
PVC	600
PS	2800
EPS	1000
PET	2300

　　大体上，工程塑料和高性能聚合物同样受到这种趋势的影响。聚缩醛和聚酯的利润变化趋势如图 1.10 所示。

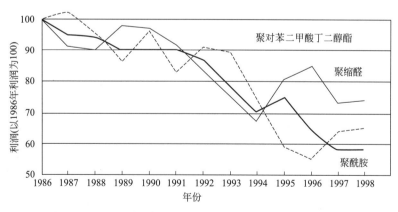

图 1.10　工程塑料利润的变化（以 PBT、POM 和 PA 为例）

　　然而，某些技术服务和新产品开发，如产品改性、混炼、复合材料等，在这个市场领域仍然具有较高的影响力。

　　工程树脂经常被用于开启一个新的应用领域。当后来应用领域的开发被证明是安全时，过度设计将减少，有时会转为应用更为廉价的通用塑料。

1.6.2　德国

[16，Stuttgart-University，2000]

德国塑料行业在世界市场中占有重要地位。1998年，世界上7.9%的塑料产量来自德国。这使得德国成为继美国（27.2%）和日本（8.9%）之后的世界第三大塑料生产国。

塑料工业在德国国民经济同样占有重要地位。1998年，塑料生产工业占工业总产值的6.4%，化工行业占8.1%。

塑料行业包括塑料的生产、成型和机械加工。然而，只有塑料生产工业可以看作是化学工业一部分。因此，包含塑料生产的化工行业占工业生产总值的14.5%，位列第三，仅次于机械工程（19.6%）和汽车制造（17%）。

整个塑料行业可划分成三个子行业：塑料生产、塑料成型和机械加工。这三个子行业的结构差异显著。塑料生产子行业由少数几家具有高营业额的公司主导，而塑料成型和机械加工子行业由数量众多的小型或微型公司组成（见表1.7）。

表1.7　1998年德国聚合物行业的结构

项目	公司数量	员工数量	营业额/百万欧元
塑料生产	55	60600	16100
塑料成型	6000	280000	36400
塑料机械加工	180	27500	5600

像德国经济的大多数行业一样，塑料生产行业也是出口导向的。1998年对外贸易顺差3360万欧元，约占该行业总营业额的20%。EU-15国是德国塑料行业最大的贸易伙伴，72%的出口和82%的进口均去向或来自这些国家。

虽然塑料行业产品种类繁多，但市场主体被少数几种通用塑料或"大宗塑料（bulk plastics）"所占据。热塑性塑料是最大的塑料门类，其中大宗塑料包括PE、PP、PVC、PS和PA。这五种塑料就占塑料总产量的54.5%。2003年上述塑料的产量数据如表1.8所列。

表1.8　2003年德国通用塑料产量

产品	产量/百万吨	份额/%
PE	2.875	30
PVC	1.915	20
PP	1.785	18.6
PA	0.565	5.9
其他(包括 PS/EPS)	2.420	25.5
总产量	9.560	100

通用塑料仅由少数几家高产品输出的厂商生产。部分塑料的生产厂商数量如表1.9所列。该数据基于VKE调查，只有40%的公司被统计在内。

表 1.9 德国通用聚合物生产厂商数量

产品	生产厂商数量
LDPE	3
HDPE	4
PP	5
PS/EPS	2
PVC	4
PA	9
ABS/SAN	2

1.6.3 法国

[21，G. Verrhiest，2003]

法国的塑料产量占整个欧洲的 15%，仅次于德国，位居第二。在世界上仅次于美国、日本和德国，位居第四。

法国 2001 年塑料产量达 656 万吨，较 2000 年增加了 0.9%。然而，塑料生产行业营业额却呈衰退趋势，2001 年为 77 亿欧元，较 2000 年下滑了 3%。这次衰退一定程度上是由该时期石油价格下跌造成的。

由于日益增长的市场全球化以及关税壁垒保护作用的削弱，导致全球竞争加剧，迫使生产企业采用整并策略进行应对。

2001 年法国全国的塑料消耗量为 535 万吨，其中 85% 用于塑性材料（plasturgy），包装行业占 40%，建设行业占 25%，汽车行业占 13%。2000 年法国塑料生产行业的关键经济数据如表 1.10 所列。

表 1.10　2000 年法国聚合物生产行业关键经济数据

企业数量	46
员工数量	9300
免税营业额(TO)	627 亿欧元
投资和租赁	2.35 亿欧元
人均附加值	94000 欧元
人均个人支出	52000 欧元
出口/TO	62.7%
附加值(免税)/TO	13.8%
EBITDA[①]/TO	35.6%
净收益/附加值(免税)	6.9%

① 扣除利息、税金、折旧和摊销前的收益。

法国塑料的生产、进口、出口和消费数据如表 1.11 所列（所有数据来自 2001 年统计数据）。

2001 年塑性材料进口和出口的平均价格分别为 1270 欧元/t 和 1110 欧元/t。塑料材料产量随时间变化，并随产品类型表现出不同的变化趋势。2001 年法国部分基本塑料材料的产量与 2000 年相比的增长率如下：

- 聚乙烯（PE）   ＋6.2％
- 聚丙烯（PP）   −0.1％
- 聚氯乙烯（PVC）   −3.7％
- 苯乙烯聚合物（PS-PSE）   −0.1％
- 聚对苯二甲酸乙二醇酯（PET）   ＋6.7％
- 涂料聚合物   −0.4％
- 高性能聚合物   ＋2.6％
- 不饱和聚酯   −2.3％

表 1.11　2000 年法国塑料行业基本数据

聚合物	产量/(kt/a)	进口/(kt/a)	出口/(kt/a)	消费/(kt/a)
PP	1388	274	646	840
PVC	1213	312	851	745
PUR	（产能＝320）			
酚醛树脂	75	49	55	70
氨基塑料	220	163	27	380
醇酸树脂	35	22	11	48
不饱和聚酯	154	27	97	83
LDPE	788	358	450	549
LLDPE	504	130	55	314
HDPE	500	432	352	614
聚对苯二甲酸乙二醇酯	96	347	18	345
聚苯乙烯	387	118	293	274
可发性聚苯乙烯	180	68	102	119
乙烯聚合物(PVC除外)	37	55	29	66
丙烯酸基聚合物	200	193	350	118
PMMA	30			

1.6.4　西班牙

[22，Ministerio de Medio Ambiente，2003]

2002 年，西班牙化工行业产值约占国内生产总值（GDP）的 4.5％。其中，聚合物行业（不包括弹性体）约占化工行业总营业额的 47％，如图 1.11 所示。

2002 年，西班牙的聚合物行业总产能为 4800kt，而实际产量为 3780kt，产能利用率为 85％。表 1.12 总结了各类产品的产量及其年变化率数据。

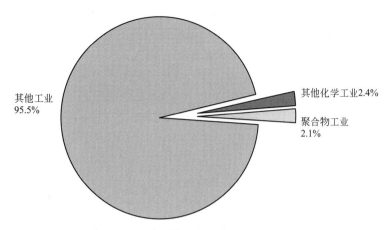

图 1.11　西班牙化工行业占 GDP 的百分比

表 1.12　2002 年西班牙聚合物行业产量数据

产品	产量/kt	相比前一年的变化率/%
低密度聚乙烯	390	+3.6
高密度聚乙烯	345	-3.5
聚丙烯	680	+3.6
聚苯乙烯	240	+13.1
PVC	415	+4.8
PET	348	+6.3
通用塑料小计	2418	+4.0
醇酸树脂①	39	+3.7
氨基塑料：		
脲醛树脂②	264	-12.3
模塑粉/液体树脂	46	+26.3
酚醛塑料：		
模塑粉	5	+42.7
液体和固体树脂	60	+8.4
不饱和聚酯	86	+8.5
热固性塑料小计	500	-2.5
ABS/SAN	128	+32.0
PMMA③	17	-1.7
环氧树脂	19	+0.3
聚碳酸酯④	—	—
聚酰胺	5	-32.7
工程塑料小计	169	
乙烯基塑料⑤	87	+3.3
聚氨酯	206	+12.3
再生纤维素	—	—

续表

产品	产量/kt	相比前一年的变化率/%
其他⑥	412	+9.3
其他塑胶小计	705	+9.1
总计	3792	+4.6

① 不包括大型涂料生产商的自身消耗。
② 100%固体。
③ 估计数字。
④ 1999 年开始生产，产量包含在"其他"中。
⑤ 聚醋酸乙烯酯和聚乙烯醇。
⑥ 包括聚碳酸酯，线型低密度聚乙烯（LLDPE）和其他产品。

1.6.5 比利时

[40，Fechiplast _ Belgian _ Plastics _ Converters' _ Association]

比利时拥有特别集中的塑料生产厂商。此外，安特卫普港也吸引了一大批石化企业。2003 年，比利时生产了超过 8070kt 的塑料，价值达 6883 万欧元。

2003 年比利时主要塑料产品的产能数据如表 1.13 所列。

表 1.13　2003 年比利时主要塑料产品的产能数据

产品	产能/(kt/a)
PP	2000
HPDE	1485
LDPE	905
PUR	700
PS & EPS	705
PVC	645
PC	200

通用工艺技术

[1，APME，2002，15，Ullmann，16，Stuttgart-University，2000]

聚合物的生产流程如图 2.1 所示。流程的输入包括单体、共聚单体、催化剂、溶剂以及能量和水，输出包括产品、废气、废水和固体废物。

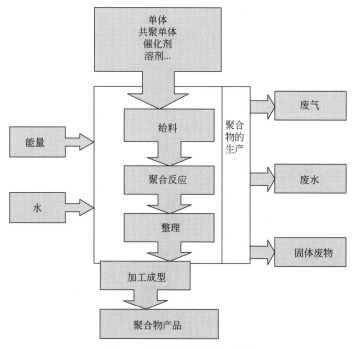

图 2.1　聚合物通用生产流程

2.1　原料及其要求

由于生产工艺本身的需要，实际的聚合物生产工艺需要高纯度的原料。因此，单体使用前其中含有的单体合成副产物、存储容器带入杂质、氧气、降解产物或运输过程投加的稳定剂必须去除。如果要合成极高分子量的产品，一般纯度（99.99%）的单体通常都不能满足要求。在这些情况下，需要纯度为 99.9999% 的单体，如聚四氟乙烯生产。对于干扰生产过程的杂质以及可能引起安全问题的氧气，需要特别注意。而氮气等惰性气体或非反应性气体有时允许它达到 10^{-6} 的水平。

精馏、萃取或分级结晶等通用纯化单元通常是单体生产的一部分，最常见单体的生产工艺在针对大宗有机化学品（LVOC）的 BREF 文件中已有描述。如果聚合单元对单体质量有特殊要求且单体纯化是聚合物生产的一部分，单体纯化也是本书的内容之一。

重要的单体包括：
- 乙烯、丙烯、丁二烯、异戊二烯、苯乙烯；
- 氯乙烯、乙烯基酯、乙烯基醚、氯丁二烯；
- 丙烯酸和甲基丙烯酸的酯类、酰胺类和氰基衍生物；
- 己二酸、己二胺、己内酰胺；
- 对苯二甲酸、乙二醇；
- 甲醛；
- 芳香族化合物，如苯酚、甲酚、双酚 A；
- 顺丁烯二酸酐。

2.2　能　　量

聚合物的生产过程需要能量，即使在聚合过程放热即产生能量的聚合系统中也是一样。如果聚合单元是更大的工业联合体的一部分，其能量需求也会受到当地具体情况的影响，例如，工业联合体是否需要低压蒸汽等。因此，不同工厂间的能量交换必须考虑在内。

2.3　化学反应

[1，APME，2002，15，Ullmann，2001，16，Stuttgart-University，2000，23，Roempp，1992，25，J. Brandrup and E. Immergut，1998]

聚合物生产工艺包括以下三个必要的生产单元。

- 配制单元；
- 反应单元；
- 产品分离单元。

配制通常是指所需单独组分的混合过程，它起始于满足特定质量要求的单体。该单元可能包括均质、乳化或气液混合。该过程可能在进入反应器之前进行，也可能直接在反应器内进行。有时，输送来的单体在进行配制之前需要进行额外的精馏纯化。

实际的反应步骤可能是一个聚合反应、缩聚反应或加聚反应，它们有着根本不同的特性。

在实际反应步骤之后，紧跟着一个获得特定纯度和状态聚合物的分离过程。该过程通常采用热分离和机械分离单元操作。聚合物可能含有残余单体和溶剂，而它们常常很难去除。从产品生命周期影响的角度，必须特别考虑聚合物工业中的产品分离问题。从IPPC 指令来看，聚合物分离的重点为在现场生产条件下单体排放最小化［27，TWG-Comments，2004］。分离出的单体，通常为气体，可以直接返回生产工艺，返回单体单元进行纯化，转移到专门的纯化单元，或者火炬焚烧处理。其他分离出的液体和固体被送到一个集中的清理和回收单元。用于聚合物处理和保护的添加剂可在该步骤投加。

在大多数情况下，聚合物需要稳定化或投加添加剂以满足特定应用领域的要求。因此，抗氧化剂、UV-稳定剂、加工助剂可在实际反应步骤之后形成颗粒之前投加。

2.3.1　聚合反应（链增长反应）

2.3.1.1　基本反应

［27，TWGComments，2004］

聚合是最重要的反应过程，特别是用于生产聚乙烯（PE）、聚丙烯（PP）、聚氯乙烯（PVC）和聚苯乙烯（PS）等塑料产品。反应原理包括单体双键打开（见图 2.2）并将许多单体分子连接在一起形成饱和长链大分子。

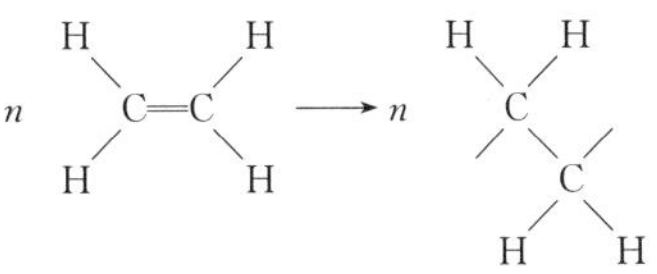

这些反应通常是放热反应，因此会释放能量。

图 2.2　通过打开双键的聚合反应（如乙烯）

结合单体分子的数量，n，可能会在 $10\sim20$ 之间的低端变化，这种产物被称作调聚物或低聚物；n 在 $1000\sim10\times10^4$ 之间变化或更大时，称为聚合物。聚合物的生成非常迅速，可在几秒或几分钟内完成。因此，几乎是从反应一开始，体系中即已经存在完全形成的大分子。然而，达到很高的单体转化率所需的总时间常常是好几个小时。

根据激活（反应引发的类型）方式的不同，分为自由基聚合和离子聚合两种。

- 自由基聚合的引发剂可以是氧。较高工艺温度下，可以是有机过氧化物、偶氮化合物或简单的热（如聚苯乙烯）。较低工艺温度下，可以是过硫酸盐/二硫化物等氧化还原体系。

• 离子（包括有机金属）催化剂大多性质非常复杂，且常常需要在工厂中建立单独的生产工艺。现代离子催化剂效率很高，以至于在大多数应用中不需要在聚合反应后去除催化剂。例如，仅仅 1g 过渡金属可生产 200t 以上的最终成品。因此，产品中过渡金属的残余浓度只是几个 mg/L。

由于引发剂可能是潜在的爆炸物，如过氧化物，或者是易与水剧烈反应的可燃物，如金属烷基化合物，因此它们的使用常常需要特别小心。通常，引发剂的浓度在 0.1%～0.5%之间变化。自由基引发剂的解离产物需要从聚合物中去除或嵌入其中。而烷基金属引发剂的分解产物保留在产品中，并有时会影响最终产品的使用特性。

由于活性增长链的浓度很低（10^{-5} mol/L），需要采用尽可能纯的单体以避免催化反应的终止。利用该作用原理，通过向反应体系中添加一定量被称为链转移剂的"杂质"可用于控制聚合物的分子量。例如，氢气常常用于这种链转移反应。由于氧气是过渡金属催化剂的毒物，因此，需要保持在很低的水平。在自由基聚合反应中，氧气在低温条件下是一种反应抑制剂，而在高温条件下它会加速反应的进行。因此，聚合反应应在惰性氛围中进行。

实际的聚合反应可以在单体本体、水相、有机溶剂或分散剂中进行。

整个反应进程中一般可分为以下阶段：

• 链引发反应；

• 链增长反应；

• 链终止反应。

乙烯均聚成聚乙烯过程中能量曲线随时间的变化如图 2.3 所示。

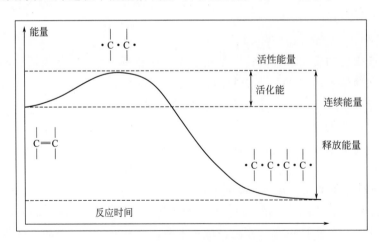

图 2.3　乙烯均聚成聚乙烯过程中能量曲线随时间的变化

2.3.1.2　典型特征

由于聚合反应放热可能导致反应失控，安全问题主要关注反应温度和氧的控制。聚合反应速率随温度的升高而增加，但传热速率会由于转化率提高时体系黏度的增加而降低。要使反应保持在可控范围内，有效的过程控制必不可少。

残余单体是反应结束时的主要副产物之一。它们通常不会被排放，而是被分离出来，通过闭路循环返回反应过程，或被送到单独的处理单元，或在具有能量回收可能性的情况下进行焚烧。残余单体也可能溶解在最终产品中。在产品整理阶段需要通过额外的处理使产品中单体含量下降到法律要求或更低的水平。

引发剂、链转移剂、有时也包括乳化剂或胶体稳定剂等助剂，或者成为产品的一部分，或者被分离出来。

所采用的单体、分散剂和添加剂可能对人体健康和/或环境具有危险性，因此当选择 BAT 时，必须考虑减少其排放或使用替代物 [27，TWGComments，2004]。

经长时间运行后，聚合反应釜内壁或换热器上积累一层固体物质。每种单体和反应工艺产生这种有害副作用的确切条件不完全相同。这层固体物质会干扰反应器必要的热量去除，并可能导致产品不纯，例如，导致成膜过程中形成所谓的"鱼眼"。因此，需要定期清除。而必要的反应釜开釜可能导致未反应单体和/或溶剂排放。

2.3.2　缩聚反应（逐步聚合反应）

2.3.2.1　基本反应

缩聚反应原理可以是含有两个不同反应官能团的一种单体的反应，也可以是含有双官能团的两种单体的化合反应，反应形成聚合物并生成一种副产物，在很多情况下副产物为水。缩聚反应的示意如图 2.4 所示。

反应官能团如下：

- 醇和酸是生产聚酯的官能团；
- 胺和酸是生产聚酰胺的官能团。

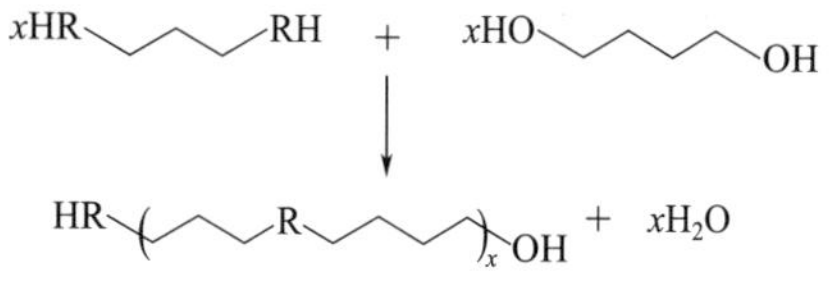

像大多数化学反应一样，缩聚反应是一个

图 2.4　缩聚反应原理

可逆过程。根据反应条件的不同，反应可向任一方向转化。有效去除生成副产物（水或醇），才能高产率。否则，副产物会干扰反应过程并减少分子链长度。副产物通过加热和高真空去除，直至反应结束。随着反应介质黏度的增加，这会变得越来越困难。有时，需要在固相阶段进行加热后处理，以进一步增加产品分子量。无论何种情况，都需要针对反应的最后阶段进行专门的反应器设计。

缩聚被认为是"逐步聚合反应"。该过程常常（但并不总是）需要一种催化剂，通常是一种金属盐或多种金属盐复合物。

由于反应过程的内在特性，缩聚反应的聚合度通常低于链增长聚合（在 1000～10000 之间）。分子以相对较慢的速率逐步生长。如表 2.1 所列，分子缓慢地由单体生长为二聚体、三聚体，直到反应结束转化率很高时，才有完整大小的大分子生成。

表 2.1　逐步聚合反应中聚合度对转化率的依从关系

聚合度	所需转化率
2	50％
10	90％
100	99％
1000	99.9％
10000	99.99％

通常，缩聚反应在单体本体或有机溶剂中进行。

2.3.2.2　典型特征

氧气的控制对于安全和产品质量都非常重要。氧气会促进副反应发生并生成污染最终产品的副产物、导致低分子量产物浓度的增加。这些副产物或者留在产品中，或者必须去除并送往废物处理，例如焚烧。反应结束时很高的反应温度也可能导致产物降解，引起产品污染。因此，必须避免局部过热。

在这类反应中，也会在反应釜内部或换热器中积累一层固体物质。

2.3.3　加聚反应

反应原理包括反应环或反应基团打开并形成聚合物（见图 2.5）。

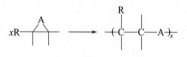

图 2.5　加聚反应示意

如果 A 是一个氧原子，即可获得聚环氧化物；如果此环与另一种双官能团物质反应，如二醇、二胺或碳酸酐，可获得环氧树脂。

该反应过程具有和缩聚反应相近的特征。因此，也是逐步增长反应，具有缩聚反应描述的所有限制。从环境的观点来看，该反应一个有利条件是没有低分子量产物生成。

2.4　生产工艺

一般来说，单体转化为聚合物的反应可以按照下述工艺之一不连续或连续地进行：

- 悬浮聚合；
- 本体聚合；
- 乳液聚合；
- 气相聚合；
- 溶液聚合。

2.4.1　悬浮聚合

在悬浮聚合工艺中，化学反应在一种溶剂的悬浮液滴内发生。悬浮聚合具有反应热传递效果好、分散黏度低、分离成本低等优点，同时具有反应过程不连续、废水量相对较大、釜壁结垢明显、悬浮剂在最终产品和废物流中有残留等缺点。

悬浮聚合工艺生产的典型产品包括：

- 聚氯乙烯。
- 聚甲基丙烯酸甲酯。
- 聚苯乙烯（HIPS 和 EPS）。
- 聚四氟乙烯。
- 矿物油中的聚烯烃浆。

悬浮聚合产生的胶乳粒子的粒径范围是 $1 \sim 1000 \mu m$。该工艺体系包含单体＋引发剂＋溶剂（通常是水）＋表面活性剂。单体和引发剂都不溶于溶剂（水），例如：苯乙烯和过氧化苯甲酰。因此，单体分散成液滴（与乳液聚合类似），但引发剂存在于液滴中（而不是在水相中）。表面活性剂的作用完全是为了稳定液滴。

在水相中没有胶束。聚合的中心完全在单体液滴内。因此，这种聚合就像一个（微型）本体聚合，但局限于每个单独的单体液滴中。

因为水相可以传导出产生的大部分热量，因此，相比于实际的本体聚合，热传导问题得到极大的削弱。最终产品颗粒的粒径分布与初始单体乳液液滴的粒径分布相同（假设液滴不合并）。

2.4.2　本体聚合

在本体聚合工艺中，生产聚合物的反应釜中只有单体及少量的引发剂。本体聚合工艺具有产品高纯度、反应器效率高、分离成本低等优点，同时也具有反应器内黏度高等缺点。本体方法会引起反应釜结垢，且在生产缩聚产品时需要高真空条件。

本体聚合工艺生产的典型产品包括：

- 聚烯烃。
- 聚苯乙烯。
- 聚氯乙烯。
- 聚甲基丙烯酸甲酯。
- 聚酰胺。
- 聚酯。

逐步聚合（缩聚）通常采用该工艺。反应经常在高温条件下进行，但是没有真正的热量导出反应釜的问题（如温度积累）。聚合度随时间线性增加，所以反应混合物黏度增加相对缓慢，这也使得气泡（如水蒸气）能够高效地转移出系统。

该工艺也可用于链增长聚合，但仅限于小规模，且低温条件下更好。由于聚合度从反应一开始就快速增大（因此反应混合物的黏度也是同样），热量和泡沫的传导可能存在问题。

对于某些单体（如氯乙烯），其聚合物不溶解于自身单体（超过某个临界摩尔质量时）。因此，在这些情况下，聚合物经过一段时间后从单体中沉淀出来（以膨胀的聚集颗粒形态）。最终，所有单体被转化为聚合物。

2.4.3　乳液聚合

在乳液聚合工艺中，化学反应发生在溶剂悬浮液滴中—类似于悬浮聚合，同时也发生在被称为胶束的乳液结构中。乳液聚合工艺具有分散黏度低、传热效果好、转化率高、适合生产高分子量聚合物等优点，同时具有分离成本高、反应釜壁易结垢、乳化剂在产品和废物中有残留等问题。

乳液聚合工艺生产的典型产品包括：

- ABS 树脂；
- 聚氯乙烯；
- 聚四氟乙烯（PTFE）；
- SBR；
- NBR；
- PVA；
- PMMA；
- 用作涂料的聚丙烯酸酯。

乳液聚合产生的胶乳粒子粒径范围从 $0.03\sim0.1\mu m$ 不等。该工艺体系包含单体＋引发剂＋溶剂（通常为水）＋表面活性剂（通常为阴离子，如十二烷基磺酸钠）。

单体在溶剂中只有非常有限的溶解度（如苯乙烯在水中）。大部分单体最开始存在于分散液滴中（因此被称为"乳液聚合"）。表面活性剂（阴离子）的作用之一是通过吸附在液滴/水界面稳定液滴。然而，部分单体也存在于水相中。

大部分表面活性剂在水中以胶束形式存在，因此，部分单体也会溶解在胶束中。

因此，单体实际上是分布在三个区域：液滴、水相（少量）和胶束。引发剂能够溶解（因此也存在）于水相中。因此，聚合反应的初始位置也在水相中（如分散聚合），即水相中的单体首先聚合。

逐渐生长的寡聚自由基链将合并进入投加阴离子表面活性剂形成的胶束中。聚合反应的主要位置转为胶束，胶束中溶解的单体开始聚合。随着聚合反应的进行（胶束中），就像分散聚合一样，微粒形成。单体逐步被转移到胶束。聚合反应在生长的颗粒中继续进行，直到在液滴和溶液中的所有单体都耗尽。颗粒的最终大小通过胶束数量控制（即初始的表面活性剂浓度）。

2.4.4　气相聚合

在气相聚合工艺中，单体被引入气相中，并与沉积在固相结构上的催化剂接触反应。气相聚合过程可以容易地去除反应热量，废物产生量和排放量小，不需要额外的溶剂。气相聚合过程并不适合所有的终端产品，且由于大部分单元操作需要高压设备，投资成本相对较高。

目前，气相聚合工艺仅用于聚烯烃的生产：

- 聚乙烯；
- 聚丙烯。

该工艺产常常用于乙烯和丙烯的 Ziegler-Natta 型聚合。催化剂由惰性二氧化硅颗粒支撑，反应发生在其表面。这有助于立体化学特征（特别是等规聚丙烯）的控制。

2.4.5　溶液聚合

在溶液聚合工艺中，化学反应发生在采用某种溶剂的单体溶液中。溶液聚合工艺具有反应热转移效果好、分散黏度低、反应釜壁结垢少等优点，同时存在反应器容量小、分离成本高、常常使用非可燃和/或有毒溶剂且微量溶剂污染最终产品等缺点。

溶液聚合工艺生产的典型产品包括：

- 聚丙烯腈；
- 聚乙烯醇；
- SBR；
- BR；
- EPDM；
- 聚乙烯。

溶液聚合体系包括单体＋引发剂＋溶剂。这是链增长聚合的首选方法。溶剂帮助热量分散并减少反应混合物黏度的快速升高。

聚合物可以溶于或不溶于溶剂，在后一种情况下（如苯乙烯＋甲醇），聚合物从溶液中沉淀出来（高于某个临界分子量时）。

2.4.6　聚合工艺总结

大多数商业聚合物可采用 2.4.1～2.4.5 部分描述的一种或多种工艺进行生产，为获得不同应用领域所需的不同特性的产品，某些聚合物需要采用不同的工艺进行生产。表 2.2 总结了一些重要聚合物可能的生产方式。

表 2.2　部分聚合物的产品-生产工艺矩阵

聚合方法	PE	PP	PVC	PET	PS	PA
悬浮聚合	X	X	X		X	

本体聚合	X	X	(X)	X	X	X
乳液聚合			X			
气相聚合	X	X				
溶液聚合	X					

注：X 表示该类聚合物产品可以采用相应的生产工艺聚合；（X）表示可采用该工艺生产，但该工艺生产此产品已被淘汰。

3 聚烯烃

3.1 概 述

[1, APME, 2002, 2, APME, 2002, 15, Ullmann, 2001]

3.1.1 聚乙烯（PE）

聚乙烯是世界上生产最广泛的一种聚合物，与人们的日常生活密不可分。然而在最初，聚乙烯只被当作材料世界的一个补充，其应用价值是用作电缆的绝缘层。现在，聚乙烯的作用体现于其自身的性能、广泛接受的可用性及其巨大的应用潜力。

聚乙烯被制成柔软可变形的产品，也可被制成坚硬、结实、耐用的产品。不管在简单还是复杂的设计中，不同尺度的物件都有聚乙烯的应用，其中，聚乙烯还被制成日常用品、包装、管子和玩具。

近年来，世界各国对聚乙烯的需求量不断增长，这一增长甚至超过了全球经济增长的平均值。2001 年，全世界聚乙烯消费量为 6200 万吨，平均约 10kg 聚乙烯/人。在西欧，2001 年聚乙烯使用量接近 1100 万吨（约合每人 35kg）。1987～2001 年间，欧洲各地区聚乙烯消费量逐年增长的情况如表 3.1 所列。

表 3.1 聚乙烯消费量的增加

地区	1987 年	1996 年	2001 年
西欧/(kt/a)	6873	9755	11330
东欧/(kt/a)	2177	1720	3110

地区	1987 年	1996 年	2001 年
其他国家/(kt/a)	24713	38500	49100

聚乙烯产品正不断替代纸、金属等传统材料。聚乙烯有三种主流类型，三种类型产品的使用总量占聚乙烯产品所有应用领域用量的 90%。

聚乙烯生产厂遍布欧洲各地，且这些工厂通常建在可为其提供原料的炼油厂附近。西欧主要的聚乙烯生产地如表 3.2 所列。近几年由于企业兼并和合资企业的形成，欧洲聚乙烯生产商的数量有所下降。一些欧洲生产商是全球性聚乙烯生产公司的一部分，其他公司只在欧洲生产。全球最大的聚乙烯生产商是 Dow，ExxonMobil 和 Equistar，其次是 Borealis 和 Basell。除 Equistar 公司外，其他四家公司都在欧洲设厂。除了上述四大公司，Polimeri Europa，DSM，BP，Repsol、Atofina 和 Solvay 与 BP 公司建有合资企业，也都是欧洲重要的聚乙烯生产商。

表 3.2 2001 年西欧主要聚乙烯产地

国家	产地数量	产品
奥地利	1	LDPE，HDPE
比利时	8	LDPE，HDPE
芬兰	1	LDPE，LLDPE，HDPE
法国	11	LDPE，LLDPE，HDPE
德国	11	LDPE，LLDPE，HDPE
意大利	7	LDPE，LLDPE，HDPE
荷兰	2	LDPE，LLDPE，HDPE
挪威	1	LDPE，HDPE
葡萄牙	1	LDPE，HDPE
西班牙	5	LDPE，LLDPE，HDPE
瑞典	1	LDPE，LLDPE，HDPE
英国	3	LDPE，LLDPE，HDPE

注：LDPE 为低密度聚乙烯，HDPE 为高密度聚乙烯，LLDPE 为线型低密度聚乙烯。

聚乙烯产品根据理化性质可分为不同的类型。不同类型产品的生产工艺不同，其主要区别在于最终产品的密度。

3.1.1.1 低密度聚乙烯（LDPE）

低密度聚乙烯是聚乙烯中最早出现的一种类型，采用高压工艺生产。高度支化的分子结构使其成为一种柔软、坚韧且容易弯曲的聚乙烯。典型低密度聚乙烯的密度在 $915\sim935kg/m^3$ 之间。由于其自身带有弹性，当其形状被改变后还能恢复原有形状。同时，这种"高压"聚乙烯具有较高的熔融指数（MFI），因此，比大多数其他类型的聚乙烯更易加工。

低密度聚乙烯用于制作盖子等坚固柔韧的物品，用作绝缘材料已有很长的历史。而如今，它最主要的应用领域是制作薄膜，如手提袋、包装材料和农用薄膜。

低密度聚乙烯高度支化的分子结构如图 3.1 所示。

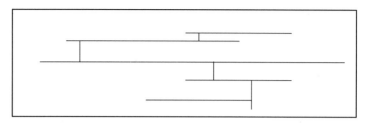

图 3.1　低密度聚乙烯高度支化的分子结构

3.1.1.2　高密度聚乙烯（HDPE）

由于高密度聚乙烯具有较高的结晶度，它是各种类型聚乙烯中最坚硬且最不易弯曲的一种。高密度聚乙烯几乎没有任何支链结构。因此，其密度总是高于 $940kg/m^3$。其所具有的刚性和一定的硬度在许多应用领域都非常有用。

高密度聚乙烯接近线型的分子结构如图 3.2 所示。

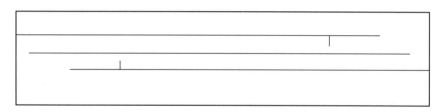

图 3.2　高密度聚乙烯接近线型的分子结构

如图 3.3 所示，高密度聚乙烯按照分子质量分布特征可分为两种类型。类型 1 具有较窄的分子质量分布，可用于制作装水果、蔬菜和饮料的板条箱等。类型 2 具有较宽的分子质量分布，可用于制作不透明的瓶子、容器或者管子。尽管 HDPE 具有很高的刚性，但它仍可用非常轻且可出现细微裂纹的类型 2 来制作较薄的薄膜。

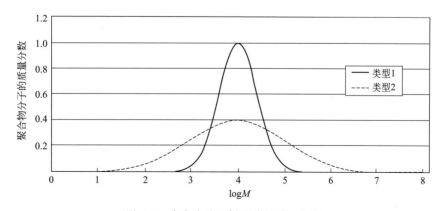

图 3.3　高密度聚乙烯的分子质量分布

3.1.1.3   线型低密度聚乙烯（LLDPE）

线型低密度聚乙烯是最新型的聚乙烯。它看起来像高密度聚乙烯，但由于含有大量的短支链而具有较低的结晶度。因此，线型低密度聚乙烯密度较低（通常低于 940kg/m³）。然而，密度在 930～940kg/m³ 之间的聚乙烯常被称作 MDPE 或中密度聚乙烯。

LLDPE 可制作易弯曲的产品，也可制作具有刚性的产品。它常与前面提到的 HDPE 或 LDPE 混合以制作更薄的薄膜。另外，它也用于多层薄膜包装物。LLDPE 具有韧性且不易变形。这些特性在盖子等大型物件的制作中非常有用。

线型低密度聚乙烯由特定的共聚单体形成的典型短支链分子结构如图 3.4 所示。

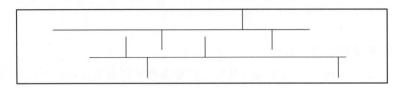

图 3.4   线型低密度聚乙烯的分子结构

3.1.2   聚丙烯（PP）

[15，Ullmann，2001，16，Stuttgart-University，2000]

聚丙烯是经济上最重要的热塑性材料之一。2002 年西欧聚丙烯产量接近 8000kt。2000～2002 年西欧聚丙烯产量的发展如表 3.3 所列。无论透明聚丙烯还是有色聚丙烯都有极其广泛的应用领域，例如，食品包装、纺织、汽车零件、医用器械和生活日用品等。

表 3.3   2000～2002 年西欧聚丙烯产量

年份	2000	2001	2002
产量/kt	7004	7230	7805

与聚乙烯类似，聚丙烯生产厂遍布欧洲，甚至许多时候同一公司在同一个工厂生产这两种产品。

图 3.5   聚丙烯的基本单元

聚丙烯的性质取决于所采用的聚合工艺以及所使用的催化剂。如图 3.5 所示，聚丙烯的基本单位由 3 个碳原子和 6 个氢原子组成。

聚丙烯为线型高分子，属于聚烯烃。甲基（CH₃）是它的特征基团。如图 3.6 所示，根据甲基在 C—C 主链上的立体排列方式，聚丙烯可分为三种：甲基在主链上不规则排列的无规聚丙烯（aPP），甲基全部在主链一侧的等规聚丙烯（iPP）和甲基在主链两侧交替排列的间规聚丙烯（sPP）。立构规整度（甲基排列的均匀度）的增加会导致 PP 结晶度、熔点、拉伸强度、刚度和硬度的升高。

目前等规聚丙烯（结晶度 40%～60%）工业应用广泛。而非晶态无规聚丙烯被用作 PP 共聚物中的弹性组分。间规聚丙烯的生产只是最近随着催化研究方面的进步才成

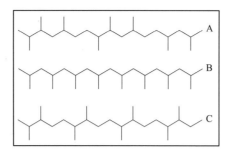

图 3.6 聚丙烯的分子结构

A—无规聚丙烯；B—等规聚丙烯；C—间规聚丙烯

为了可能。虽然这种聚丙烯的结晶速度比等规聚丙烯低，但是它具有很好的挠性。

聚丙烯几乎承受不了任何压力，是一种易碎的均聚物（但在聚合物共混物中具有抗冲击能力）。与聚乙烯相比，聚丙烯在加热条件下的尺寸稳定性更高，但抗氧化性较差。结晶度、熔程、拉伸强度、刚度和硬度等参数都随着等规聚丙烯比例的增加而升高。聚丙烯结构复杂，可以测到四种不同的超结构。暴露于氧气或高能辐射会导致聚丙烯变脆且易于分解。聚丙烯本身透明度很好（如聚丙烯薄膜非常透明），在不进行稳定化处理的情况下不耐紫外线，但能防水，对酸（氧化性酸除外）、碱、盐溶液、溶剂、醇、水、果汁、牛奶、油、油脂和清洗剂具有化学耐受性。聚丙烯对芳香烃、氯化烃、苯、汽油和强氧化物不具有耐受性。

聚丙烯熔点高，密度低，刚度和韧性好。这些性质取决于其结晶度以及产品中共聚物单体的类型和含量。聚丙烯产品可与橡胶复合以改善其低温特性，还可与矿物质填料或玻璃纤维复合提高其刚性和尺寸稳定性。

3.2 聚烯烃生产工艺技术

[2，APME，2002，16，Stuttgart-University，2000]

3.2.1 备选工艺

3.2.1.1 低密度聚乙烯

高压 LDPE 生产工艺非常通用，各个公司的基本设计都相同，主要不同在于反应器类型，有管式反应器和高压釜反应器。选择何种反应器主要取决于生产何种产品。基本上，管式反应器工艺更适合生产具有较好光学性能的树脂，而高压釜工艺可生产好的挤压涂敷用树脂和更加均匀的共聚物产品。一般用途的产品采用两种工艺都可以生产。管式反应器工艺的乙烯转化率通常比高压釜工艺高。尽管如此，由于高压釜工艺采用的操作压力通常较低，两种反应器生产一吨聚乙烯产品的能耗相同。影响转化率和能耗的主要因素如下。

① 生产聚乙烯树脂的分子量分布　生产宽分子量分布产品的乙烯转化率高于窄分子量分布产品。

② 传热　对于管式反应器工艺，通过增加反应器传热能力（增加反应器长度以提高换热面积和/或提高传热系数），在保持产品质量的情况下，进一步提高乙烯转化率（提高 5%～15%）。

③ 引发体系　对于同样特性的产品，优化引发体系可获得更高的转化率。高压釜工艺通常采用有机引发剂，而管式反应器工艺可采用氧气引发体系、氧气和过氧化氢混合体系或过氧化氢引发体系。采用过氧化氢为引发体系的管式反应器通常可获得比氧气引发体系更高的转化率。有机引发剂的投加需要采用烃溶剂作为过氧化物的载体。

因此，反应器的选择（管式反应器或高压釜）以及技术应用水平都会影响转化率、所需操作压力和能耗水平；尽管如此，产品设计和产品应用的质量要求对于上述参数具有更大的影响。应用领域和产品分子量分布质量要求的差异很容易使转化率和能耗在生产的树脂中产生 20% 的变化。因此，产品类型和质量的差异很容易解释为什么采用同样技术和设备的生产厂，其能耗水平会有 10% 的偏差。

3.2.1.2　线型低密度聚乙烯

LLDPE 的主要生产工艺包括气相法和溶液法。在欧洲，采用气相法和溶液法生产 LLDPE 的比例是 6∶4。工艺的选择基于以下几个因素：

- 目标产品的特性。
- α-烯烃的选择。
- 产品密度。
- 分子量分布的单峰或双峰。
- 技术的可得性。
- 总体经济状况。

气相法工艺更适合生产以 1-丁烯为共聚单体的产品，而溶液法工艺更适合生产以 1-辛烯为共聚单体的产品。1-己烯为共聚单体时，两种生产工艺都可采用。其中 1-己烯和 1-辛烯为共聚单体合成的树脂，其机械性能优于以 1-丁烯为共聚单体合成的树脂。

在气相法工艺中，聚合物以固态形式存在，同时单体和共聚单体作为气态载体保持流化状态并带走热量。聚合物以固态存在为工艺的最大操作温度设定了限值，并降低了聚合物密度。最新一代气相法生产工艺可采用冷凝方式操作，大大改善了热量转移并提高反应器的生产能力。为实现这一目的，生产过程中需要投加一种共聚单体（1-己烯）和/或一种可冷凝溶剂（如己烷）。通过在循环回路中将这些组分冷凝，热量转移能力大大提高。气相法 LLDPE 工艺也可用于生产 HDPE（详见 3.2.3.2 部分）。

在溶液法生产工艺中，聚合物溶解在溶剂相或共聚单体相中。α-烯烃和烃类溶剂（一般从 C6 到 C9）构成了一种共混物，同时，当采用 1-己烯作为共聚单体时需要采用较高的操作压力以维持单相状态。溶液法工艺可用于生产各类密度性能的聚合物。虽然系统中可能包含循环冷却器，但溶液反应器通常可在绝热条件下运行。冷却器的使用可提高反应器出料中的聚合物浓度，从而减少用于溶剂蒸发的能量。所获得聚合物的浓度取决于催化剂系统最大操作温度、热量转移能力以及反应允许的最大黏度等。工艺系统内黏度不能对反应器物料混合和传热能力产生不利影响。

　　反应系统中需要的聚合物物理状态（固态或溶液态），决定了操作系统需要采用完全不同的操作温度控制程序。气相法工艺操作温度低于聚合物熔点，而溶液法工艺操作温度高于聚合物熔点。反应器操作温度的不同进而会影响反应器的生产能力、所需容积和产品更换时间。溶液法反应器容积较小，产品更换的时间也较短。

　　这两种生产工艺都能生产分子量单峰和双峰分布的产品。目前，分子量双峰分布的产品必须采用双反应器系统生产。这种反应系统能耗高，投资大，操作较复杂。目前已有一些专利许可方宣称通过采用具有双峰分布催化能力的双位点催化剂的单个反应器可以生产类似性能的产品。

　　气相法工艺技术已被广泛采用，技术供应商包括 Univatim、BP、Basell 等。气相法工艺的结构原理上较普通，其中的冷凝模式、双反应器操作、催化系统等专有信息受专利保护。

　　而溶液法生产工艺并未普遍应用。在溶液法工艺技术上拥有强大技术实力的公司包括 Mitsui、Nova Chemicals（Sclairtech 工艺）、DOW 和 DSM（Stamicarbon compact 工艺）。工艺结构和操作条件的差异被认为是各公司的专有信息。

3.2.1.3　高密度聚乙烯

　　高密度聚乙烯主要包括淤浆悬浮法和气相法两类工艺，可进一步分为以下几种。
- 采用搅拌反应釜、以 C5 到 C9 的烃类为稀释剂的悬浮法；
- 采用环管式反应器、以己烷为稀释剂的悬浮法；
- 采用环管式反应器、以异丁烷为稀释剂的悬浮法；
- 采用流化床反应器的气相法；
- 以丙烷为稀释剂的环管式反应器和流化床反应器串联形成的悬浮/气相组合工艺。

　　两类生产工艺及其生产产品的主要差异如下。
- 冷却方式。搅拌釜通过溶剂的蒸发和冷凝冷却，环管式反应器外部冷却，气相法采用气相循环流冷却。后者也可与可凝结溶剂结合使用。
- 单重或双重反应器系统；
- 初级和次级反应器中共聚物的混合比例；
- 去除聚合物蜡的能力；
- 采用的催化体系：Ziegler-Natta 体系，铬或茂金属催化剂；
- 采用的溶剂类型：从超临界丙烷到 C9 溶剂。

　　一个新建大规模工厂的工艺选择应根据生产效率和不同类型产品生产能力的最佳组合确定。不同厂商的选择会有所差异。

生产高密度聚乙烯的工艺技术有多种选择，Asahi、Basell、Borealis、BP、Chevron/Phillps、Solvay、Univation等公司都有自己的生产技术。

3.2.2 低密度聚乙烯

生产低密度聚乙烯的反应器有两种：搅拌釜（高压釜）或者管式反应器。高压釜需要在绝热条件下运行，管式反应器采用夹套冷却。高压釜高径比（L/D）在4～16之间，而管式反应器 L/D 在10000以上，高压管内径为25～100mm。高压釜的操作压力在（100～250）MPa之间（1000～2500bar），而管式反应器的操作压力为250～350MPa，图3.7为低密度聚乙烯工艺的基本流程。

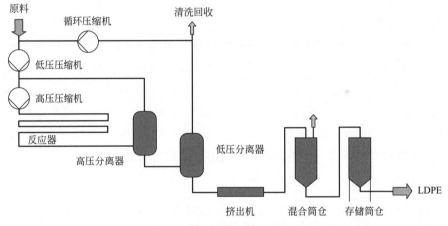

图 3.7 低密度聚乙烯生产流程

除反应器形式不同外，高压釜工艺和管式反应器工艺非常相似。不过，这两种反应器生产产品的分子结构不同，应用领域也不同。

现代裂化装置可以生产出足够纯度的乙烯，无需额外的净化处理即可用于高压生产工艺。原料乙烯通常由管网输送到高压聚乙烯厂。如果高压聚乙烯厂和裂化装置在同一个地方，那么乙烯可直接输送。乙烯的供气压力在1～10MPa之间。一级压缩机（初级或中压压缩机）可将乙烯压力增至20～30MPa。压缩的级数取决于所供应乙烯的压力，如果供应压力在3MPa以上，则初级压缩机通常包含两个压缩阶段。由于乙烯气体被用作反应热的吸收剂，因此，进入反应器的乙烯气体没有全部转化成聚合物。未反应气体经过循环又回到反应过程。循环乙烯与原料乙烯在初级压缩机出口混合，然后输送到高压压缩机吸气口。高压压缩机通过两步压缩将反应器内压力提高至150～350MPa。在两个压缩步骤中间，工艺气体采用冷却水或冷冻水冷却。

为满足不同应用领域对聚合物特性的要求，需要采用不同的引发体系或链转移剂（分子量调节剂）。常用的引发剂包括氧气或有机过氧化物。为控制聚合物的分子量分布，会在单体物流中加入极性分子量调节剂（醛、酮、醇）或者脂肪烃。

反应器由泄压装置保护，从而保证反应失控时能立即释放反应器中的气体。乙烯聚合反应失控会导致反应器内压力和温度急剧升高，这种急剧升高会激活应急泄压系统。根据快速响应的需要，反应器的应急泄压系统将反应器内气体排放到空气。

操作压力由反应器出口处阀门控制。反应混合物通过该高压阀后压力从反应器工作压力降至 15～30MPa。由于压力下降了，反应混合物温度升高（Reverse Joule Thomson 效应），因而需要在反应器出口处通过换热器冷却。聚合物和未反应气体在操作压力为 15～30MPa 一级分离器（HPS，高压分离器）内分离。未反应气体从高压分离器排出后再经过一系列的冷却水冷却。在这个过程中，部分反应热可进行余热利用，产生低压蒸汽。这些蒸汽可以装置内部使用，从而显著提高工艺的能量利用效率。通常，每个冷却器后都会安装这一个小型分离器，以去除循环气中的蜡状低聚物。尽管聚合物中的大部分未反应气体在高压分离器中被去除，但仍需要至少一步额外的分离步骤才能将熔融聚合物中的溶解气体完全去除（<1%）（质量分数）。这一步分离过程由低压分离器[LPS，也叫挤出料斗（extrusion hopper）]完成，其操作压力低至 0.15MPa。该操作压力是根据最终产品中残余乙烯单体含量和压缩过程能量节约两个方面综合考虑的结果。低压分离器从聚合物中分离出的气体循环回反应工艺。它经过几级压缩达到原料乙烯的供应压力。其中一小股旁路物流被送回裂化装置或者专用的提纯单元以防止工艺系统中杂质的积累。

大多数情况下，低压分离器直接安装在热熔挤出机上，聚合物直接进入热熔挤出机，通过水下造粒机造粒。根据产品的应用需要，还可在挤出机的熔融聚合物中加入添加剂。造粒后，产品被干燥、暂时贮存和进行性能检验。根据需要，还可将产品在特制的筒仓中混合，以消除产品性能的微小差异。在产品贮存过程中，通过空气吹洗除去产品中的残余乙烯。如果低压分离器采用压力较高，产品中残余的乙烯可采用脱气热熔挤出机直接去除。经过质量控制、脱气和混合，产品可通过气流输送到存储筒仓或直接送去包装区和散装区。

由于操作压力高，因此生产工艺需采用专用的设备与技术。关键的操作要点和设计细节通常作为专利信息。反应器的设计要求要达到厚壁容器或厚壁管设计标准。较高的操作压力要求采用往复式压缩机或泵。在高压生产工艺中最典型、最重要的压缩机是高压压缩机，有时也叫超压压缩机。由于压缩机械的气缸活塞环泄漏损失的气体通常会通过内部循环重新回到 LDPE 生产工艺。

3.2.2.1 高压釜反应器

高压釜反应器含有一个搅拌器，以获得高质量的混合效果并按照一个绝热的连续搅拌釜反应器（CSTR）操作。高压釜反应器的容积从 250L（20 世纪 60 年代的反应器）到现在通用的 1500L 变化。由于采用的技术不同，停留时间也从 30～60s 不等。在很多技术中，带动搅拌器的电动马达安装在反应器内顶部空间。进入反应器的乙烯用于冷却马达。

反应器的这种细长形式是由加工要求决定的（采用厚壁锻造工艺加工）。高压釜的高径比（L/D）还需要根据产品性能确定。较长的高压釜将反应器分成几个区，并沿反应器长度方向形成逐渐变化的温度分布。运用不同的温度分布可控制生产产品的性能。每个温度区域的反应温度通过引发剂（有机过氧化物）的投加量控制。这些引发剂在温度作用下分解并产生自由基引发聚合反应。为将反应温度维持在设定的温度点，需要采用不同类型的引发剂。非常重要的一点是，在引发剂随反应气体离开反应器前，必须被完全消耗。如果过量的自由基离开反应器，聚合反应就会在反应器外继续进行，这样会引起反应系统故障并使产品质量变差。引发剂溶于烃类溶剂中，并通过反应釜壁的侧孔注入反应器。有些技术也采用这种侧孔注入一定量乙烯气体，通过注入气体的冷却作用控制反应器内温度。高压釜反应器的操作温度在 180～300℃ 之间。反应器壁上还有开孔以便安装热元件和泄压装置。

在乙烯的高压聚合反应中，乙烯原料用作聚合反应热的热沉。在绝热条件下，聚合物的转化率可由下面的公式计算：

$$转化率(\%) = 0.075 \times (反应温度 - 乙烯入口温度)$$

3.2.2.2　管式反应器

商业用的管式反应器通常长 1000～2500m，由在混凝土柱内每 10～15m 长弯折一次的高压管组成。在 20 世纪 60 年代，高压管的内径仅限于 25mm。随着近年来冶金技术在高强度材料方面的发展，高压管的内径可增加到 100mm。高压管的外径与内径的比值在 2.1～2.5 之间。为了跟踪聚合反应的进程，沿反应器长度方向安装了测温元件。而对于高压釜反应器来说，引发剂和乙烯气体的入口以及泄压装置都安装在反应器某个选定的位置上。

反应器的第一部分是预热段。乙烯温度必须足够高才能发生反应。在高压釜反应器中只有有机过氧物作为引发剂，而对于管式反应器，氧气（空气）也可用于产生引发聚合反应的自由基。因此，引发温度可以从 140℃（过氧化物）到 180℃（氧气）。当采用氧气作为引发剂时，空气在工艺的低压区域加入乙烯气体中。当过氧化物作为引发剂时，通过调节高压泵的速度控制其投加量。通过温度控制聚合物链长，对改变聚合物性能的作用有限。因此，必须使用链转移剂（分子量调节剂）。通常采用极性调节剂（醛、酮、醇）。当聚合反应温度较高时，也可用活性较弱的脂肪烃。

引发剂或乙烯和空气混合物在反应器不同位置的注入会产生一系列高温区域（所谓的峰值），这些高温区域后面有将反应热从乙烯/聚合物混合物中除去的冷却区。沿反应器长度分布多个峰温/冷却循环。由于通过反应器壁换热效率高，管式反应器比高压釜反应器具有更高的聚合物转化率，可达 36%（高压釜反应器转化率约 20%）。转化率影响产品性能，转化率越高，支化度越高。

反应热可通过冷却夹套回收并生产低压蒸汽。蒸汽的产生使管式反应器净产出低压蒸汽。现代高压聚乙烯厂使用循环冷却水系统以使冷却操作的新鲜水用量最低。同时，对冷却水的适当调节可以最大程度地保护工艺所用高强度材料免受腐蚀。

3.2.2.3　技术参数

低密度聚乙烯的技术参数见表 3.4。

表 3.4 低密度聚乙烯的技术参数

产品类型	低密度聚乙烯	低密度聚乙烯
反应器类型	管式反应器	高压釜反应器
机械尺寸	管内径:25～100mm L/D 约 10000～50000	容积:250～1500L
操作压力	200～350MPa	100～250MPa
操作温度	140～340℃	180～300℃
引发剂	O_2 有机过氧化物 0.2～0.5g/kg PE(聚乙烯)	有机过氧化物 0.2～1g/kg PE(聚乙烯)
聚合物转化率	高达 36%	高达 20%
目前最大的装置生产能力	300000t/a	200000t/a

3.2.2.4 高压工艺生产的其他乙烯基聚合物

除 LDPE 外，还有一些塑料可采用同样的高压工艺生产，如：

- 乙烯-乙酸乙烯酯共聚物（EVA）；
- 乙烯-丙烯酸共聚物（EAA）；
- 乙烯-甲基丙烯酸共聚物（EMA）；
- 大多数级别的线型低密度聚乙烯（LLDPE）；
- 极低密度聚乙烯（VLDPE）；
- 超低密度聚乙烯（ULDPE）。

上述族类树脂产品采用商业规模高压工艺生产。为生产这些类型的聚合物，需在防腐、冷却能力、挤出机设备以及提纯共聚单体循环回生产工艺等方面增加额外投资。

从共聚物产量看，乙烯-乙酸乙烯酯共聚物最为重要。欧洲低密度聚乙烯共聚物市场据估计为 720kt/a。EVA 共聚物的产量是 655kt/a，其中，有 450kt 的 VA 含量超过 10%（质量分数）。

3.2.3 高密度聚乙烯

高密度聚乙烯（HDPE）的生产工艺主要有两种：均可生产窄分子量分布（类型 1）和宽分子量分布（类型 2）的 HDPE。

- 悬浮（淤浆）法；
- 气相法。

除上述两种工艺外，类型 1 的 HDPE 还可采用溶液法工艺生产。

HDPE 生产工艺通常采用 Ziegler 型（钛系）或 Philips 型（铬系）负载型催化剂。近年来，茂金属催化剂也被引入 HDPE 生产。一般情况下，Ziegler 型催化剂可采用上述所有工艺生产类型 1 的 HDPE。采用异丁烷为稀释剂的环管式反应器和气相反应器可采用的操作温度，高于采用更高沸点溶剂的 STR 悬浮法工艺。因此，前两种工艺采用铬系催化剂更适合生产类型 2 的 HDPE。

环管式反应器工艺和气相反应器工艺通常只有一个反应器，而 STR 工艺通常有两个或多个反应器，以达到经济合理的生产能力并具有采用 Ziegler 催化剂生产类型 2HDPE 的灵活性。

共聚单体（1-丁烯、1-己烯）用于控制聚合物密度，而氢气用于控制聚合物分子量。由于随着聚乙烯密度减小其在稀释剂中的溶解度增大，与气相法工艺相比，淤浆法工艺生产低密度聚乙烯的能力有限。稀释剂中溶解的聚合物会产生高黏度，并增加反应器和下游设备结垢风险。聚合物在己烷中的溶解度比在异丁烷中大。气相法工艺不存在溶解态聚合物的问题，因此，通过采用不同类型的催化剂既可生产 HDPE 也可生产 LLDPE。

HDPE 生产工艺及其参数的总体情况如表 3.5 所列。

表 3.5　HDPE 生产工艺及其参数的总体情况

工艺类型	反应器类型	反应器数量	稀释剂	催化剂	能否生产类型 1 的 HDPE	能否生产类型 2 的 HDPE
悬浮法	STR	一个	C5～C8	Ziegler	能	不能
		多级	C5～C8	Ziegler	（能）	能
	环管式反应器	一个	C5～C8	Ziegler	能	不能
		一个	异丁烷	Philips	不能	能
		一个	异丁烷	Ziegler	能	不能
		多级	异丁烷	Ziegler	（能）	能
		一个	异丁烷	茂金属	能	不能
气相法	FBR	一个	—	Ziegler	能	不能
		一个	—	Philips	不能	能
		多级	—	Ziegler	（能）	（能）
气相法和悬浮法组合工艺	环管式/FBR	多级	丙烷	Ziegler	（能）	能
溶液法	STR		C6～C9		能	不能

一般来说，铬系催化剂用在单环管式反应器和气相法反应器工艺生产类型 2 的 HDPE（宽分子量分布），而 Ziegler 催化剂已用于生产窄分子量分布的产品（类型 1 的 HDPE）。

尽管如此，在包含至少两个串联反应器的工艺中，通过在不同条件下运行每反应器就能控制（加宽）最终产品的分子量分布和共聚单体分布。用这种方式可生产出通常所说的"双峰聚合物"产品。通常认为，该类产品较相同密度和分子量的单峰聚合物性能更好。尤其是采用搅拌釜反应器或环管式反应器，可生产双峰 HDPE。

目前已开发出两级反应器工艺，包含一个在超临界丙烷下操作的环管式反应器和一个流化床气相反应器，特别适用于生产双峰聚乙烯。这种反应器组合较为灵活，既可增宽分子量分布，还可生产低密度 PE，因此，扩展了操作窗口，使最终双峰产品的分子量覆盖从 LLDPE 到 HDPE 的整个范围。

悬浮法工艺的缺点在于，反应器淤浆中的稀释剂循环回反应器之前必须从聚合物粉末中分离出来并进行纯化。这个步骤比气相法工艺中对应的循环系统更加复杂，成本更高。采用较轻的稀释剂（异丁烷、丙烷）可直接闪蒸从反应器浆料中分离大部分稀释剂，但这种方式并不适用于沸点更高的稀释剂。

3.2.3.1 悬浮法工艺

（1）搅拌釜反应器

最近几年，已开发出采用 Zeglier 催化剂的多种悬浮法工艺。在早期生产厂，生产工艺中包含一个净化步骤，以去除产品中残余的催化剂。最近几年，由于催化剂活性提高，该步骤可以省略。现代搅拌釜悬浮法工艺生产装置通常采用己烷为稀释剂。而一些老的生产装置采用较重的烃为稀释剂，常需要采用蒸汽汽提将稀释剂从聚合物中去除。

图 3.8 所示为典型的现代 STR 悬浮法的工艺流程。尽管流程图中只画了一个反应器，实际工艺流程中可以串联多个反应器。反应器操作压力为（0.5~1）MPa，最大容积可达 100m³，反应温度为 80~90℃之间，己烷为稀释剂。

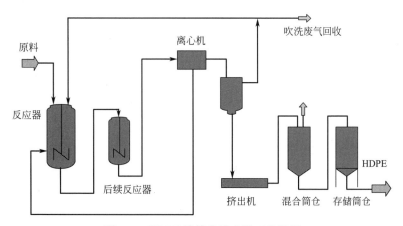

图 3.8 HDPE 搅拌釜反应器工艺流程

反应器主要进料包含循环稀释剂。乙烯和共聚单体进入反应器前流经净化床以除去微量的催化剂毒性物质。反应器中加入一定量的乙烯单体、共聚单体和氢气以及催化剂/复合催化剂（烷基铝）悬液。溶解乙烯在后续反应器中几乎被全部消耗。未反应的乙烯回收后被送回附近的催化裂化装置或作为燃气。

淤浆中的聚合物浓度是一个很重要的工艺参数。对于一个给定体积的反应器来说，聚合物浓度越高则其生产效率越高。但是，反应器冷却夹套的热交换和反应器内搅拌操作会变得更加困难。淤浆中聚合物的最大浓度取决于许多因素，如溶剂类型、颗粒大小和形状，但主要取决于聚合物颗粒簇的密度。淤浆中的聚合物浓度一般在 15%~45%（质量分数）之间，大多在 30%~35%（质量分数）之间。

聚合物淤浆离开反应器后进入离心机以除去大部分溶剂。分离出的溶剂重新流回反应器。在流化床干燥器中，聚合物被高温氮气干燥，同时去除其中残留的溶剂。溶剂从流化床干燥器出口流出后可以将其冷凝以循环使用。一小股含有氮气的吹洗尾气从流化床的循环物流中除去，以控制轻惰性物质和催化毒物的积累。该吹洗尾气通常会被送到火炬进行处置。

（2）环管式反应器

环管式反应器由带冷却水夹套的长管道组成并布置成闭路循环，循环管路内淤浆在管道轴流泵的推动下以 6~10m/s 的速度流动。环管式反应器最初这样设计是为了避免搅拌釜反应器中由于沉淀引起的问题。反应器的比表面积很大，有利于进行热交换，并允许采用较短的停留时间。环管式反应器通常由四到六根长约 50m 的管子构成。有一些生产商选择将这些环形反应管水平安装。

典型的反应条件为温度 90~110℃、操作压力 3~4.5MPa。选用的稀释剂一般为异丁烷，以便于通过低压闪蒸罐蒸发分离，并采用比更长链有机溶剂更高的操作温度。乙烯单体、共聚单体用净化床除去催化剂毒物后，和循环稀释剂投加到环管式反应器。催化剂被稀释剂从物料罐中冲出流入反应器。反应器淤浆中的聚合物浓度为 30%~50%（质量分数），流经沉淀区沉淀后聚合物浓度增至 55%~65%（质量分数），之后进入闪蒸罐。在闪蒸罐内，烃类化合物在约 0.15MPa 的低压下蒸发。

从闪蒸罐中排出的蒸发气体经过滤、压缩后进入一个蒸馏柱，实现未反应乙烯单体同稀释剂和共聚单体的分离。由于环管式反应器中乙烯的转化率很高（96%~98%），因此，分离出的乙烯非常少，可以部分地送回反应器。不过一小股吹洗尾气需要除去，以控制轻惰性物质和催化毒物的积累。精馏柱分离出的稀释剂和共聚单体经过氧化铝或分子筛床除去水等催化剂毒物后，循环回反应器。

闪蒸罐底部的聚合物粉末依靠重力作用落进加热回转干燥器，然后进入吹洗柱尽可能去除聚合物粉末中大部分烃类化合物。之后，这些粉末依靠重力作用输送到带氮气吹洗的吹洗箱，或直接通过传送系统输送到筒仓。这种气流输送系统可以是使用氮气的正压输送系统，也可以是使用空气的真空输送系统。在吹洗柱和吹洗箱中，残余的烃类通过氮气吹洗降到很低的水平。在富含氮气的吹洗气中含有的少量烃类物质，可以回收或送到火炬燃烧。

清洗箱处理后烃类残余量很低的聚合物粉末，被送到挤出机进料箱，然后和必要的稳定剂、添加剂一起加入挤出机。聚合物粉末经熔化和均化，被水下造粒机切成细小粒料。造粒机的水可以循环使用，只有一小部分旁路排放。该废水由于直接接触粒料，含有少量烃类化合物。

湿粒料经空气干燥机干燥后通过气流输送系统送到中间存储筒仓。在中间存储过程中，产品经过空气的脱气作用进一步去除最后残余的烃类化合物。干燥机、中间存储筒仓和气流输送系统排出的空气直接排入大气。经过最终的脱气、质量控制与混合，产品通过气流输送系统送到存储筒仓或直接送到包装、装载区。

上面介绍的是环管式反应器工艺的一般类型，除此之外，还有一些稍有不同的环管式反应器工艺。其中的两种工艺简要总结如下。

（3）采用水平环管式反应器的淤浆法工艺

世界上少数生产商采用带有水平环管式反应器而不是垂直环管式反应的悬浮法工艺生产 HDPE。选择这种反应器有其历史原因，而没有特别的优点或缺点。生产工艺以异丁烷为稀释剂，类型 1 和类型 2 的 HDPE 都能生产，反应器操作温度一般为 100℃，操作压力为 4~5MPa。反应器出口排料通过闪蒸除去大部分稀释剂。PE 产品从异丁烷相转移到水相。再经离心和干燥，从水相中回收 PE 粉料。干燥后粉料作为挤出机进料。

（4）己烷为稀释剂的环管式反应器淤浆法工艺

该工艺以己烷为稀释剂，采用 Ziegler 型催化剂。反应器的操作压力为 3~4MPa，操作温度为 80~90℃。聚合物淤浆离开聚合反应器后，进入汽提塔，塔中注入蒸汽和热水以去除溶剂。分离出的溶剂仍含有残余的催化剂和水，因此，先返回到回收单元进行纯化和干燥处理，然后再次注入反应器。湿的聚合物进入离心机除去其中大部分水，然后在流化床干燥器中用热空气干燥，最后流经回转阀，由气流输送系统送入挤出机（见图 3.9）。

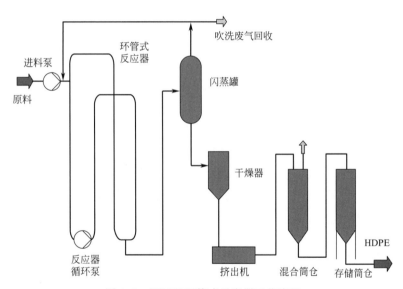

图 3.9　HDPE 环管式反应器工艺流程

3.2.3.2　气相法工艺

流化床反应器是一个总高达 40m 的立式压力容器。气相乙烯中聚合物微粒的流化床由循环压缩机维持。乙烯循环气经反应器底部的布气板进入反应器，布气板不仅保证气流在整个反应器断面上的均匀性，并在气流关闭时承托聚合物颗粒。在反应器上部特殊的圆锥部分，随着反应器截面直径的增加，气流速度下降，聚合物颗粒得以在流化床中保留。气体从反应器顶部离开，通过旋风分离器与其中夹带的颗粒分离，经循环气冷却器去除带出的反应热，然后被再次输送到反应器底部入口。

乙烯原料通常通过管网输送到生产装置或由同一地点的裂解装置直接供应。由于工艺对杂质高度敏感，原料气中的硫化物、乙炔和其他杂质需要通过净化床去除。净化后的乙烯原料被压缩到所需的反应压力，从反应器底部进入反应器回路。一种金属氧化物催化剂、助催化剂（烃中溶解的烷基铝）、共聚单体烯烃和其他辅助药剂也被直接加入反应器回路。通常，选择不同的催化体系、共聚单体和反应条件可以生产出不同类型的产品。

反应温度为 80～105℃，依靠乙烯进料压缩机控制反应压力为 0.7～2MPa。聚合物和气体会通过反应器底部的阀门从流化床中取出，并在脱气容器中膨胀到约 0.15MPa 的低压，以将聚合物颗粒从单体中分离出来。

脱气容器排出的气相单体经过滤、冷却和回收单体压缩机再次压缩后达到反应压力。回收气体由一系列的换热器冷却，最后再由冷冻箱里的冷却介质冷却。冷凝后液态烃被输送回到溶剂供应系统，而剩余气体循环进入反应器回路。还有一小股循环气体需要旁路排出，以防止杂质的累积。排出气体主要含有乙烯，因此，可作为燃料气，或输送回乙烯生产装置。技术正处于不断发展之中，许多技术可将循环反应气充分冷却以冷凝出共聚单体（超冷凝），共聚单体循环回反应器作为反应物料和冷却剂。最新的技术进展是在循环反应气中引入一种溶剂以通过冷凝改善反应系统的传热能力。

产品颗粒通过气流输送系统送到吹洗送料斗，通过氮气蒸汽混合气的吹洗，颗粒中的单体被进一步去除。吹洗和物料输送气体被循环使用。为限制杂质的积累，一股旁路物流被送至指定处理单元处理，以在排入大气前降低其中的 VOC 含量。

脱气后的聚合物颗粒被送到熔融挤出机，然后在水下造粒机中成粒。如果需要，还可在熔融聚合物中加入添加剂。切粒机用水除一小股必须排放外，其他都是循环使用。由于和颗粒直接接触，排放废水中会含有少量的烃类物质。

湿颗粒被送到空气干燥机干燥，然后通过气流输送到中间存储筒仓，在中间存储过程中，产品可通过空气吹洗进一步去除残余乙烯。干燥机、筒仓和气流输送系统的气体直接排放到大气。经最后的脱气、质量控制和混合处理，产品通过气流输送系统送到存储筒仓或者直接送到包装和装载区（见图 3.10）。

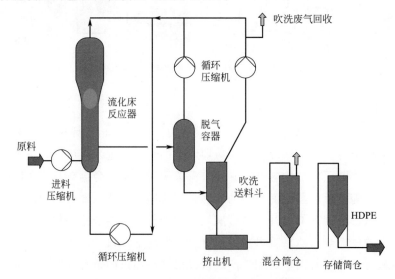

图 3.10　高密度聚乙烯气相法生产流程图

3.2.3.3　悬浮/气相组合工艺

Borealis 公司开发了一种双反应器聚乙烯生产工艺（Borstar），该工艺包括一个环管式反应器和一个与之串联运行的气相反应器，两个反应气之间有聚合物粉料的闪蒸分离单元。Borstar 工艺特别适合生产双峰 HDPE 和 LLDPE，不过也可以生产单峰聚乙烯。这种双反应器工艺的特点是环管式反应器采用超临界丙烷为稀释剂，且由于闪蒸单元的存在，反应器条件可独立控制。聚乙烯在超临界丙烷中的溶解度低于在传统亚临界稀释剂中的溶解度。当生产双峰聚乙烯时，环管式反应气可以生产与其他淤浆法相比密度更小的低分子量聚乙烯。在气相反应器中，聚合反应继续进行并生产高分子量的共聚物。通过调整两个反应器的聚合条件，可以控制产品的分子量分布、共聚单体分布和密度，从而使最终产品达到预期的特性。

该工艺包含的环管式反应器部分和气相反应器部分，与相应的单个反应器工艺类似。催化剂与丙烷稀释剂混合后进入一个预聚合反应器。助催化剂、乙烯、共聚单体和氢气也加入这个反应器。预聚合产生的淤浆与主要原料一起加入环管式反应器。该反应器按照超临界条件设计，通常在 85～100℃、5.5～6.5MPa 条件下运行。该反应器产出分子量小、密度大的产品。反应混合物会被送到闪蒸罐，以从聚合物中分离出稀释剂和未反应的组分。稀释剂冷凝后循环回到环管式反应器。

闪蒸罐排出的聚合物加入流化床反应器进行进一步聚合。不需添加新的催化剂，聚合物在原来的催化剂颗粒上生长，从而产生均匀的聚合物结构。气相反应器在 75～100℃、2MPa 下运行。反应器中还会加入原料乙烯、共聚单体和氢气。该步骤产生高分子量的共聚物。

聚合物和气体经反应器底部的阀门排出，然后在脱气容器内低压膨胀分离聚合物颗粒和单体。气相单体经过单体回收压缩机再次压缩后循环回反应器。产品颗粒在吹洗送料斗中通过氮气吹洗进一步脱气。脱气后的聚合物颗粒加入挤出机。产品粒料经干燥后送入混合筒仓。最后，产品被输送到存储筒仓或直接送到包装和装载区（见图 3.11）。

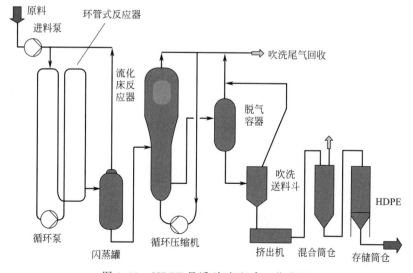

图 3.11　HDPE 悬浮/气相组合工艺流程

3.2.3.4 技术参数

HDPE 工艺技术参数见表 3.6。

表 3.6 HDPE 工艺技术参数

反应器类型	流化床	搅拌釜	环管式反应器
反应器容积/m³	200～400	15～100	15～100
聚合反应压力/MPa	0.7～2	0.5～1	3～6.5
聚合反应温度/℃	80～105	70～90	80～110
悬浮介质	无	C5～C8 烃类	异丁烷、己烷、丙烷
催化剂/助催化剂	有机金属化合物、烷基铝	有机金属化合物、烷基烃	有机金属化合物、烷基铝
最大装置生产能力/(kt/a)	450	320	350

3.2.4 线型低密度聚乙烯

3.2.4.1 溶液法

在溶液聚合反应器中，聚合物被溶解在溶剂/共聚单体中。溶液聚合反应器中聚合物含量通常控制在 10%～30%（质量分数）。通常采用 C6～C9 的烃类物质作为稀释剂。

从丙烯到 1-癸烯的 α-烯烃都可以作为共聚单体。由于 1-己烯和 1-辛烯等长链 α-烯烃与所采用溶剂体系的相容性很好，因此，溶液法工艺特别适合生产含有此类长链 α-烯烃的共聚物。而且溶液法也是唯一适合 1-辛烯等长链 α-烯烃生产共聚物的工艺。掌握溶液法聚乙烯生产技术的公司包括 Dow、DSM（stamicarbon Compact 工艺）、Nova Chemicals（Sclairtech 工艺）和 Mitsui。溶液法工艺中既可使用 Ziegler-Natta 催化剂，也可使用茂金属配位催化剂。

由于一些极性组分为催化剂毒物，因此，包括循环物流在内的所有进料物流进入反应器前都需通过净化床除去这些组分。净化后，所有进料物流加压到反应器压力。通常，溶液法反应压力控制在 3～20MPa，反应温度控制在 100℃以上。不过操作条件也会根据单反应器系统或双反应器系统、反应器绝热运行或带外部冷却而有所不同。采用单个反应器系统还是双反应器系统由产品组合要求决定。外部冷却的应用可提高反应器内聚合物含量。这样可以减少需要蒸发的溶剂量，从而有利于节省能量消耗，但会增加反应器的建设投资。反应器出料被送往加热器和溶剂蒸发器。

产品由挤出机和/或齿轮泵系统加工造粒。添加剂通常采用带侧臂的挤出机加入。在这一步骤，溶液法工艺较气相法和淤浆法工艺具有节能优势，因为溶液法不需要将聚合物熔化。而整理和存储步骤和其他聚乙烯生产工艺相同。溶剂蒸发器的顶部馏出物经冷凝后进行净化，然后同其他进料混合。

在循环阶段，以下吹洗尾气需从工艺中排出。

• 排出一小股液态吹洗物流以除去过量的溶剂和反应过程生成的惰性杂质。通常这股物流被用作蒸汽锅炉燃料或作为石脑油原料外卖。

• 排出一小股气态吹洗物流以除去反应过程中残余的易挥发惰性杂质。这股物流通常循环回裂解装置或作为燃烧炉燃料。

图 3.12 画出了不同生产厂商所采用溶液法工艺的一般流程。尽管所示的工艺步骤是一样的，但这些工艺步骤中操作单元的实际设计和操作条件在不同生产厂商之间可能存在显著差异，这些被认为是各厂商的专有信息。

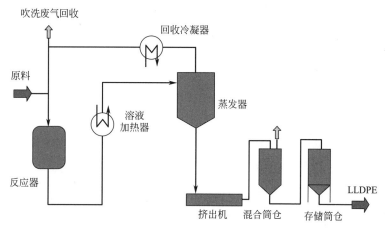

图 3.12 溶液法生产 LLDPE 流程

3.2.4.2 流化床反应器

用于生产 LLDPE 的流化床反应器与 3.2.3.2 部分所述生产 HDPE 的流化床反应器相同，在此不再赘述。一些采用流化床反应器的工厂根据市场需求情况，将反应器设计成既可生产 HDPE 也可生产 LLDPE。不过通常情况下，生产厂商更倾向于只生产一种类型的产品。

3.2.4.3 技术参数

LLDPE 工艺技术参数见表 3.7。

表 3.7 LLDPE 工艺技术参数

生产工艺	气相法	溶液法
反应器温度/℃	80～105	＞100
反应器压力/MPa	0.7～2	2～20
反应器中聚合物含量	—	10%～30%
反应器中停留时间	1～3h	5～30min
溶剂	C5～C7 烃类	C6～C9 烃类
共聚单体	1-丁烯～1-己烯	丙烯～1-癸烯
催化剂	Ziegler 或茂金属	Ziegler-Natta 或茂金属
最大生产能力/(kt/a)	450	300

3.2.5 聚丙烯

生产聚丙烯的大部分工艺和生产高密度聚乙烯的工艺十分相似。尽管如此，本节介绍了最重要也是应用最广泛的聚丙烯生产工艺。一般来说，生产聚丙烯的工艺包括以下两类：

- 气相法工艺；
- 悬浮法工艺。

采用有机稀释剂的传统悬浮法工艺，在 PP 生产领域被称为淤浆法工艺。现代悬浮法工艺采用一种液态单体代替溶剂，在 PP 生产领域也称为"本体"法。

3.2.5.1 聚丙烯生产用催化剂

聚丙烯合成催化剂的不断发展对聚丙烯生产工艺的发展产生了深远影响。新型催化剂的出现和聚合物性能需求的变化带动了新工艺的发展。本节简要介绍了聚丙烯合成催化剂的发展状况。

（1）第一代催化剂

第一代催化剂于 20 世纪 60 年代在淤浆法工艺中被首次应用。其活性中心位于 $TiCl_3$ 晶体中失去氯原子的那个点上。这种催化剂的产率较低（1t/kg 催化剂），产生 5%～10% 无规聚丙烯，需要去灰化，并从产品中除去无规产物。

（2）第二代催化剂

第二代催化剂于 20 世纪 70 年代在悬浮法和气相法工艺中得到应用，其产率约为 10t/kg 催化剂。仍然需要去灰化操作，无规产物含量在 3%～5%。

① Solvay 催化剂

这种催化剂是在第一代催化剂基础上发展而来的。在低温条件下（低于 100℃）形成棕色 $\beta\text{-}TiCl_3$ 的活性 γ 晶型和 δ 晶型。通过更小尺寸的初次结晶，催化剂的表面积增大，活性提高。第一代和第二代催化剂（无载体催化剂）用于以己烷为稀释剂的悬浮法工艺、本体聚合工艺（Rexene，PhiUips）、BASF 气相法工艺（垂直搅拌）和溶液法工艺（Eastmarn）。

② 首例负载型催化剂

这种催化剂仍然以 $TiCl_3$ 为活性物质。Solvay 首次采用 MgO 和 $Mg(OH)_2$ 作为钛基组分的载体。后来采用带有特殊随机晶体结构的磨碎（活化）$MgCl_2$ 作为载体。通过路易斯碱（电子供体）在催化剂活性无明显下降的情况下提高产品的等规度，实现催化剂的进一步改进。所有的第一代和第二代催化剂必须从聚合物产品中除去。

（3）第三代催化剂

第三代催化剂于 20 世纪 80 年代在悬浮法和气相法中应用，其产率为 15～20t/kg 催化剂，无规产物含量约为 5%。

这一类催化剂由支撑材料上负载磨碎的催化成分构成。〔合成步骤为：在内部电子供体中研磨 $MgCl_2$，在高温下用 $TiCl_4$ 钛化，用沸腾的庚烷冲洗，然后干燥，使其与 $Al(C_2H_5)_3$ 聚合〕。经单独钛化，第三代催化剂的活性有了很大提高，而且也不需要从最终产品中除去残余催化剂。但无规聚合物仍然必须去除。因此，采用第三代催化剂的生产工艺与早期工艺没有太多的差别。只有 Montedison 和 Mitsui 公司简化的淤浆法工艺对聚合物进行清洗并除去其中的催化剂和无规 PP 产物。

（4）第四代催化剂

第四代催化剂是目前的行业标准，其产率为 30～50t/kg 催化剂，无规产物含量为 2%～5%。

第 4 代催化剂由邻苯二甲酸酯/硅电子供体和球形载体构成，用于均聚反应器流态单体的聚合。第四代催化剂获得的聚合物中残余催化剂和无规产物含量很低。许多工艺及其变形被开发出来。后面的 3.2.5.2 和 3.2.5.3 部分描述的工艺也是在这个阶段开发出来。

（5）第五代催化剂

第五代催化剂继续扩展了第四代催化剂的性能。例如，第五代催化剂基于新的乙醚和琥珀酸盐作为供体技术，使催化剂活性提高，并提高了产品性能。产率的提高使得产品中残余的催化剂量更低、单位产品的催化剂消耗更少。另外，这种催化剂增大了单反应器生产厂的生产能力和生产范围。

（6）茂金属催化剂

目前，不到 5% 的聚丙烯由茂金属催化生产。茂金属催化剂主要为以二氧化硅为载体的 $ZrCl_2$ 催化剂和甲基铝氧烷（MAO）等助催化剂组合而成。此类催化剂表现出特殊的性能，也可以和 Ziegler-Natta 催化剂结合使用。茂金属催化剂主要用于生产特殊产品，它的使用会影响到整个装置的布局。

3.2.5.2 悬浮法工艺

聚丙烯传统悬浮法（淤浆法）工艺的流程如图 3.13 所示。丙烯、稀释剂（C6～

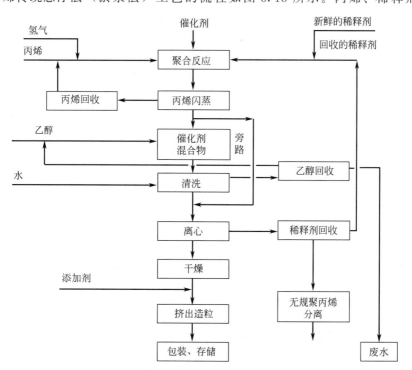

图 3.13 聚丙烯传统的悬浮法（"淤浆法"）生产流程

C12 饱和烃)、氢气、催化剂和助催化剂连续地加入聚合反应单元。聚合反应单元主要由一个或多个串联的搅拌釜反应器组成。聚合反应温度为 60~80℃，压力为 2MPa 以下。聚合后的聚丙烯形成小的粉末颗粒悬浮于稀释剂中。少量无规聚丙烯是聚合反应的副产物，并部分溶于稀释剂。聚合淤浆不断从最后一个反应器排出，之后未反应的丙烯从淤浆中去除并循环回反应器。

之后，聚合物淤浆被送入乙醇和水清洗系统处理，或者直接送到淤浆浓缩设备（离心机），浓缩后的湿聚合物粉末被送到干燥机。干燥后聚合物粉料被输送到挤出机。和其他聚烯烃工艺相似，在挤出机里投加添加剂，聚合物熔化、混匀并切成颗粒。

反应器排出聚合物淤浆的处理方式取决于聚合过程中使用的催化剂类型。最初，淤浆法聚丙烯生产工艺设计使用的是活性低、立体定向性能差的催化剂（第二代催化剂），这意味着为了得到满足要求的最终产品必须要从浆料中除去残余的催化剂和无规聚丙烯。聚合物浆料按照一定的顺序用水和乙醇清洗，从而分解、提取聚合物中残余的催化剂。然后聚合物颗粒通过离心等方法从液相中提取出来，最后洗涤和干燥。含有残余催化剂的乙醇/水溶液、稀释剂和无规聚丙烯溶液，在精馏单元纯化回收乙醇和稀释剂，以再次返回工艺使用。残余催化剂随废水一起排出。无规聚丙烯从回收的稀释剂中分离后作为副产物。乙醇和稀释剂回收系统属能量密集单元（通常蒸汽消耗≥1t/tPP）。

目前，这种包含乙醇/水清洗操作的传统淤浆法只用于生产电容器薄膜或医学用品等要求最终产品中不残余催化剂的产品。

有些生产商对其淤浆法聚丙烯生产厂进行改造以采用高产率催化剂。改造后，乙醇/水清洗被作为旁路或者移除，这样减少了能量消耗和废水排放。

某些最初按照在本体聚合反应器中采用活性低、立体定向性能差的催化剂设计的聚丙烯生产厂，后来采用第四代催化剂进行改造。这些工艺与 3.2.5.2.1 和 3.2.5.2.2 部分所述内容相似。

不同生产商具体采用的聚丙烯悬浮法工艺在工艺条件和设备方面存在差异。现代聚丙烯悬浮法工艺中均聚物和无规共聚物的聚合反应发生丙烯液相（本体聚合反应）。特别是生产共聚物时，聚合反应可在后续的一个或多个气相反应器中继续进行。

此类工艺包括以下几种。

- Spheripol 工艺；
- Hypol 工艺；
- Borstar 工艺。

这些工艺的详细情况如下。

3.2.5.2.1　Spheripol 工艺

图 3.14 为采用 Spheripol 工艺生产装置的工艺流程。该工艺根据采用催化剂的不同，可生产均聚物和抗冲击共聚物。由于使用的催化剂活性足够高以至于在最终产品中不需要去除残余的催化剂。残余的催化剂浓度主要取决于采用的工艺，包括所有惰性载体物质在内，其浓度低于 100g/t。另外，由于采用的催化剂具有很高的立体选择性，防止了无规聚丙烯的生成，因此不需从聚合物中去除。

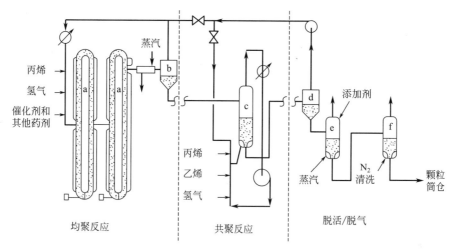

图 3.14　Spheripol 法合成聚丙烯的工艺流程［15，Ullmann，2001］
a—环管式反应器；b——级旋风分离器；c—共聚流化床；d—共聚物二级旋风分离器；
e—催化剂失活；f—聚合物脱气

　　聚合反应在一个或多个环管式反应器中循环的液体丙烯中进行，反应温度约为70℃，压力约 4MPa。每个循环回路上都有一个轴向的搅拌器来保证足够高的流速，从而保证与水冷反应器壁的换热效果，同时防止颗粒从悬液中沉淀出来。反应器内聚丙烯的典型浓度接近 40％（质量分数）。催化剂、助催化剂和基于路易斯碱的立体结构调节剂连续加入反应器中。反应刚开始时采用新鲜、高活性的催化剂对反应进程有决定性的影响，因此有些工厂包含催化剂组分在较低的温度和单体浓度下反应的预聚合工序。这种预聚合反应既可在搅拌釜中进行，也可在环管式反应器中进行。然后预聚合后的物料按照通常操作送入环管式反应器。单个反应器的平均停留时间为 1～2h。两个环管式反应器可串联操作，以平均两个反应器的停留时间，改善聚合物性能并提高产量。

　　悬液从反应器连续流出后经加热区进入旋风分离器。当生产均聚物时，该旋风分离器与催化剂失活或聚合物脱气工段的旋风分离器直接相连；在此情况下共聚反应工段被绕开。未反应的丙烯都在第一级旋风分离器中蒸发，用冷却水冷凝后循环回反应器。第二级旋风分离器需要配备压缩机来完成此项操作。聚合物被输送到储罐，催化剂用蒸汽加热失活。聚合物在被送到储罐稳定化或挤出造粒之前，还要用热的氮气流除去残余的水分和易挥发物质。

3.2.5.2.2　Hypol 工艺

Mitsui 公司用自己的催化剂体系研发了一套类似的悬浮法工艺。该工艺和 Spheripol 工艺的区别在于预聚合反应在连续搅拌釜反应器中进行，且连接有清洗工序。两个高压釜反应器串联使用，反应器热量通过液态丙烯蒸发消散。反应器排出悬液进入一个加热搅拌蒸发反应器，在该反应器内丙烯同聚合物分离并回到聚合反应器，这与 Spheripol 工艺类似。因此，这两种生产工艺只是采用的反应器和催化剂不同，排放和消耗数据可以共用。

3.2.5.2.3 Borstar 工艺

Borstar 聚丙烯生产工艺由 3.2.3.3 部分所述 Borstar 聚乙烯生产工艺基础上发展而来。当生产均聚物和无规共聚物时，反应器系统由一个丙烯本体聚合环管式反应器和一个流化床气相反应器串联构成。当生产多相共聚物时，来自第一级气相反应器的聚合物被送到第二级较小的气相反应器中来合成橡胶状共聚物。

在进入主环管式反应器前，催化剂连续地进行预聚合反应。预聚合被设计成在超临界条件下进行，通常反应温度为 80~100℃，压力为 5~6MPa，采用丙烯作为稀释剂（本体聚合）。从环管式反应器排出的浆料不经任何闪蒸分离过程直接被送入气相反应器。气相反应器典型操作条件为 80~100℃和 2.2~3MPa。

在送去挤出造粒之前，从气相反应器排出的粉末还要与携带气体分离，并用氮气吹洗除去其中残余烃类。回收气体经压缩后送回气相反应器。由于来自环管式反应器的丙烯大部分已在气相反应器中消耗了，因此循环回环管式反应器的丙烯量很少。

第二级气相反应器主要用于生产多相共聚物的橡胶相。与均聚物的生产过程相似，反应器排出聚合物粉末用氮气吹洗后送去挤出。从粉末中回收的气体循环回气相反应器。

Borstar 聚丙烯生产工艺采用了特殊的成核技术，可拓宽产品熔融指数（MFI）、分子量分布、共聚单体分布、柔软性和硬度等指标的操作弹性。由于反应温度较高，催化剂活性通常为 60~80t 聚丙烯/kg 催化剂。

3.2.5.3 气相法工艺

在气相法工艺中，气态丙烯与分布在聚合物干粉中的催化剂接触发生反应。根据所采用的热量移除方式的不同，工业上有两种不同的反应工艺。Unipol 聚丙烯生产工艺通过 Unipol 聚乙烯流化床系统改造而成。而 Novolen 和 Innovene 聚丙烯生产工艺分别采用带机械搅拌和蒸发冷却系统的立式或卧式干粉床反应器。Unipol 聚丙烯生产工艺最初由 Carbide 和 Shell 公司研发，而 Novolen 和 Innovene 生产工艺分别由 BASF 和 Amoco 公司研发。

3.2.5.3.1 流化床反应器气相法

该工艺的典型特征是采用的流化床反应器顶部宽大，以减小气速和颗粒夹带。催化剂、单体和氢气在流化床内连续流动并充分混合。气体循环回路中的大型冷却器从气流中除去反应热。在此系统中，流化床反应器相当于一个返混的高压釜反应器，没有对粗颗粒的分离。进行共聚反应时，系统中需增加一个二级流化床反应器（见图 3.15），反应条件为 88℃以下和 4MPa。

通过一个时间控制阀门，聚合物及夹带的气体直接从反应器分布盘流出，流经旋风分离器，然后流入一个充满氮气的清洗罐以去除聚合物中的残余单体。由于采用现代高效催化剂，产品中残留的催化剂和无规聚合物都不需要去除。

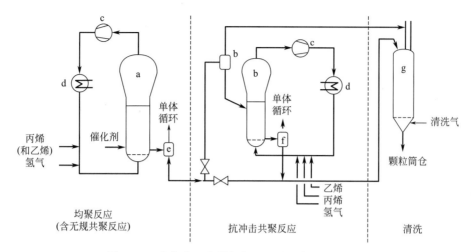

图 3.15　流化床反应器气相法工艺生产聚丙烯流程

[15, Ullmann, 2001]

a—第一级流化床；b—共聚物流化床；c—压缩机；d—冷却器；e+f—旋风分离器；g—清洗罐

3.2.5.3.2　立式搅拌床反应器气相法

图 3.16 为采用高活性、高立体定向性催化剂的气相法工艺流程，可连续生产均聚物、抗冲击共聚物和无规乙烯-丙烯共聚物。反应器容积为 $25m^3$、$50m^3$ 或 $75m^3$，上面

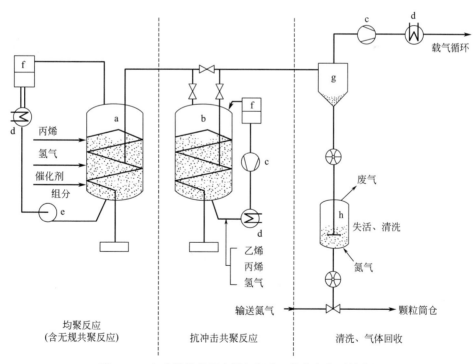

图 3.16　立式搅拌床反应器气相法工艺生产聚丙烯流程

[15, Ullmann, 2001]

a—第一级反应器；b—共聚反应器；c—压缩机；d—冷凝器；e—液体泵；f—过滤器；

g—初级旋风分离器；h—脱活/脱气罐

安装有专用螺旋搅拌器,搅拌效果好。均聚反应只需第一级反应器,催化剂在此投加。催化剂在干粉床中必须很好地分散以防止结渣。为确保反应器中单体呈气态,反应温度和压力为 70~80℃ 和 3~4MPa。加入低浓度的氢气用于在较大范围内控制聚合物分子量。通过从反应器顶部移出丙烯气体,用冷却水冷凝,然后循环回反应器,依靠液态丙烯的蒸发实现冷却,从而控制反应温度,同时气化后的丙烯对搅拌干粉床起到曝气搅拌作用。生产 1t 聚合物大约需要蒸发 6t 液态丙烯作为冷却剂。

聚合物粉末和气体连续地通过第一级反应器导管排出并直接进入到低压旋风分离器。该旋风分离器的丙烯载气经过压缩、液化甚至有时精馏处理后循环回反应器。旋风分离器排出的粉末进入清洗罐使聚合物中残余的催化剂失活,并通过氮气吹洗去除热粉末中残余的少量丙烯。之后,粉末被输送到稳定化筒仓并挤出造粒。该工艺还可根据具体产品的要求增加后颗粒化蒸汽-吹洗包装工序以去除颗粒中残余的单体和氧化性残留物。

BASF 于 1969 年率先将他们的气相法用于商业化生产。生产产品以高分子量聚合物为基础(含有无规聚丙烯和催化剂残留),等规度低。21 世纪初,虽然这种产品在同无规共聚物的竞争中占下风,但这种产品仍然占有一定的市场,很快会被淘汰。该工艺也可采用 $TiCl_3$ 或 $Al(C_2H_5)_2Cl_3$ 等较为便宜的第二代催化剂,需要在工艺中增加干粉脱氯单元。

3.2.5.3.3　卧式搅拌床反应器气相法

该工艺采用卧式搅拌床反应器代替 3.2.5.3.2 部分所述的立式搅拌床反应器。冷凝后的循环单体喷淋到反应器上部作为冷却剂,同时注入反应器底部的未冷凝单体和氢气用于保持气相组成。图 3.17 还包括和前述工艺(Spheripol,Hypol,立式搅拌床气相

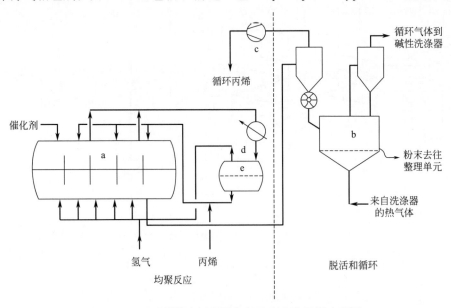

图 3.17　卧式搅拌床反应器气相法生产聚丙烯流程图

[15, Ullmann, 2001]

a—卧式搅拌床反应器;b—流化床脱活器;c—压缩机;d—冷凝器;e—保留或分离罐

法）相似的脱活和脱气单元（b）。包括卧式搅拌床反应器气相法工艺在内的所有这些工艺都采用第四代催化剂。

发明者称这种反应器可实现一定程度的推流，粗略等同于两到三个搅拌釜反应器串联。

同立式搅拌床反应器气相法一样，该工艺也开发了串联第二级反应器生产抗冲击共聚物的方法。在此情况下，乙烯加入第二级反应器。

3.2.5.3.4 技术参数

聚丙烯生产的技术参数见表 3.8。

表 3.8 聚丙烯生产的技术参数

工艺	悬浮法	气相法
反应器温度/℃	60～80	70～90
反应器压力/MPa	2～5	2～4
反应器停留时间/h	2h(Spheripol)	—
稀释剂	液态单体	—
最大生产能力/(kt/a)	300	300

3.3 现有排放消耗

[2，APME，2002]

本节给出了所有报告数据聚烯烃生产厂、前 50％工厂、第三和第四 1/4 分组工厂排放和消耗水平的平均值，如图 3.18 所示。

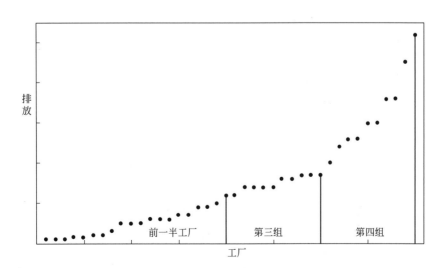

图 3.18 本节排放和消耗数据分布的示意

3.3.1 低密度聚乙烯（LDPE）

表 3.9 所述排放和消耗数据代表了 27 个报告数据工厂 LDPE 生产的排放和消耗水平。这些工厂平均建厂时间为 25 年，1999 年的平均产能为 166kt/a。

VOCs 排放数据既包括点源，也包括根据 US EPA-21 方法［48，EPA，1989］计算的逸散性排放。而采用其他计算标准（如 VDI），会得出不具有可比性的不同结果。

表 3.9 LDPE 工厂排放和消耗数据

基于 1999 年的 LDPE 数据	欧洲平均值	前 50%工厂 平均值	第三 1/4 分组 平均值	第四 1/4 分组 平均值
单体消耗量①	1018	1005	1018	1044
直接能量消耗量②	1075	720	1225	1650
初级能量消耗量③	2600	2070	2750	3500
水的消耗量④	2.9	1.7	2.8	5.2
粉尘排放量⑤	31	17	29	61
VOCs 排放量⑥	2400	1270	2570	4530
COD 排放量⑦	62	19	60	150
惰性废物量⑧	1.1	0.5	1	2.2
危险废物量⑨	4.6	1.8	5	9.8

① 生产单位产品的单体消耗量，kg/t。

② 生产单位产品的直接能量消耗量，kW·h/t，直接能量消耗是指直接传递的能量消耗。

③ 生产单位产品的初级能量消耗量，kW·h/t，初级能量是指换算回化石燃料的能量。初级能量按照如下效率计算：电能 40%，蒸汽 90%。直接能量消耗和初级能量消耗的巨大差异是由于 LDPE 生产过程中电能所占的比例很高。

④ 生产单位产品的水消耗量，m^3/t。

⑤ 生产单位产品排放到空气中的粉尘量，g/t，粉尘包括参与调查工厂报告中提到的所有粉尘。

⑥ 生产单位产品排放到空气中的 VOCs 量，g/t，包含逸散性排放在内的所有烃类和其他有机物。

⑦ 单位产品排入水中的 COD 量，g/t。

⑧ 生产单位产品产生的惰性废物量（填埋处置），kg/t。

⑨ 生产单位产品产生的危险废物量（进行处理或焚烧），kg/t。

3.3.2 LDPE 共聚物［乙烯-乙酸乙烯酯共聚物（EVA）］

由于该产品生产时工艺气体中需要含有高浓度的乙酸乙烯酯（VA），EVA 共聚物生产过程向空气的排放备受关注。

为满足更小且分散的市场需求（与 LDPE 均聚物相比），EVA 共聚物通常采用约 20～100kt/a 的小产能高压生产线生产。

由于 VA 在聚合物中的溶解度较高，EVA 生产线的 VOCs 排放通常高于均聚物生产线。而 VA 扩散出共聚物的速度较慢，阻碍了聚合物中 VA 单体的去除。通常乙烯均聚物的脱气时间为 8～10h，在此时间内，90％的乙烯可从聚合物中去除。而用相近的脱气时间只能去除 60％的 VA，聚合物中残余 VA 浓度与新鲜粒料中的乙烯初始浓度相近。聚合物中 VA 初始浓度越高，扩散出聚合物的速度越慢，所需的脱气时间越长（长 3～4 倍）。其直接结果是脱气筒仓排气中 VA 浓度较低，使得排气热值较低，需向焚烧炉添加燃料，排气的热处理不再具有吸引力。由高反应活性共聚单体（如丙烯酸、丙烯酸酯等）合成共聚物时，通常不会导致最终产品中残余单体浓度过高。

由于对聚合物最大转化率和共聚工艺采用反应温度的限制，与 LDPE 均聚物相比，EVA 共聚物生产的能量和单体消耗都较高。EVA 共聚物生产的其他特性参数以及水、废水和固体废物的排放量和均聚物生产工艺相近。

生产每吨 EVA 共聚物的排放和消耗数据如表 3.10 所列。

表 3.10　生产每吨 EVA 共聚物的排放和消耗数据

项目	单位	排放/消耗
单体消耗量	kg	1020
直接能量消耗量	kW·h	1250
水的消耗量	m³	2.8
粉尘排放量	g	29
VOCs 排放量	g	4470[①]
COD 排放量	g	70
惰性废物量	kg	1.3
危险废物量	kg	5

① 取决于 VA 浓度。表中数据反映含 18％（质量分数）VA 共聚物的排放量。

3.3.3　高密度聚乙烯（HDPE）

表 3.11 所述排放和消耗数据反映了 24 家报告数据工厂的排放和消耗水平。这些工厂的平均建厂时间为 15 年，1999 年的平均生产能力为 161kt/a。

表 3.11 给出的数据未考虑产品性能对排放和消耗的影响，如双峰聚乙烯或高分子量聚合物会造成能量和水的消耗量偏差较大。

表 3.11　高密度聚乙烯工厂排放和消耗量

基于 1999 年 HDPE 数据	欧洲平均值	前 50％工厂平均值	第三 1/4 分组平均值	第四 1/4 分组平均值
单体消耗量[①]	1027	1008	1024	1066
直接能量消耗量[②]	700	570	720	940
初级能量消耗量[③]	1420	1180	1490	1840
水消耗量[④]	2.3	1.9	2.3	3.1
粉尘排放量[⑤]	97	56	101	175

续表

基于 1999 年 HDPE 数据	欧洲平均值	前 50％工厂 平均值	第三 1/4 分组 平均值	第四 1/4 分组 平均值
VOCs 排放量⑥	2300	650	2160	5750
COD 排放量⑦	67	17	66	168
惰性废物量⑧	2.8	0.5	2.3	8.1
危险废物量⑨	3.9	3.1	3.9	5.6

① 生产单位产品的单体消耗量，kg/t，平均值高是由第四 1/4 分组少数工厂造成的。
② 生产单位产品的直接能量消耗量，kW·h/t，直接能量消耗是指直接传递的能量消耗。
③ 生产单位产品的初级能量消耗量，kW·h/t，初级能量是指换算回化石燃料的能量。初级能量按照如下效率计算：电能 40％，蒸汽 90％。
④ 生产单位产品水的消耗量，m³/t。
⑤ 生产单位产品排放到空气中的粉尘量，g/t，粉尘包括报告中提到的所有粉尘，粉尘排放主要来自挤出之前的粉末干燥阶段。
⑥ 生产单位产品排放到空气中的 VOCs 量，g/t，包含逸散性排放在内的所有烃类和其他有机物。
⑦ 生产单位产品排放到水中的化学需氧量，g/t。
⑧ 生产单位产品产生的惰性废物量（填埋处置），kg/t。
⑨ 生产单位产品产生的危险废物量（进行处理或焚烧），kg/t。

另外，表 3.12 是一个成员国提供的数据。

表 3.12 德国 HDPE 工厂排放数据［27，TWGComments，2004］

排放物	单位	排放量
VOCs	g/t	640～670
粉尘	g/t	16～30
废物	kg/t	5

3.3.4 线型低密度聚乙烯（LLDPE）

表 3.13 所述排放和消耗数据反映了 8 家报告数据工厂的排放和消耗水平。这些工厂的平均建厂时间为 10 年，1999 年的平均生产能力为 200kt/a。

表 3.13 LLDPE 工厂排放和消耗数据

基于 1999 年的 LLDPE 数据	欧洲平均值	前 50％工厂 平均值	第三 1/4 分组 平均值	第四 1/4 分组 平均值
单体消耗量①	1026	1015	1031	1043
直接能量消耗量②	680	580	655	890
初级能量消耗量③	1150	810	1250	1720
水消耗量④	1.8	1.1	1.9	3.3
粉尘排放量⑤	27	11	28	58
VOCs 排放量⑥	730	180～500	970	1580
COD 排放量⑦	68	39	69	125

基于 1999 年的 LLDPE 数据	欧洲平均值	前 50％工厂 平均值	第三 1/4 分组 平均值	第四 1/4 分组 平均值
惰性废物⑧	1.3	1.1	1.3	1.7
危险废物⑨	2.7	0.8	2.2	6.9

① 生产单位产品的单体消耗量，kg/t。

② 生产单位产品的直接能量消耗量，kW·h/t，直接能量消耗是指直接传递的能量消耗。

③ 生产单位产品的初级能量消耗量，kW·h/t，初级能量是指换算回化石燃料的能量。初级能量按照如下效率计算：电能 40％，蒸汽 90％。

④ 生产单位产品水的消耗量，m³/t。

⑤ 生产单位产品排放到空气中的粉尘量，g/t，粉尘包括报告中提到的所有粉尘。

⑥ 生产单位产品排放到空气中的 VOCs 量，g/t，包含逸散性排放在内的所有烃类和其他有机物；VOCs 排放量基于共聚单体类型（C4 单体为 180mg/L，C8 单体为 500mg/L）。

⑦ 生产单位产品排放到水中的化学需氧量，g/t。

⑧ 生产单位产品产生的惰性废物量（填埋处置），kg/t。

⑨ 生产单位产品产生的危险废物量（进行处理或焚烧），kg/t。

3.3.5　聚丙烯（PP）

目前还没有收集到聚丙烯生产排放和消耗水平的报告。从原理上讲，可认为其排放和消耗水平与可比的 PE 生产工艺相当。

聚丙烯生产工艺可比的 PE 生产工艺如下。

- 传统聚丙烯悬浮法（淤浆法）工艺与 HDPE 悬浮法工艺可比。
- 聚丙烯气相法工艺与 LLDPE 生产工艺可比。
- 聚丙烯悬浮法（本体法）与现代 PE 气相法工艺可比。

关于 PE 和 PP 生产工艺的能量效率，值得注意的是其能量消耗水平与所生产聚合物的性质有很大关系。例如，抗冲击聚丙烯共聚物和双峰聚乙烯通常都需要两个或多个反应器，因此，反应器工段的能耗较大。再如高分子量聚合物在挤出工段明显需要更多的能量。对于一个给定的生产工艺，聚合物产品性能的差异会导致不同工厂在能量消耗方面高达 20％的差异。悬浮法聚丙烯［淤浆（溶剂）或本体（液态单体）］生产工艺与淤浆法 HDPE 生产工艺能量消耗水平相当。

由于工艺的具体特性和产品的性能要求，电容器薄膜生产的 VOCs 排放和能耗水平较高。

由于不同聚丙烯工厂所采用单体原料的纯度不同，HDPE 生产的单体消耗量与聚丙烯生产工艺稍有不同。

另外，特种产品的生产也会影响给定工艺的排放和消耗水平。

3.3.6　聚乙烯生产的经济参数

表 3.14 总结了所述聚乙烯生产工艺的生产成本。对于不同的生产工艺，按照乙烯

和 1-丁烯原料价格为 USD 600/t 对所有数据进行标准化。可以看出，对于所有的生产工艺，原料价格的影响大约占 80%。对于新建大规模工厂，使用的所有数据都基于 Chemsystem（LDPE 和 LLDPE 为 1996/97，HDPE 为 1999/2000）。

表 3.14 聚乙烯生产的经济参数

产品	LDPE	LLDPE	LLDPE	HDPE	HDPE	HDPE
技术	管式	气相法	溶液法	气相法	环管式悬浮法	搅拌釜悬浮法
共聚单体	无	1-丁烯	1-丁烯	1-丁烯	1-丁烯	1-丁烯
催化剂/引发剂	过氧化氢	Ziegler-Natta				
生产能力/(kt/a)	300	250	250	200	200	200
总投资/百万 USD	141	105～114	154	90～97	108	121～138
生产成本/(USD/t)						
单体+共聚单体	597	603	600	603	600	600
其他原材料	18	36	36	30	30	30
公用工程	25	20	28	22	30	28
可变成本	640	659	664	655	660	658
直接成本	17	17	21	20	21	23
分摊成本	17	17	22	19	21	24
总的现金成本	674	693	707	694	702	605
折旧	59	55	77	59	68	81
总生产成本	733	748	784	753	770	786

4

聚苯乙烯

[3，APME，2002，15，Ullmann，2001]

4.1 概　　述

　　聚苯乙烯属于标准热塑性塑料，该类塑料还包括聚乙烯、聚丙烯和聚氯乙烯。由于聚苯乙烯性能优异，应用领域极为广泛。

　　苯乙烯于 1831 年由 Bonastre 从琥珀树的树脂首次提取。1839 年，E. Simon 首先描述了该聚合物，并对其单体进行了命名。聚苯乙烯（分子结构见图 4.1）工业化生产工艺于 1925 年前后开始研发，并于 1930 年在德国取得成功。美国于 1938 年首次实现聚苯乙烯商业化规模生产。

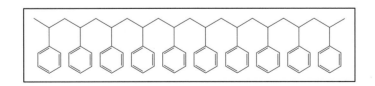

图 4.1　聚苯乙烯的分子结构

　　全世界的聚苯乙烯消费量为 16.7Mt/a，其中，欧洲占到 4.2Mt/a。全世界聚苯乙烯消费量的平均增长率为 4%，而欧洲只有 2.4%。2000 年世界各地区聚苯乙烯使用量（含出口）如表 4.1 所列。

表 4.1　全世界聚苯乙烯使用的发展　　　　　单位：Mt/a

地区	1980 年	1990 年	2000 年
西欧	1.6	2.5	3.7
东欧	0.1	0.2	0.5
北美自由贸易协定	1.3	2.3	4.1
亚太	1.7	3.5	6.8
南美	0.5	0.5	0.6
非洲和中西亚	0.1	0.3	1
世界	5.3	9.3	16.7

实际上，聚苯乙烯可分为具有显著差异的三种类型：一种是透明和易碎的聚合物，被称为通用聚苯乙烯（GPPS）；另一种是白色，无光泽但相对柔软、由橡胶修饰的聚苯乙烯，称为（高）抗冲聚苯乙烯（IPS 或 HIPS）；第三种是可发性聚苯乙烯（EPS）。它们具有不同的生产技术。

4.1.1　通用聚苯乙烯（GPPS）

GPPS 是一种坚韧、透明并具有高光泽度的材料。它通常被称为通用（GP）聚苯乙烯，也使用标准聚苯乙烯、普通聚苯乙烯、透明聚苯乙烯、苯乙烯均聚物等名称。本节中根据 ISO1622-2 标准，使用聚苯乙烯（PS）模塑材料的定义。在 100℃ 以下，聚苯乙烯模塑材料固化形成具有足够机械强度、很好的介电特性且抗大多数化学品的透明材料，因此，可应用于众多领域。当温度在软化点之上时，透明聚苯乙烯树脂会软化，因此便于采用注塑、挤出等普通工业技术进行加工。聚苯乙烯模塑材料可能含有少量润滑油（内部或外部）帮助树脂处理为最终产品。通过化合方式在聚苯乙烯内加入抗静电剂、紫外稳定剂、玻璃纤维或染色剂也很常见。

GPPS 具有很好的透明度、可塑性、热稳定性和较低的比重，适合采用注塑、挤出等非常经济的方式进行加工。有多种级别的产品可供选择，以满足不同消费者的需要。主要应用领域包括一次性杯、小容器、一次性厨房用具、化妆品箱，电器防尘罩，铜版纸覆膜、冷藏托盘、CD、珠宝盒、医用吸管、培养皿和肉品托盘等。

4.1.2　高抗冲聚苯乙烯（HIPS）

通过加入丁基橡胶，可使相对脆性的聚苯乙烯模塑材料的机械性能显著改善，即高抗冲聚苯乙烯，也被称为韧性 PS 或橡胶修饰 PS。ISO 2897-2 标准将其定义为抗冲击聚苯乙烯（IPS）。HIPS 的早期生产工艺，基于聚苯乙烯模塑材料与橡胶组分的混合。在聚丁二烯存在的情况下进行苯乙烯聚合的生产工艺更加高效。由于聚苯乙烯和聚丁二烯不互溶，生产工艺中形成两相体系，聚苯乙烯形成连续相（本体），聚丁二烯形成分散相（橡胶颗粒）。橡胶颗粒包含少量的聚苯乙烯包裹体。HIPS 中的橡胶颗粒一般直径为 $0.5 \sim 10 \mu m$。因此，这些颗粒会散射可见光，使聚苯乙烯模塑材料的透明度消失。包含聚苯乙烯和聚丁二烯链的 HIPS 分子结构如图 4.2 所示。常用于聚苯乙烯模塑材料的添加剂也可用于 HIPS。此外，可添加抗氧化剂提高橡胶稳定性，也可加入阻燃剂以满足特种聚苯乙烯产品的要求。

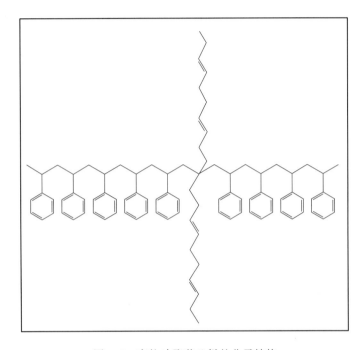

图 4.2　高抗冲聚苯乙烯的分子结构

高抗冲聚苯乙烯（HIPS）由于易加工、价廉、性能优异而应用广泛。可通过注塑、挤出或热成型加工成产品。主要最终用途包括包装、一次性容器和杯具、电子消费品、剃刀、录音带和录像带盒、电视柜、冷冻衬层、电脑外壳和玩具。HIPS 还可与聚苯醚混炼生产工程树脂，用于汽车工业。2000 年 EU-15 国主要聚苯乙烯的生产情况（GPPS 和 HIPS）如表 4.2 所列。

表 4.2　2000 年 EU-15 国 PS（GPPS＋HIPS）生产商

生产商	产能/(kt/a)	位置
公司 A	470	FR,UK,ES
公司 B	602	BE,DE,ES
公司 C	450	DE,FR,SE
公司 D	630	BE,DE,ES,NL,EL,UK
公司 E	390	IT,BE
公司 F	280	UK,NL

4.1.3 可发性聚苯乙烯（EPS）

20 世纪 40 年代末，BASF 公司开发了可发性聚苯乙烯（EPS）珠粒的生产技术及进一步加工成聚苯乙烯泡沫塑料的技术，并采用 Styropor 的商品名将这种新型原材料推出市场。由于许可证和专利到期，其他的材料制造商和商品名也已出现。可发性聚苯乙烯通过添加发泡剂采用苯乙烯悬浮聚合工艺生产。合成的聚合物珠粒被筛分成不同的粒径的珠粒。根据最终用途，采用不同的涂层进行处理。

EPS 泡沫塑料最终产品中含有 95％体积的空气。该产品最重要的性能是即使在低密度状态下，也具有优良的保温性、良好的强度和冲击吸收能力。在欧洲，轻质硬 EPS 泡沫主要应用于建筑行业，作为墙壁、洞穴、房顶、地板、地下室和地基的保温材料。密度通常为 $10\sim50kg/m^3$ 的泡沫板被切成块或塑模，被直接使用或与其他建筑材料组合，用于制造夹层材料或夹心板等。EPS 泡沫成功用作包装材料，是基于它的综合特性以及价格低廉。成型塑料泡沫箱子同样适用于包装高精密仪器、易碎的玻璃和陶瓷制品、重型机械零件，以及鱼、水果和蔬菜等易腐食品。EPS 包装材料可降低对产品的损害，减轻运输重量，降低劳动力成本，从而显著节省包装运输成本。

2000 年 EU-15 国的主要 EPS 生产商如表 4.3 所列。

表 4.3　2000 年 EU-15 国 EPS 生产商

生产商	产能/(kt/a)	位置
公司 A	228	DE,ES
公司 B	145	FR,DE
公司 C	40	DE
公司 D	90	IT,BE
公司 E	295	FR,NL,UK
公司 F	54	NL
公司 G	50	NL
公司 H	70	FI

4.2　聚苯乙烯生产工艺技术

4.2.1 概述

聚苯乙烯生产工艺包含一个或一系列以温度、压力和转化率等参数控制的反应器。工艺要求在严格受控条件下向反应器中添加溶剂、引发剂（可选）、链转移剂等原料。反应热通过转移给新的反应器进料和/或溶剂的蒸发作用和/或通过循环油等传热介质从反应器中移除。

排出反应器的粗产品固含量达 60%～90%。为去除未反应单体和溶剂，粗产品在高真空条件下被加热到 220～260℃。这称为脱挥工序，可分一级或两级进行操作。最后，经过清洗的高纯度聚合物被颗粒化。脱挥工段吹脱出的单体和溶剂循环回生产工艺。

4.2.1.1　聚苯乙烯生产的化学原理

当苯乙烯聚合时，聚苯乙烯就会形成。苯乙烯的聚合属于链增长反应，可被热、自由基、阴离子或阳离子加成等任何已知的引发技术诱导。聚合产物聚苯乙烯是一种具有高透明度和优良物理与电学性能的白色聚合物。

在聚合过程中，苯乙烯分子中的乙烯键消失并释放出约 710 kJ/kg 的热量（相当于双键加氢的热量）。密度从纯净单体的 0.905g/L 增加到纯净聚合物的 1.045g/L，并且与转化率呈线性关系。分子量从单体的 104g/mol 增加到聚合物的 200000～300000g/mol。

从单体到聚合物的转化过程包含五种不同的化学反应步骤：

- 引发生成自由基；
- 链引发；
- 链增长；
- 链转移；
- 链终止。

（1）引发

苯乙烯能够通过接受热量自发聚合。当被加热时，苯乙烯能产生足够多的自由基引发聚合。然后这些自由基参与链增长过程，将剩余的苯乙烯单体高速转化为高分子量聚合物。这些活性分子与苯乙烯单体形成高分子量聚合物。

另一种引发苯乙烯聚合的方是添加自由基产生剂。根据分解速率，不同温度下采用不同的催化剂。但只有过氧化物在工业化生产中得到广泛应用。其他类型的引发剂要么不易获得，要么在苯乙烯聚合条件下不稳定。

（2）链增长

聚苯乙烯自由基聚合反应的链增长机理如图 4.3 所示。当存在剩余单体时，苯乙烯反复向链末端加成从而形成聚合物链。聚合物链的组成主要取决于温度和时间。

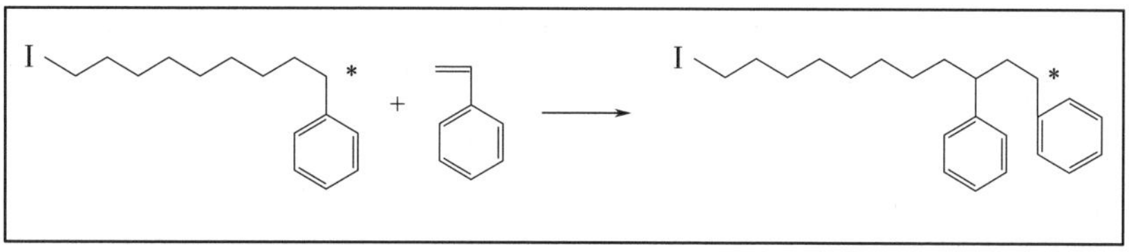

图 4.3　聚苯乙烯生成过程的链增长

（3）链转移

链转移过程中，活性自由基在增长链和链转移剂间发生交换，这使得增长链失活。然后链转移剂发生分解将活性自由基转移给其他分子，从而开始另一个聚合物链。链转移剂在聚苯乙烯生产中广泛应用，从而调节聚合物链的长度，进而控制最终产品的熔融特性。最常用的链转移剂是各种硫醇衍生物。

（4）链终止

在终止期间，一个活性自由基通过与另外一个自由基反应而消失，因此，他们或者形成不活跃的物质或链的末端形成不饱和键。自由基的终止反应非常快，且不需要或只需要一点活化能。

4.2.1.2 原料

（1）苯乙烯

纯净的苯乙烯是无色透明的，任何颜色通常是由金属锈等污染造成的。苯乙烯拥有很好的性能，可以通过多种方法聚合，并可与其他多种单体（丙烯酸酯、甲基丙烯甲酯、丙烯腈、丁二烯和马来酸酐）共聚。因此，苯乙烯储存过程中最重要的事情是防止自聚这种失控反应的发生。保持苯乙烯长存储寿命的最重要因素是低温、足够的抑制剂浓度、正确的存储材料、操作设备和良好的车间管理。

在苯乙烯的运输和后续存储过程中，为了抑制聚合物形成以及氧化降解，苯乙烯中需要加入一种抑制剂，TBC（对叔丁基儿茶酚）。TBC 可在存在少量氧气的情况下通过与氧化产物（过氧化物生成的自由基）反应，防止聚合反应的发生。抑制剂浓度所有时间都应保持在最低浓度（4~5mg/L）以上。TBC 的标准投加浓度为 10~15mg/L。

（2）自由基引发剂

自由基引发剂可在比热引发更低的温度条件下产生自由基并引发聚合反应，从而提高产量，和/或改善 HIPS 质量。苯乙烯聚合通常采用 1000mg/L 以下的有机过氧化物作为引发剂。

（3）链转移剂

链转移过程被定义为"活性中心从一个聚合物分子转移到另一个分子，使前一个分子失活，而使后一个分子具有继续加成单体的能力"。活性转移向分子即是链转移剂。链转移的作用是降低（"调节"）聚合物的分子量。最常见的链转移剂是 TDM（t-十二烷基硫醇）或 NDM（n-十二烷基硫醇）。

（4）稳定剂

抗氧化剂一般用于保护聚合物不与大气中的氧气反应而发生降解（链断裂）。在连续本体聚合条件下，当橡胶不存在时，GPPS 合成不需要使用稳定剂。当生产 HIPS 时，需通过添加抗氧化剂延长所用橡胶颗粒的使用寿命。

（5）内部润滑剂和脱模

由于聚苯乙烯具有较高的分子量，其流动性和可加工性需要添加外部或内部润滑剂。最常用的内部润滑剂是矿物油，在聚合过程或生产线整理工段的后期添加，添加浓度为聚苯乙烯的 0~8%。

脱模剂，添加浓度可达 0.2%，也可在聚合过程中添加。硬脂酸锌是应用最广泛的脱模剂。外部润滑剂可以在聚苯乙烯整理过程中或整理之后添加。最常用的外部润滑剂

是 N, N'-乙撑双硬脂酰胺或聚乙二醇 400。

（6）染料

几 mg/L 蓝色染料添加到 GPPS 中，用以控制聚合物颜色。染料通常在进料配制阶段溶入聚乙烯，然后进入聚合工段。

（7）橡胶

GPPS 和 HIPS 生产工艺的主要区别是进料中是否加入橡胶。采用的橡胶为无色、白色或透明颜色的固体状材料。大多数情况下，会使用两种不同等级的聚丁二烯橡胶：低/中顺式和高顺式顺丁橡胶。溶解的橡胶在聚合过程初期加入。成品 HIPS 中橡胶的最终浓度会达到 15％。

4.2.2　通用聚苯乙烯（GPPS）生产工艺

4.2.2.1　工艺描述

苯乙烯（尽可能净化后）和加工助剂等原料被加入反应器。反应器通常包括连续搅拌反应器（CSTR）和/或推流反应器（PFR）。

苯乙烯本身在反应中充当溶剂。此外，可加入 10％的乙苯保证更好的反应控制。反应温度控制在 110～180℃ 之间。采用 PFR 时，反应压力控制在 1MPa；采用 CSTR 时，反应压力采用常压或亚常压。

额外的化学药剂加入进料或反应器。在反应单元末端，苯乙烯单体转化量达到固态聚苯乙烯产品的 60％～90％。之后工艺物料进入包含 1 个或 2 个闪蒸罐（1 个或 2 个脱挥罐）的脱挥工段，实现聚合物和未反应物料的分离。脱挥罐在高温（220～260℃）和高真空（＜4000Pa）条件下运行。

在这两个脱挥步骤之间添加水（汽提）可提高单体去除效果。冷凝后，未反应的苯乙烯和乙苯直接通过循环回路或经过一个储罐循环回进料管线。在此过程中，可对杂质组分进行清除。

熔化后的聚合物通过一个喷头形成条状，然后用造粒机切成粒（干态或水下）。干燥后，聚合物颗粒进入气流输送系统，然后存入料仓用于包装和/或散装运输。

GPPS 工艺特征整理成表如表 4.4 和表 4.5 所列。

表 4.4　GPPS 生产工艺技术参数

产品类型	通用聚苯乙烯
反应类型	连续搅拌反应器和/或推流反应器
反应器尺寸/m³	5～120
聚合类型	自由基聚合
聚合压力	高达 1MPa
聚合温度/℃	110～180

续表

产品类型	通用聚苯乙烯
稀释剂	苯乙烯、乙苯
催化剂	无催化剂或有机过氧化物
添加剂	白油、链转移剂、润滑剂
转化率	60%～90%

表 4.5　GPPS 生产工艺总结

项目	原料配制工段		反应工段	后续处理工段			
	存储	纯化(可选)	反应器	脱挥	切粒机	储存	包装
用途	原料存储	杂质去除	苯乙烯聚合	未反应的苯乙烯和溶剂回收	形成聚苯乙烯颗粒	散装 PS 存储	PS 颗粒包装
输入	原料	苯乙烯	工艺进料	PS+未反应物质	PS 聚合物	PS 颗粒	PS 颗粒
输出	原料	苯乙烯	PS＋未反应组分	SM＋稀释剂＋PS	PS 颗粒	PS 颗粒	包装的 PS 颗粒
工作模式	连续	连续	连续	连续	连续	间歇/连续	间歇/连续
容积	从数升到数吨	2～5m³	高达 120m³	NR	NR	NR	NR
更多的细节	NA	穿透吸附剂的去除或再生	CSTR 和/或 PFR 串联。可能添加化学药剂	在一或两个真空罐内分离,未反应物料循环使用	造粒机＋干燥机＋分选机＋输送机	NA	NA
关键参数	温度	苯乙烯的颜色	温度和/或压力控制	温度和压力控制,汽提操作的水流速度	颗粒大小	液位控制	重量

注：GPPS—通用聚苯乙烯；SM—苯乙烯单体；PS—聚苯乙烯；CSTR—连续搅拌反应器；PFR—推流反应器；NA—不适用；NR—不相关。

GPPS 生产工艺流程如图 4.4 所示。

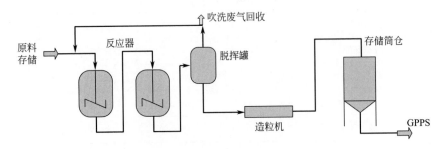

图 4.4　GPPS 生产工艺流程

4.2.2.2 技术参数

技术参数见表4.4、表4.5。

4.2.3 高抗冲聚苯乙烯（HIPS）生产工艺

4.2.3.1 概述

通常，HIPS生产工艺与GPPS生产工艺非常相似。主要区别在于加入了橡胶原料组分。获得的聚丁二烯橡胶为35kg的包装，被粉碎成小片。然后橡胶片依靠重力或气流传输进入溶解罐。通过很强的搅拌，橡胶片溶解在苯乙烯中形成浓度达15%的橡胶溶液。

抗氧化剂通常也被添加在溶解罐中。此外，白油、过氧化物、回收苯乙烯、乙苯或链转移剂等其他药剂也可在此处投加。溶解的混合物料被连续加入反应器以在其中进行本体聚合反应。未加入溶解罐的药剂直接加入进料或反应器。

反应器通常包含连续搅拌反应器（CSTR）和/或推流反应器（PFR）。苯乙烯本身作为反应的溶剂。可加入多达10%的乙苯，以保证更好的反应控制。反应温度在110~180℃之间。PFR的反应压力高达1MPa，而CSTR的反应压力为常压或亚常压。反应单元末端，苯乙烯单体转化达到60%~90%固体。

之后工艺物料进入包含1个或2个闪蒸罐（1个或2个脱挥罐）的脱挥工段，实现聚合物和未反应物料的分离。脱挥罐在高温（220~260℃）和高真空（<4000Pa）条件下运行。

在这两个脱挥步骤之间添加水（汽提）可提高单体去除效果。冷凝后，未反应的苯乙烯和乙苯直接通过循环回路或经过一个储罐循环回进料管线。在此过程中，可对杂质组分进行清除。

熔化后的聚合物通过一个喷头形成条状，然后用造粒机切成粒（干态或水下）。干燥后，聚合物颗粒排入气流输送系统，存入料仓进行包装和/或散装运输。

HIPS工艺特征整理成表如表4.6和表4.7所列。

表4.6 HIPS生产工艺的技术参数

产品类型	中等或高抗冲聚苯乙烯
反应器类型	连续搅拌反应器和或推流反应器
反应器尺寸/m³	3~50
聚合类型	自由基聚合
聚合压力	高达1MPa
聚合温度/℃	110~180
稀释剂	苯乙烯、乙苯
催化剂	无催化剂或有机过氧化物
添加物	聚丁二烯、白油、链转移剂、润滑剂
转化率	60%~90%

表 4.7　HIPS 生产工艺总结

项目	进料配制工段			反应工段		后续处理工段		
	存储	粉碎机	溶解系统	反应器	脱挥	造粒机	储存	包装
用途	原料存储	PBu 粉碎用于 HIPS 生产	在苯乙烯中溶解 PBu	苯乙烯聚合	回收未反应的苯乙烯和溶剂	聚苯乙烯颗粒形成	散装 PS 存储	PS 颗粒包装
输入	原料	每包 35kg	原料＋添加剂	工艺进料溶液	PS＋未反应物料	聚合反应生成 PS	PS 颗粒	PS 颗粒
输出	原料	1cm 或 2cm 橡胶片	工艺进料溶液	PS＋未反应组分	SM＋稀释剂＋PS	PS 颗粒	PS 颗粒	包装的 PS 颗粒
工作模式	—	间歇/连续	间歇/连续	连续	连续	连续	间歇/连续	间歇/连续
容积	从数升到数吨	NR	高达 120t	单个反应器达 50m³	NR	NR	NR	NR
更多细节	NA	PBu 的存储＋粉碎＋输送	PBu 在苯乙烯中溶解，药剂添加	CSTR 和/或 PFR 串联，可能添加药剂	在一或两个罐里真空下分离，未反应组分循环使用	造粒机＋干燥机＋筛分机＋输送机	NA	NA
关键参数	温度	橡胶片尺寸	温度、时间、搅拌	温度和/或压力控制	温度和压力控制，汽提操作的水流速度	颗粒大小	料位控制	重量

　　注：PBu—聚丁二烯橡胶；HIPS—高抗冲聚苯乙烯；SM—苯乙烯单体；PS—聚苯乙烯；CSTR—连续搅拌反应器；PFR—推流反应器；NR—不相关；NA—不适用。

　　HIPS 生产工艺流程如图 4.5 所示。

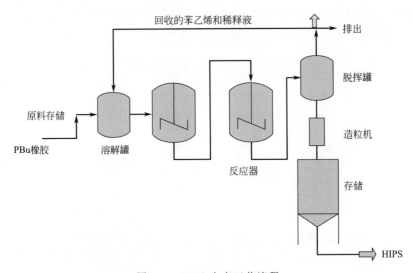

图 4.5　HIPS 生产工艺流程

4.2.3.2　技术参数

技术参数见表4.6、表4.7。

4.2.4　可发性聚苯乙烯（EPS）生产工艺

4.2.4.1　概述

悬浮聚合仍然是大批量生产可发性聚苯乙烯最常用的方法。采用批式工艺通过自由基引发聚合反应将苯乙烯单体转化为可发性聚苯乙烯珠粒。通常，苯乙烯通过搅拌分散在包含某些悬浮剂和/或保护性胶体和电解质等次要成分的水相中。有机和矿物悬浮剂体系都可使用。苯乙烯分散到水相之前，先在其中加入有机过氧化物。

聚合反应按照一定的时间顺序在单体几乎完全转化为聚合物的过程中逐步升高反应温度。聚合过程中，戊烷（正戊烷和异戊烷的混合物）作为起泡剂添加。

悬浮剂体系的类型和质量、反应温度控制对于保证良好的悬液稳定性、珠粒粒径分布和高转化率至关重要。这些参数也会影响最终产品的性能。为生产阻燃级产品，需要专门加入一种溴代脂肪族化合物。

聚合反应结束后，悬液冷却，可发性聚苯乙烯珠粒被离心分离，洗涤，然后在35℃的较低温度下进行干燥。

此后，这些珠粒筛分成几种大小不一的颗粒，以满足不同的商业需求和应用。然后在表面进行涂层，以改善加工特性和最终产品性能等。最后，这些可发性聚苯乙烯珠粒被包装在容器或筒仓中出货。

EPS工艺特征整理成表如表4.8和表4.9所列。

表 4.8　EPS 技术参数

产品类型	可发性聚苯乙烯
反应器类型	批式反应器
反应器尺寸/m³	20～100
聚合类型	水悬液中的自由基聚合
聚合压力	1～2MPa
聚合温度	65～140℃
稀释剂	苯乙烯
催化剂	有机过氧化物
添加剂	悬浮剂、涂层添加物、溴代化合物
转化率	>99%

表 4.9　EPS 生产工艺总结

项目	反应工段		后续处理工段					
	存储	反应器	离心	干燥	筛分	涂层	存储	包装
用途	原料存储	苯乙烯聚合	浆液分离	珠粒干燥	EPS珠粒按尺寸筛分	珠粒表面涂层	散装EPS存储	EPS珠粒包装

项目	反应工段		后续处理工段					
	存储	反应器	离心	干燥	筛分	涂层	存储	包装
输入	原料	工艺进料溶液	EPS+水+未反应物料	湿的 EPS 珠粒	干燥 EPS 珠粒	干燥和分离出的 EPS 珠粒	EPS 珠粒	EPS 珠粒
输出	原料	EPS+水	湿润的 EPS 粒料+水	干燥的 EPS 珠粒	干燥和分离出的 EPS 珠粒	干燥、分离和涂层的 EPS 珠粒	EPS 珠粒	包装后的 EPS 珠粒
工作方式	间歇/连续	间歇	连续	连续	连续	间歇/连续	间歇/连续	间歇/连续
容积	从数升到数吨	单个反应器达 100m³	1～30m³/h	NR	NR	NR	NR	NR
更多的细节	NA	CSTR，可能添加药剂	从浆液中分离水	闪蒸干燥器、流化床干燥器	若干层筛分	CSTR	NA	NA
关键要素	温度	温度和/或压力	容积，速度	温度，容积和停留时间	筛孔尺寸	温度，混合效率	液位控制	重量

注：EPS—可发性聚苯乙烯；CSTR—连续搅拌反应器；NR—不相关；NA—不适用。

EPS 生产工艺流程如图 4.6 所示。

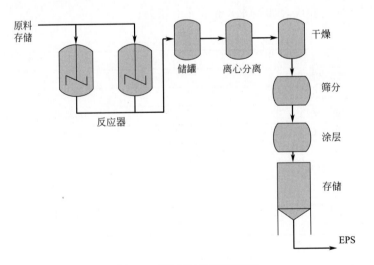

图 4.6 EPS 生产工艺流程

4.2.4.2 技术参数

技术参数见表 4.8、表 4.9。

4.3　现有排放消耗

[3，APME，2002]

4.3.1　通用聚苯乙烯（GPPS）

表 4.10 所列数据代表欧洲 GPPS 各类生产技术的平均水平，而不代表某一具体技术的水平。由于厂与厂之间在工艺技术、实际设备规模和工业化运行方面存在差异，不同工厂之间的排放和消耗水平存在差异。

表 4.10　生产每吨 GPPS 产品的排放和消耗数据

项目	单位	前 50％平均值	欧洲平均值	最大值
空气污染物排放量				
粉尘	g	2	4	7
VOCs 总量	g	85	120	300
水污染物排放量				
COD①	g	30	40	100
BOD①	g		20	40
悬浮固体①	g		10	20
总烃①	g	1.5	4	7
废水②	t	0.8	1.1	6
冷却塔排水	t		0.5	0.6
固体废物				
危险废物	kg	0.5	0.6	1.3
无害废物	kg	2	4	5
输入				
总能量	GJ		1.08	1.8
苯乙烯	t		0.985	1.02
乙苯	t			0.102
矿物油	t		0.02	0.06
冷却水（封闭循环）	t		50	100
工艺水	t		0.596	0.6
氮气	t		0.022	0.05

续表

项目	单位	前50%平均值	欧洲平均值	最大值
输入				
稀释剂	t		0.001	0.001
添加剂	t		0.005	0.01

① 水中污染物排放量为处理后测定结果。废水处理设施可安装在厂内，也可在厂外某一集中地点。由于这些数据都代表平均排放水平，这些数据之间不一定具有相关性。每个工厂的排放根据当地的排放许可和具体废水处理厂的要求。需要根据当地法规对废水进行相应的处理。

② 不包括冷却塔排水。

表4.10中所给数据为生产每吨产品的排放和消耗水平。

表4.11为GPPS生产过程中排放和废物的来源。

表 4.11　GPPS 生产过程中的污染物排放源

废弃物	进料配制工段		反应工段	后续处理工段			
	存储	净化(可选)	反应器	脱挥	造粒	存储	包装
气体	含 VOCs 的氮气	含 VOCs 的氮气	含 VOCs 的氮气	泄漏	烟	PS 粉尘	PS 粉尘
液体	—	苯乙烯和水	少量水	少量水,循环回路清洗排污(苯乙烯＋杂质组分)	造粒机清洗水	—	—
固体废物	粉尘和包装材料(化学品)	更换吸收剂(如果不再生)	样品	—	来自清扫的废料,粉尘 PS	清扫粉尘和 PS	包装材料废弃物

4.3.2　高抗冲聚苯乙烯（HIPS）

表4.12所列数据代表欧洲HIPS各类生产技术的平均水平，而不代表某一具体技术的水平。由于厂与厂之间在工艺技术、实际设备规模和工业化运行方面存在差异，不同工厂之间的排放和消耗水平存在差异。表4.12中所给数据为生产每吨产品的排放和消耗水平。

表 4.12　生产每吨 HIPS 的排放和消耗的水平

项目	单位	前50%平均值	欧洲平均值	最大值
空气污染物排放量				
粉尘	g	2	4	7
VOCs的总量	g	85	120	1000
水污染物排放量				
COD[①]	g	30	40	100
BOD[①]	g		20	40
悬浮固体[①]	g		10	20
总烃[①]	g	1.5	4	7
废水[②]	t	0.8	1.1	6
冷却塔排水	t		0.6	0.6

续表

项目	单位	前50％平均值	欧洲平均值	最大值
固体废物				
危险废物	kg	0.5	0.6	1.3
无害废物	kg	2	4	5
输入				
总能量	GJ		1.48	1.8
苯乙烯	t		0.915	1.02
乙苯	t		—	0.102
矿物油	t		0.02	0.06
橡胶			0.07	0.12
冷却水（封闭循环）	t		50	100
工艺水	t		0.519	0.6
氮气	t		0.01	0.05
稀释剂	t		0.001	0.001
添加剂	t		0.005	0.006

① 水中污染物排放量为处理后测定结果。废水处理设施可安装在厂内，也可在厂外某一集中地点。由于这些数据都代表平均排放水平，这些数据之间不一定具有相关性。每个工厂的排放根据当地的排放许可和具体废水处理厂的要求。需要根据当地法规对废水进行相应的处理。

② 不包括冷却塔排水。

表4.13为HIPS生产过程中排放和废物的来源。

表4.13　HIPS生产过程中的污染物排放源

废弃物	进料配制工段			反应工段	后续处理工段			
	存储	破碎	溶解系统	反应器	脱挥	造粒机	存储	包装
气体	含VOCs的氮气	含VOCs的氮气	含VOCs的氮气	含VOCs的氮气	泄漏	烟	PS粉尘	PS粉尘
液体	—	—	—	微量水	微量水，循环回路排污（苯乙烯＋杂质）	造粒机水清洗		
固体废物	粉尘和包装材料（药剂的）	包装材料、PBu和药剂		样品		来自清扫的废料和粉尘,PS	来自清扫的粉尘和PS	包装材料废弃物

4.3.3　可发性聚苯乙烯（EPS）

表4.14所列数据代表欧洲EPS各类生产技术的平均水平，而不代表某一具体技术的水平。由于厂与厂之间在工艺技术、实际设备规模和工业化运行方面存在差异，不同工厂之间的排放和消耗水平存在差异。表4.14中所给数据为生产每吨产品的排放和消耗水平。

表 4.14 生产每吨 EPS 产品的排放和消耗数据

项目	单元	前 50% 的平均值	欧洲平均值	最大值
空气污染物排放量				
粉尘	g	30	30	125
异戊烷	g	1000	2500	8000
VOCs[①]	g	600	700	3500
水污染物排放量				
COD[②]	g			4600
总固体量[②]	g			8000
总烃[②]	g			40
溶解性固体	g		0.3	0.4
废水[②]	t	5	6	9
冷却塔排水	t		1.7	2.5
磷酸盐(P_2O_5)	g			20
固体废物				
危险废物	kg	3	3	12
无害废物	kg	6	8	17
投入				
总能量	GJ		1.8	2.5
苯乙烯	t	0.939		0.96
乙苯	t	—		0.096
异戊烷	t	0.065		0.07
冷却水(封闭循环)	t	17		70
工艺水	t	2.1		6.0
氮气	t	0.01		0.3
添加剂	t	0.03		0.03

① 来自点源的 VOCs 排放，但不包括异戊烷。

② 水中污染物排放量为处理后测定结果。废水处理设施可安装在厂内，也可在厂外某一集中地点。由于这些数据都代表平均排放水平，这些数据之间不一定具有相关性。每个工厂的排放根据当地的排放许可和具体废水处理厂的要求。需要根据当地法规对废水进行相应的处理。

表 4.15 为 EPS 生产过程中排放和废物的来源。

表 4.15 EPS 生产过程中的污染物排放源

废弃物		反应工段	后续处理工段					
	存储	反应器	离心	干燥	筛分	涂层	存储	包装
气体	苯乙烯	异戊烷	异戊烷	异戊烷、粉尘	异戊烷、粉尘	异戊烷、粉尘	异戊烷、粉尘	异戊烷、粉尘
液体	—	—	包括添加剂在内的废水	—	—	—	—	—
固体废物	粉尘、包装材料	—	—	粉尘	粉尘	粉尘	粉尘	来自清扫的粉尘

5

聚氯乙烯

[11，EVCM，2002，15，Ullmann，2001，16，Stuttgart-University，2000，26，Italy，2004]

5.1 概　　述

PVC，聚氯乙烯，是产量最大的三种聚合物之一，略低于聚乙烯和聚丙烯，在大多数工业行业都有应用（如包装、汽车、建筑、农业、医疗护理等领域），具有以下典型固有性质：

- 未塑化时单元成本的强度和硬度高；
- 质轻；
- 不可渗透性；
- 化学和生物惰性；
- 易于维护；
- 耐用；
- 可燃性低；
- 性价比高。

总体上，PVC 生产工艺分为三种。

- 悬浮法；
- 乳液法；
- 本体法。

悬浮法和乳液法工艺并存主要是由于两种工艺生产 PVC 颗粒的形态特征不同。一方面，乳液聚合 PVC（E-PVC）的性能特征为许多具体应用领域所需要，并较其他类型产品存在一些优势。另一方面，悬浮法工艺更适合有限几种级别 PVC 产品的大规模生产。因此，为满足那些悬浮聚合 PVC 不适用的特殊应用领域的需求，必须采用乳液法生产相当比例的 PVC。

近年来，本体法生产工艺逐渐失去了其重要性，因此，本文件不再讨论。

1999 年，西欧 PVC 总产量达到 610×10^4 t，其中，80×10^4 t 采用乳液法生产，其余采用悬浮法或本体法生产。悬浮法工艺是到目前为止最主流的工艺。

这些西欧数据与北美 PVC 相当。北美 PVC 的总产能为 790×10^4 t，但其中只有 30×10^4 t 来自 E-PVC。北美 E-PVC 比例如此低有其历史原因：世界上第一条 PVC 生产线在欧洲而非北美建立，且几乎完全采用乳液法工艺。

PVC 主要按照均聚物生产。PVC 共聚物中产量最大的是高抗冲应用领域的接枝共聚物，它们也包含在本文件中。其他的 PVC 共聚物由于产量较低，不在本文件讨论之列。

PVC 的其他主要产地有亚洲（1010×10^4 t，其中，260×10^4 t 产自日本，250×10^4 t 产自中国大陆）、东欧（220×10^4 t）、南美（130×10^4 t）、中东（90×10^4 t）和非洲（40×10^4 t）。据估算，1999 年，全世界 PVC 总产量为 2870×10^4 t。

西欧 PVC 产量数据如表 5.1 所列。

表 5.1　西欧 PVC 产量

年份/年	2000	2001	2002
产量/kt	5569	5704	5792

在西欧，E-PVC 生产厂主要位于法国、德国、意大利、挪威、葡萄牙、西班牙、瑞典和英国。此外，悬浮聚合 PVC（S-PVC）在比利时、芬兰、希腊和荷兰也有生产。

新加盟的欧盟成员国中，生产 S-PVC 的国家主要有捷克、波兰、匈牙利、斯洛文尼亚 [27，TWGComments，2004]。

表 5.2 列出了 1999 年欧洲 PVC 的主要产地及其产量。

表 5.2　1999 年欧洲 PVC 主要产地及其产量　　　　　　单位：kt/a

国家	产地	S-PVC	E-PVC	本体法 PVC	共聚物
比利时	安特卫普(Antwerp)	120			
	耶曼普(Jemeppe)	300			
芬兰	波尔沃(Porvoo)	95			
法国	圣阿尔班(St Auban)	40	55		30
	巴朗(Balan)	180			
	布利诺德(Brignoud)	90	30		
	圣丰(St-Fons)			200	

续表

国家	产地	S-PVC	E-PVC	本体法 PVC	共聚物
法国	马赞加尔伯(Mazingarbe)	220			
	贝尔(Berre)	220			
	塔沃(Tavaux)	230	60		
德国	路德维希港(Ludwigshafen)	170	15		
	施科保(Schkopau)	90	45		
	威廉港(Wilhelmshaven)	330			
	莱茵伯格(Rheinberg)	140	40		
	马尔(Marl)	140	110	50	
	布格豪森(Burghausen)	96	59		25
	基恩道夫(Gendorf)	10	88		25
	胡尔特(Hurth)	114			
	默克尼希(Merkenich)	110	43		
意大利	马尔盖拉港(Porto Marghera)	180			
	托雷斯港(Porto Torres)		55		
	拉文那(Ravenna)	205			
荷兰	贝克(Beek)	215			
	尼斯(Pernis)	300			
挪威	波斯格伦(Porsgrunn)	85	20		
葡萄牙	埃斯塔雷雅(Estarreja)	135	10		
西班牙	维拉塞卡和莫辛(Vilaseca＋Monzon)	199①	199①		
	埃尔纳尼(Hernani)	35①	35①		
	马托雷利(Martoorell)	240①	240①		
瑞典	斯泰农松德(Stenungsund)	120	50		
英国	巴里(Barry)	125			
	希尔豪斯(Hillhouse)		40		
	朗科恩(Runcorn)	105			
	艾克利夫(Aycliffe)	175			
捷克	内拉托维彩(Neratovice)	130			
匈牙利	考津茨包尔齐考(Kazincbarcika)	330			
波兰	沃尔克拉维(Wloclavek)	300			
	奥斯维辛(Oswiecim)		37		
斯洛文尼亚	诺瓦基(Novaky)	30	55		
总计		5604	1286	250	80

①为 E-PVC＋S-PVC 总产量。

注：安特卫普在 2001 年停止生产 PVC。

绝大多数悬浮聚合 PVC 被用于熔融加工领域，在这些领域聚合物先被熔化然后成型，例如，通过挤出或注射模塑法，来生产诸如管子、雨水设施、窗框和电缆护套材料等产品。通用乳液聚合 PVC 也用在这些相同的熔融加工工艺，特别是用于对表面光泽度和平滑度要求很高的坚硬剖面上，如卷帘窗和楼梯扶手。与此相反，糊状聚合物在使用前先用邻苯二甲酸二乙基己酯等增塑剂分散，然后用于生产易涂布、可喷雾的混合物，即塑性溶胶。这种塑性溶胶在加热固化前，要先进行低温涂布或喷雾。典型应用包括塑胶地板、墙面装饰和汽车底部塑封。还有非常少量的特种乳液聚合 PVC 被熔结成铅蓄电池隔板。

5.2 PVC 生产工艺技术

5.2.1 原料

5.2.1.1 氯乙烯单体（VCM）

PVC 由氯乙烯单体（VCM）聚合而成，而 VCM 由 1,2-二氯乙烷（EDC）热裂解而成。合成 1,2-二氯乙烷所需的氯气是由食盐（NaCl）电解得到，因此，PVC 只有43％的重量来自于原油。

在氯乙烯中可能存在各种各样的微量杂质，其中，有很多杂质如 1,3-丁二烯、乙烯基乙炔，即使含量很低（mg/kg 级别）也会对聚合反应动力学产生不利影响，因此必须严格控制。任何不参加反应且沸点较氯乙烯高的液体，如 EDC，由于不能被设计用于去除 VCM 的措施去除，因此会残留在 VCM 中，并最终出现在废水中。

5.2.1.2 公用物料

① 氮气　用来吹洗、惰化。

② 蒸汽　用于水和乳液/悬浮液净化，用于反应预热和设备清洗。

③ 空气　用于聚合物干燥。

④ 水。

5.2.1.3 助剂

① 工艺水　用于在聚合反应中分散 VCM，稀释悬浮液或乳液，并在必要时清洗设备。

② 表面活性剂、乳化剂、保护性胶体　用来配制和稳定单体和 PVC 在工艺水中的悬浮液，通常在悬浮液中需投加 1kg/t，在乳液中投加 10kg/t〔27，TWGComments，2004〕。

③ 聚合反应引发剂，如有机过氧化合物或过酸酯　通常投加量小于 1kg/tVCM。

④ 终止反应的助剂　如受阻酚，通常投加量小于 1kg/tVCM。

⑤ 阻垢剂　用于降低反应器壁上生成的聚合物量。

⑥ 调整最终产品性能的助剂　例如，提高产品抗冲击性的共聚物。

5.2.2 VCM 的供给、存储和卸料

为单独的 PVC 工厂供应单体，当距离较近时气态 VCM 可通过专用管道输送；距离较远时，则通过火车、汽车或轮船运送。大多数 PVC 工厂都有 VCM 存储和卸料设施。VCM 可以在高压下存储或在常压下冷冻存储。VCM 卸料设施，通常会在储罐和运输罐之间连接平衡管线，以减少排放量。

5.2.3 聚合反应

5.2.3.1 共有特征

乳液法和悬浮法工艺中，VCM 都是在水相介质中完成聚合反应。

在聚合反应开始前，反应器内加入水和其他一些添加剂。如果反应器内气相物质中含有空气，必须将其放空。通过运用密闭盖子等特定技术，减少气体放空需要 [27，TWGComments，2004]。同时，真空泵也经常用于确保釜内残留的氧气浓度很低。反应器上部的气相空间也可采用惰性气体（氮气）进行吹洗。然后，再将单体加入反应器。

由于聚合反应为放热反应，因此，反应器必须配备冷却设施。反应器内压力通常为 $0.4 \sim 1.2 MPa$，反应温度在 $35 \sim 70 \text{℃}$。反应结束时，有 $85\% \sim 95\%$ 的 VCM 转化成 PVC。

在进行清洗操作前，需将未转化的 VCM 排放到储气罐中或直接排放到 VCM 回收单元。这样做的目的是为了将气体压力降低至常压。由于 PVC 和水的混合物中含有表面活性剂或乳化剂，在排气过程中，反应器中的物料（特别是乳液法）很容易起泡沫。去除未转化单体的操作，既可在聚合反应器内进行，也可在卸料罐中进行。如果仍有物质残留，需要配备某些类型的设备进行处理。

5.2.3.2 悬浮聚合 PVC 生产工艺

悬浮法 PVC（S-PVC）生产工艺中，生产出的 PVC 悬浮颗粒平均粒径为 $50 \sim 200 \mu m$。除了颗粒大小不同外，悬浮法 PVC 等级之间的本质区别在于聚合物链的平均长度和颗粒的孔隙率。悬浮法 PVC 一直采用搅拌釜反应器间歇生产。

依靠机械搅拌和表面活性剂的共同作用，单体分散在脱盐水中。部分水解的聚醋酸乙烯酯是目前最常用的悬浮剂。在过酸酯、过碳酸盐或过氧化物等 VCM 可溶性引发剂的作用下，聚合反应在 VCM 液滴内部发生。PVC 初级颗粒（primary particles）固体相逐渐增加。聚合反应结束时随着这些 PVC 初级颗粒的复杂凝聚，PVC 颗粒出现，在光学显微镜下呈现 S-PVC 特有的花椰菜外形特征。

在聚合反应中有一些聚合物倾向于在反应器壁上形成。如今，技术的改进限制了这种形成，从而不需要每一批次后都打开反应釜进行目测检查和必要的机械清洗。在这种称为"密闭反应器"的技术中，根据产品等级，开釜频次可减少到低于 1 次/100 批。

在传统的"开放式反应器"技术中，每反应一批，就要打开反应器进行目测检查和必要的清洗，并装载添加剂。

悬浮法 PVC 生产工艺的流程如图 5.1 所示。

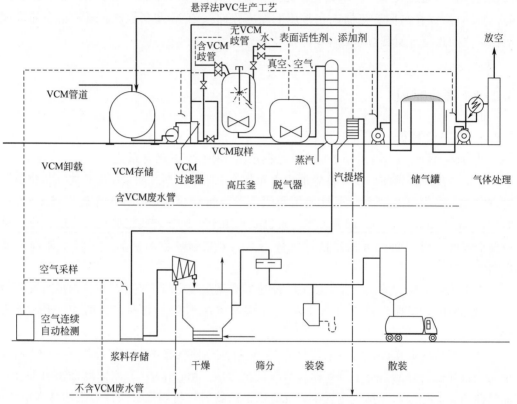

图 5.1　悬浮法 PVC 生产工艺流程

5.2.3.3　乳液聚合 PVC 生产工艺

乳液法生产工艺生产的水相胶乳，含中位粒径（按重量）为 $0.1 \sim 3 \mu m$ PVC 颗粒。当产品用于糊状聚合物或塑性溶胶时，聚合过程中形成的胶乳粒径分布，将在很大程度上决定聚合物再分散到增塑剂中形成塑性溶胶的流变性能。其中较窄的粒径分布会产生假塑性塑性溶胶（黏度随剪切速率增加而降低）的形成，其他粒径分布可使流变性能从膨胀性流体（黏度随剪切速率增大而增大）变化到牛顿流体（黏度不受剪切速率影响）。

乳液聚合 PVC 基本上可采用间歇乳液聚合、连续乳液聚合和微悬浮聚合三种聚合工艺生产。这三种工艺都可用于生产各种不同粒径分布的胶乳和不同流变性能的塑性溶胶。不同的糊状聚合物需要不同的流变曲线。微悬浮工艺专门用于生产含大量粗颗粒的胶乳。

在间歇乳液聚合工艺中，VCM 通过乳化剂在水中分散，常用乳化剂包括烷基或芳基磺酸钠或硫酸钠。采用碱金属过硫酸盐等水溶性引发剂，聚合反应发生在 VCM 与水的界面处。包含铜和一种还原剂的氧化还原引发体系也经常采用。此类工艺生产的单峰分布胶乳粒径分布窄、粒径小（约 $0.2\mu m$）。这种胶乳在接近玻璃化温度条件下干燥，可生产出坚硬的自由流动粉体，非常适合生产通用 PVC 和电池隔板用 PVC。而当在更低温度下干燥时会生产出糊状聚合物，生产出的塑性溶胶黏度大，假塑性明显，特别适合于生产汽车底盘喷涂料和织物涂料，但不适合塑性溶胶的大部分应用领域，因为这些应用领域需要流变性能为牛顿流体或弱假塑性流体的低黏度塑性溶胶。间歇乳液聚合工艺中，有几种类型的聚合物可通过如下方式生产：将前一批次生产的胶乳作为种子胶乳在聚合开始时投加到反应器中；在第二次聚合反应中，种子胶乳继续增长，同时新的颗粒也开始形成，这样就形成了双峰粒径分布的胶乳。可以通过调整两种粒径胶乳颗粒的相对数量和粒径来控制聚合物的流变性能。

作为乳液聚合的一种变形，生产过程可以连续进行，即新鲜的 VCM、乳化剂和引发剂连续加入反应器，同时 PVC 胶乳连续从反应器排出。该工艺较间歇工艺需投加更多的乳化剂。生产出的胶乳粒径分布宽，由此产生的塑性溶胶黏度低，应用范围广。但由于乳化剂使用量大，不适合最终涂层对吸水性和透明度要求较高的应用领域。

另一种生产宽粒径分布胶乳的方法是微悬浮聚合。该工艺采用高度溶于 VCM 但不溶于水的过氧化月桂酰作为引发剂。因此，聚合反应发生在分散的 VCM 液滴内。引发剂不溶于水的性质可对氯乙烯单体液滴起到稳定作用，因此与间歇乳液聚合和连续乳液聚合相比，采用的乳化剂量更少。低乳化剂用量在某些领域非常有利，如吸水性和透明度非常重要的与食品接触的应用领域，另外在工艺环境影响方面也具有优势。这种胶乳生产的塑性溶胶黏度低，但是有膨胀倾向。可通过调整工艺在初级粒径分布基础上增加一个次级粒径分布，实现对这种产品的改进。

微悬浮聚合工艺不适合生产假塑性明显的塑性溶胶。

乳液聚合 PVC 生产工艺的流程如图 5.2 所示。

不同的乳液聚合 PVC 生产工艺的典型特征如表 5.3 所列。

表 5.3 E-PVC 生产工艺的典型特征

生产工艺	优点	缺点
间歇乳液聚合	可生产假塑性好的聚合物；可生产具有不同流变性能的聚合物。简单、灵活	残余乳化剂量过大，只能用于低吸水性和低透明度的涂层材料
连续乳液聚合	可生产低黏度的塑性溶胶，产品均一性好，产量高	涂层材料水溶性和透明度低（乳化剂残余量大），不能生产假塑性聚合物。操作不灵活，乳化剂成本高
微悬浮聚合	可生产低黏度塑性溶胶；聚合物可生产吸水性和透明度好、感官性能好的涂层材料（残余乳化剂少）；产品均一性好；乳化剂消耗量低，在环境影响方面具有优势	不能生产假塑性聚合物，工艺更加复杂

5.2.4 汽提

聚合物悬浮液或胶乳中残余的 VCM 通过汽提去除。该工段还包括未汽提悬液/胶

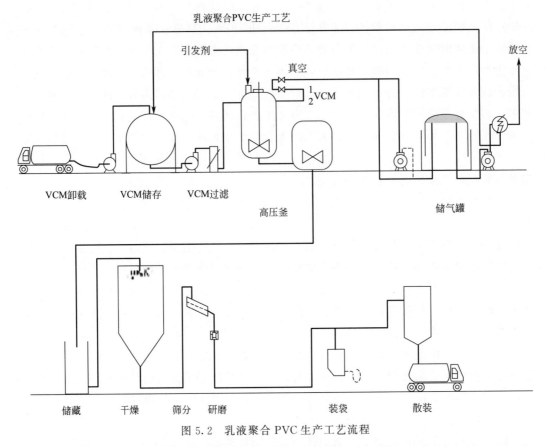

图 5.2　乳液聚合 PVC 生产工艺流程

乳储罐。汽提通常利用蒸汽、氮气、真空（单个或联合）及温度等的综合作用实现单体的回收。汽提过程可采用不同的方法进行。

- 间歇处理——可在反应器内进行，也可在单独容器内进行。
- 连续处理——在反应器外进行。

胶乳的汽提必须在一定条件下进行，以保证胶乳稳定，既不凝结也不絮凝。胶乳对温度、搅拌和时间都很敏感。

PVC 悬浮液经过汽提后 VCM 含量通常会较低。而对于胶乳，其汽提处理的难度更大，且残余的 VCM 含量与很多参数有关，如乳化剂含量和类型、胶乳粒径、胶乳稳定性、最终树脂产品性能要求及配方等。当采用蒸汽汽提时，含有回收 VCM 单体的上部蒸汽将被冷凝。冷凝液可以返回汽提系统，也可输送到废水处理的汽提塔或者工艺中的其他工段，以回收其中含有的 VCM 防止 VCM 排放造成污染。所有情况下，汽提塔上方含有汽提 VCM 的未被冷凝气体，应采用回收单元进行收集。

汽提后的悬液或胶乳通常贮藏在缓冲罐中以为干燥系统提供连续进料。在此阶段，可进行胶乳筛分、种子胶乳保存等管理操作。此工段包括除去粗颗粒的筛分和过滤泵等。如果罐内没有连续搅拌或胶乳用泵循环，许多胶乳会沉积下来。因此，尽管汽提后 PVC 胶乳的稳定性显著提高，但还是要小心操作以确保不发生絮凝。

在干燥之前，可以对悬浮液或者胶乳进行浓缩。悬浮液通常采用离心机脱水浓缩。胶乳根据离开反应器时的稳定性和浓度，可通过膜或蒸发器浓缩。当采用膜浓缩时，需在胶乳中加入额外的乳化剂维持胶乳的稳定性和树脂的性质。因此，会增加工厂废水中COD。如果膜或离心机排放废水中氯乙烯单体浓度小于 1mg/L，就不需采用 VCM 废水汽提塔处理。

5.2.5　干燥

干燥过程通过各种各样的干燥器依靠温度和气流共同作用完成。悬浮聚合 PVC 的第一级干燥常常为离心脱水，得到湿滤饼。最后一级干燥可通过流化床干燥器、旋风干燥器、闪蒸干燥器等多种方法完成 [27，TWGComments，2004]。乳液聚合 PVC 由于胶乳颗粒小、大部分颗粒都很难从水相分离，除在几种特殊工艺中胶乳被凝聚和离心外，必须对水进行蒸发。因此，胶乳通常在喷雾干燥器中干燥。在此过程中，水分通过蒸发去除。

喷雾干燥会引起胶乳颗粒凝结形成中值粒径约为 30μm 的二次颗粒。这些二次颗粒可进行机械研磨，从而重新获得部分或全部原始粒径分布的胶乳颗粒。

干燥条件对粒子形态具有深远影响，因此，用同一台反应器产品既可生产糊状乳液聚合物又可生产一般乳液聚合物。在喷雾干燥器中，粒径约为 0.5μm 的胶乳粘在一起形成中值粒径约为 30μm 的二次颗粒。

5.2.6　筛分和研磨

由于较粗的 PVC 颗粒会对成型带来问题，因此，干燥后悬浮聚合 PVC 通常要进行筛分。如果最终产品有要求，乳液聚合 PVC 通常会被分成几类并进行研磨。如聚合物作为"糊状"聚合物应用，通常需要进行研磨；如果作为一般乳液聚合物应用，则不需要研磨。在干燥器中形成的二次颗粒经研磨后在塑性溶胶中更容易分散，从而回到它们原始的胶乳粒径分布。

粉碎机、磨粉机可能是锤式的，或由一个粒度分级器和配合插脚或棒的旋转转子组成。分级器可以是单独的，也可以是机器的组成部分。

用悬浮或乳液聚合 PVC 生产的最终产品被打包或运送到存储筒仓进行进一步的包装或散装运输。

5.2.7　VCM 回收

所有含有 VCM 的物料，包括反应后高压釜排气、悬液或乳液汽提过程释放物料、未汽提悬液或乳液储罐排气以及废水汽提塔释放气体，都被转移到一个 VCM 回收系统的冷凝单元。任何到达回收装置的水必须首先除去。此外，为了防止聚过氧化物的形成，不但要保证气流中不含氧，而且必须严格控制回收 VCM 的 pH 值和温度。回收系统中冷凝器可通过工厂常规冷却水和制冷系统多级组合来冷却。VCM 的回收率取决于低温和高压的正确组合。间歇聚合工艺排放到 VCM 回收装置的气流是波动的，常使用一个储气罐来缓冲这些气流。

为了控制排放量，回收装置排出的气体要流经化学吸收或吸附单元、分子筛、焚烧炉或催化处理单元。在使用焚烧炉时，必须精心设计，良好运行，以确保焚烧过程中生成的二噁英被完全破坏，并且不重新生成。

回收后的 VCM 保存在高压或冷藏储罐中。为了防止聚过氧化物的形成，有时需要在其中加入一种化学阻聚剂，如受阻酚。通常一旦生成聚过氧化物，它就会溶于 VCM 相，然后缓慢、安全地生成 PVC。然而，如果含有聚过氧化物的液相 VCM 蒸发了，聚过氧化物就会沉淀，这种沉淀的聚过氧化物会分解放热，产生爆炸风险。

回收的 VCM 既可以输送回原装置，也可以送到邻近装置和新鲜 VCM 一起用于聚合反应。在 E-PVC 和 S-PVC 聚合装置毗邻的地方，由于 S-PVC 工艺对 VCM 纯度不敏感，因此回收后的单体专门用于 S-PVC 聚合过程。

5.2.8 水处理

在 E-PVC 和 S-PVC 聚合生产装置毗邻的地方，它们一般可以共用同 1 套水处理设施。

任何可能被 VCM 污染的水，如含 VCM 反应器、输送管线、悬液或乳液储罐的清洗废水，都要经过汽提装置来除去其中的 VCM。该过程可以连续操作，由一个密封汽提塔或装备托盘的汽提塔组成；或采用间歇操作。可通过调整停留时间和温度对 VCM 去除进行优化。去除的 VCM 被送到 VCM 回收装置，而处理后废水被送到污水处理设施。

含有固体 PVC 的污水会送到水处理装置来去除其中的固体物质，这些装置通常采用两步法工艺。首先，使用专利混凝剂使水中的 PVC 絮凝，废水经澄清后排入下水道或供厂内回用，絮凝后的固体物质通过第二室的浓缩、沉淀或气浮进行去除。第二室排出的清水常常回流到第一级反应室中进行进一步处理，该工艺还具有减少废水总体有机物（化学需氧量 COD）的作用。而细颗粒的沉淀可能更加困难。

有一些工厂采用膜过滤的方法来回收产品和循环水。从废水中分离出的 PVC 大多数作为低级别产品出售 [11，TWGComments，2004]。

5.3 现有排放消耗

[11，ECVM，2002]
本节中 VCM 排入空气总量中包含的逸散性排放量根据 ECVM 提出的参考方法

估算。

- 来自工艺设备泄露的逸散性排放的鉴别、测量和控制［9，ECVM，2004］。
- 来自储气罐的大气排放量的评估（第二次修订）［9，ECVM，2004］。

5.3.1　行业标准

［9，ECVM，2000，10，ECVM，2004］

欧洲乙烯基制造商委员会（ECVM）发布了两条行业章程如下。

- 关于 VCM 和 PVC（悬浮法）生产的章程，发布于 1994 年。
- 关于乳液聚合 PVC 生产的章程，发布于 1998 年。

奥斯陆和巴黎委员会（OSPAR）发布了"关于 E-PVC 排放限值的建议（2000/3）"和"关于 S-PVC 排放限值的决定（98/5）"。该委员会还发布了"关于 E-PVC 生产 BAT 的建议（99/1）"。

根据上述章程，提出了以下标准（表 5.4）。

表 5.4　OSPAR 和 ECVM 规定的 VCM 排放量

基准（最大值）	悬浮聚合 PVC	乳液聚合 PVC	乳液聚合 PVC 与悬浮聚合 PVC 废水共同处理
排放到空气的 VCM 总量	80g/t PVC(OSPAR) 100g/t PVC,包括逸散性排放(ECVM)	1000g/t PVC,包括逸散性排放(ECVM) 900g/t PVC,对于已有装置(OSPAR) 500g/t PVC,对于新建装置(OSPAR)	
废水中的 VCM 排放量	$1g/m^3$、5g/t PVC（OSPAR） $1g/m^3$(ECVM)	$1g/m^3$、10g/t PVC（OSPAR）	$1g/m^3$ 或 5g/tE+S-PVC（OSPAR）
最终合格产品中 VCM 浓度	通用 PVC:5g/t 食品和医用 PVC: 1g/t(ECVM)	1g/t PVC(ECVM)	
化学需氧量(COD)	单套装置:125mgCOD/L 联合装置:250mgCOD/L（OSPAR）	250mg/L 废水(OSPAR)	
悬浮固体	30mg/L（OSPAR）	30mg/L（OSPAR）	

注：OSPAR 提供的废水 VCM 排放量指二级处理前汽提塔排水中的量。

5.3.2　排放

（1）悬浮聚合 PVC

德国报道该国某 S-PVC 工厂废水排放量为 $1\sim4m^3/t$ PVC，冷却水量为 $100\sim200m^3/t$ PVC，预处理后 COD 排放量为 $150\sim750g/tPVC$，然而，当预处理效果不佳时，这些数据会升高。ECVM 发布的 S-PVC 生产排放量见表 5.5。

表 5.5　ECVM 发布的 S-PVC 生产排放量　　　　　　　　单位：g/t

排放量	前 25％的工厂	中位数	产量加权平均值
VCM 总排放量,包括逸散性排放	18	43	45
PVC 粉尘		40	82
排入水中的 VCM②		3.5	2.3
COD③		480	770
危险废物①		55	120

① 危险废物即 VCM 含量大于 0.1％的固体废物。该数据统计为即将离厂的危险废物。
② 汽提预处理后,进入污水处理厂之前。
③ 经过最终污水处理厂处理后。

德国也报道了向空气排放污染物的数据（见表 5.6）。

表 5.6　德国 S-PVC 生产参考工厂的粉尘和 VCM 排放量

德国工厂	VCM 总量/(g/t)	粉尘/(g/t)
参考工厂 1	6	0.01
参考工厂 2	4	15

（2）乳液聚合 PVC

ECVM 发布的 E-PVC 生产的排放量见表 5.7。

表 5.7　ECVM 发布的 E-PVC 生产的排放量　　　　　　　　单位：g/t

排放物	前 25％工厂	中位数	产量加权平均值
VCM 总排放量,含逸散性排放	245	813	1178
PVC 粉尘		200	250
向水中排放的 VCM②		10	80
COD③		340	1000
危险废物①		74	1200

① 危险废物即 VCM 含量大于 0.1％的固体废物。该数据统计为即将离厂的危险废物。
② 汽提预处理后,进入污水处理厂之前。
③ 经过最终污水处理厂处理后。

由于悬浮法和乳液法 PVC 生产装置反应混合物物理性质差异大,悬液和乳液汽提处理排入空气的 VCM 量有所不同。

德国报道的向空气的排放数据如表 5.8 所列。

表 5.8　德国 E-PVC 参考工厂的粉尘和 VCM 的排放量

德国工厂	VCM 排放总量/(g/t)	粉尘/(g/t)
参考工厂 3	300	11
参考工厂 4(微悬浮 PVC)	170	2

5.3.3　能耗

能量主要以蒸汽（用于加热干燥器和反应器,汽提等）和电能（用于驱动冷冻机、泵、搅拌机、压缩机）的形式消耗。有些生产工艺中采用天然气加热干燥器，但表 5.9 所列典型消耗数据（1999）假设未使用天然气。S-PVC 和 E-PVC 生产工艺的典型能量消耗如表 5.9 所列。

表 5.9 PVC 生产工艺的典型能量消耗

能量消耗	S-PVC	E-PVC
热能消耗/(GJ/t PVC)	2～3	6～9
电能消耗/(GJ/t PVC)	0.7～1.1	1.4～2.2

5.3.4 S-PVC 案例工厂排放数据

2003 年某工厂统计的消耗数据如表 5.10 所列。

表 5.10 某 S-PVC 生产厂消耗数据

水/(m³/t PVC)	蒸汽/(t/t PVC)	电能/[(kW·h)/t PVC]
3.1	0.879	139

注：电能一项中不包括装置外和公用工程用电。

通过优化汽提系统和在 VCM 储气罐增加一个油层，显著减少了 VCM 排放量。2003 年，该厂 VCM 总排放量为 51g/tPVC，其中，37g/t 来自汽提过程，8g/t 来自储气罐，还有 6g/t 主要为逸散性排放（见表 5.11）。

表 5.11 不同来源的 VCM 的排放量

总量/(g/t)	汽提/(g/tPVC)	储气罐/(g/tPVC)	逸散性排放/(g/t PVC)
51	37	8	6

通过将存储筒仓和干燥器的老式过滤器更换为新式，已使粉尘的平均排放量减至 1mg/Nm³ 以下。

该厂没有废水生物处理系统，而是采用氧化塘。2003 年，该厂废水排放情况如下（见表 5.12）。其排放水平满足 OSPAR 规定的 S-PVC 生产的排放标准。

表 5.12 某 S-PVC 生产厂向水体的排放情况

COD/(mg/L)	悬浮固体/(mg/L)	VCM/(mg/L)	VCM/(g/tPVC)
222	23	0.66	0.15

6

不饱和聚酯

[5，CEFIC，2003]

6.1　概　　述

不饱和聚酯树脂是一种热固性树脂。与热塑性树脂市场提供加工好的聚合物产品不同，不饱和聚酯生产厂商为消费者提供的是具有反应性的液态中间体。该液态中间体在应用地点通过固化剂或催化剂固化处理后转化为最终产品。

不饱和聚酯（UP）是多种热固性产品的总称，主要由酸酐或二元酸（单体）与二元醇（反应物）缩聚而成。乙二醇和二羧酸的反应原理如图6.1所示。这些缩合产物溶解在一种活性单体中（通常为苯乙烯）。消费者对该混合物进行固化处理后，即可形成一个三维网状树脂。只要树脂的固化处理满足成为IPPC指令相关控制活动的标准，将被纳入该指令的管理范围。

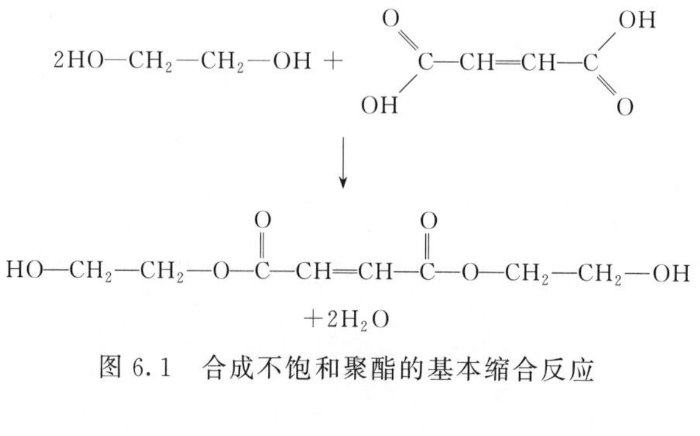

$$2HO-CH_2-CH_2-OH + \underset{OH}{\overset{O}{C}}-CH=CH-\underset{O}{\overset{OH}{C}}$$

$$\downarrow$$

$$HO-CH_2-CH_2-O-\overset{O}{C}-CH=CH-\overset{O}{C}-O-CH_2-CH_2-OH$$

$$+2H_2O$$

图6.1　合成不饱和聚酯的基本缩合反应

通过选择特定的二元羧酸（不饱和及饱和羧酸）和二元醇溶解于不同的活性单体中，固化生成不饱和聚酯的特性可在很大范围内变化以满足多种具体需求。采用合适的原料组合，可影响树脂的如下多种性质：

- 耐热性；
- 耐水解性；
- 冲击强度；
- 可塑性；
- 电性能；
- 自熄性。

在 UP 消费市场中，存在着多种不同配方。其背景是终端应用市场的多样化和多种转换技术的应用。总的来说，目前市场上有上百种配方。除配方（原料组成）不同外，生产工艺也会因目标产品规格和性能而有所不同。

2000～2002 年西欧不饱和聚酯的产量数据如表 6.1 所列，2002 年为 471kt。

表 6.1　2000～2002 年西欧 UP 产量

年份	2000 年	2001 年	2002 年
产量/kt	484	484	471

总体上，整个欧洲建有 43 套 UP 生产厂，其中，生产厂最多的国家依次是英国（8 个）、西班牙（6 个）、意大利（5 个）和法国（5 个）。欧洲 UP 生产产地如表 6.2 所列。

表 6.2　欧洲 UP 生产地

生产厂商	在欧洲的生产地个数	位置
A 公司	1	瓦尔达诺,意大利
B 公司	3	贝尼卡洛,西班牙 波尔沃,芬兰 索弗泰尔,法国
C 公司	1	塔拉戈那,西班牙
D 公司	1	巴塞罗纳,西班牙
E 公司	1	瓦提,希腊
F 公司	4	德罗库尔,法国 斯塔灵伯勒,英国 圣塞洛尼,西班牙 埃布罗河畔米兰达,西班牙
G 公司	1	贝尔韦代雷,英国
H 公司	4	Schoonebeek,荷兰 埃尔斯米尔港,英国 贡比涅,法国 菲拉戈,意大利
I 公司	1	哈洛,英国

续表

生产厂商	在欧洲的生产地个数	位置
J 公司	1	萨格勒布,克罗地亚
K 公司	1	阿蒂基斯,希腊
L 公司	1	鲁别日诺耶,乌克兰
M 公司	1	格罗德诺,白俄罗斯
N 公司	1	阿雷佐,意大利
O 公司	1	哥本哈根,丹麦
P 公司	1	巴雷罗,葡萄牙
Q 公司	6	腓特烈斯塔,挪威 Micham,英国 埃泰恩,法国 帕尔马,意大利 维也纳,奥地利
R 公司	1	布尔戈斯,西班牙
S 公司	1	里斯本,葡萄牙
T 公司	1	顿斯坦,英国
U 公司	1	科摩,意大利
V 公司	1	韦灵伯勒,英国
W 公司	1	马凯廖,意大利
X 公司	1	内拉托维采,捷克
Y 公司	1	布拉班特,荷兰
Z 公司	1	德罗亨博斯,比利时

6.2 不饱和聚酯生产工艺技术

6.2.1 原料

UP 涵盖了采用多种不同原料生产出的种类繁多的产品,表 6.3 总结了 UP 生产中最重要的原料。

表 6.3 UP 生产过程所用原料总览

名称	官能团	CAS
1,1,1-三羟甲基丙烷	乙二醇/醇	77-99-6
异辛醇	乙二醇/醇	104-76-7
二甘醇	乙二醇/醇	111-46-6
二丙二醇	乙二醇/醇	110-98-5
乙二醇	乙二醇/醇	107-21-1
异丁醇	乙二醇/醇	78-83-1

名称	官能团	CAS
丙二醇	乙二醇/醇	57-55-6
新戊二醇	乙二醇/醇	126-30-7
己二酸	酸酐/二元酸	124-01-9
反丁烯二酸	酸酐/二元酸	110-17-8
氯菌酸	酸酐/二元酸	115-28-6
间苯二甲酸	酸酐/二元酸	121-91-5
顺丁烯二甲酸酐	酸酐/二元酸	108-31-6
邻苯二甲酸酐	酸酐/二元酸	85-44-9
四氢苯酐	酸酐/二元酸	85-43-8
四溴邻苯二甲酸酐	酸酐/二元酸	632-79-1
2,4'/4,4'MDI	反应物	26447-40-5
甲苯二异氰酸酯	反应物	26471-62-5
3-乙基苯乙烯	反应物	7525-62-4
甲基丙烯酸	反应物	79-41-4
二环戊二烯	反应物	77-73-6
二乙烯基苯	反应性单体	1321-74-0
α-甲基苯乙烯	反应性单体	98-83-9
苯乙烯	反应性单体	100-42-05
邻苯二甲酸二烯丙酯	反应性单体	131-17-9
甲基丙烯酸甲酯	反应性单体	80-62-6
二丁基氧化锡	催化剂	818-08-6
N,N-二甲基对甲苯胺	添加剂/促进剂	99-97-8
N,N-二乙基苯胺	添加剂/促进剂	91-66-7
1,1'-[(4-甲基苯基)亚氨基]二-2-丙醇	添加剂/促进剂	38668-48-3
N,N-二甲基苯胺	添加剂/促进剂	121-69-7
不饱和聚酯	原料/中间体	100-42-5
4,4'-(1-甲基亚基)双苯酚与(氯甲基)环氧乙烷的聚合物	原料/中间体	25068-38-6
邻二甲苯	溶剂	95-47-6
丙酮	溶剂	67-64-1
异十二烷(2,2,4,6,6-五甲基庚烷)	溶剂	13475-82-6
甲醇	溶剂	67-56-1
对苯醌	抑制剂	106-51-4
2,6-二叔丁基对甲酚	抑制剂	128-37-0
对苯二酚	抑制剂	123-31-9
叔丁基氢醌	抑制剂	1948-33-0
对叔丁基邻苯二酚	抑制剂	98-29-3
三甲基氢醌	抑制剂	700-13-0
硝基钾	添加剂	7757-79-1
二氧化硅	添加剂	7631-86-9

（1）单体

最常用的不饱和二元羧酸是顺丁烯二酸酐和富马酸，最常用的饱和羧酸有邻苯二甲酸酐、邻苯二甲酸、间苯二甲酸和对苯二甲酸。常用的二醇有乙二醇、二甘醇、丙二醇、丁二醇、己二醇、二丙二醇和新戊二醇。

二环戊二烯是合成不饱和聚酯的另一重要单体。

另一类特殊的不饱和树脂是基于双酚 A 和甲基丙烯酸的乙烯基酯。

（2）反应性单体

大部分不饱和聚酯溶于反应性单体。应用最广泛的反应性单体是苯乙烯。特殊情况下有应用的反应性单体包括甲基丙烯酸甲酯、乙酸叔丁酯或邻苯二甲酸二烯丙酯等。

（3）固化剂和促进剂

树脂需要加入固化剂固化。这些固化剂（过氧化物）引发了单体和聚酯或乙烯基酯的共聚。这种固化可在室温（冷固化）、高温（热固化）或光照下进行。根据固化机理，树脂配方中将增加钴盐、胺等促使过氧化物室温分解的促进剂，或加入光引发剂作为促进剂。

（4）抑制剂

必须防止溶解在单体中的聚酯提前发生聚合反应，为此，需要在树脂中加入对苯二酚、苯醌等抑制剂。

（5）添加剂和填料

树脂固化前可加入添加剂和填料，以使树脂更易加工，并达到特定的产品性能。通过选择树脂、强化纤维、填料和添加剂并适当组合，可以制得适合于各种应用的复合材料。

最重要的添加剂和填料如下。

- 紫外稳定剂：推迟泛黄。
- 结皮剂（skinning agents）：减少固化过程中未固化单体的排放。
- 二氧化硅：影响加工性能（触变性）。
- 增稠剂（如氧化镁）：使树脂表现出皮革的外观。
- 染料或色素。
- 自熄剂。
- 防滑粉、硅酸盐等其他填料，防止固化时收缩。

6.2.2　工艺安全问题

树脂行业中，所应用原料相关危害的安全问题已引起很多关注。最重要的潜在危险情景与以下因素有关。

- 存储和工艺容器中的可燃混合物〔如苯乙烯和双环戊二烯（DCPD）〕。
- 原料的粉尘爆炸（固体酸酐、酸、双酚 A、一些抑制剂）。
- 纯原料（DCPD）和反应性混合物的分解反应和失控反应。

- 与原料（如酸）、中间体或成品的眼部接触、皮肤接触或吸入引起的危险。
- 压力：尽管工艺采用的压力水平为低压（反应过程）到中压（蒸汽）。

6.2.3 装置布局和运行

树脂生产装置可以是大型生产装置的一部分，也可以是完全独立的生产单元。有时UPES树脂生产厂为同时生产醇酸树脂、饱和聚酯等其他树脂的多产品工厂。为了满足终端市场的多样化需求和多种树脂转换技术的应用要求，需要为市场提供种类多样的树脂产品。这要求树脂生产装置具有基于不同的原料（配方）、工艺条件和目标产品规格生产多种产品的能力。订货量和包装需求（散装、集装箱、圆桶）进一步增加了生产装置的复杂性。

通常，树脂工厂的核心由许多容积为 $10\sim40m^3$ 的间歇反应器组成。很大程度上可根据装置的专业化程度，用 $100\sim150$ 种不同原料生产出 $100\sim200$ 种产品。散装运输与桶或集装箱的比例可能会从 40：60 变化到 60：40，订单量可从不足 1t 变化到满罐车装载。

尽管树脂生产逐渐向高自动化的趋势发展，但仍需要许多操作员的参与。除工艺控制外，还需要操作员进行原料的称重与配制、少量原料的计量、样品采集与分析、产品过滤以及之后的装桶、集装箱和罐车。

UP 生产工艺的流程如图 6.2 所示。

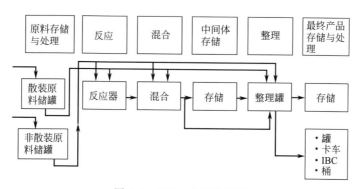

图 6.2　UP 生产工艺流程

6.2.4 存储

主要原料通常储藏在散装储罐或筒仓中，并自动计量和输送到工艺容器。其他用袋、大麻袋、桶、IBCs 盛装的原料则现场储存于专门的存储区或仓库。必要时，还需要采用条件可控的存储设施或专门设计的设施（如过氧化氢储罐）。

某些原料在用于生产工艺前需要在烤箱中融化和预热。某些生产装置建有加热筒仓，可使原料保持液态，便于使用，并能防止存储区域的粉尘排放。

6.2.5 缩聚

缩聚反应通常在容积为 $15\sim50m^3$ 的间歇反应器中进行，反应器采用预先设定的加热、冷却、压力（真空）条件运行，并在反应过程中将水分离出来。缩合水通过蒸馏从反应混合物中分离出来，并作为反应水进行收集。该富水物料在排放到环境前，需尽可能进行能量或物料回收处理。尽管该过程中反应水的产生不可避免，但通过技术可以影响废水的组分（有机物浓度）。

反应产物满足所需的规格（黏度和功能）后，进行冷却并与反应性单体（通常为苯乙烯）混合。该步操作通常在带有搅拌的稀释罐中进行。初级树脂经中间体储罐存储后或直接在整理罐中整理达到最终产品的组成和性能要求。

根据工厂布局，存储设施可用于存储中间体和成品。产品采用自洁式过滤器和/或一次性过滤芯和袋式过滤器进行过滤。

尽管上述对通用生产工艺的描述适用于所有不饱和聚酯，但由于化学反应的差异，其生产工艺也会有所不同。这将在下面对正邻苯二甲酸、异邻苯二甲酸聚酯、二环戊二烯（DCPD）聚酯和乙烯酯等产品生产工艺的简要描述中进行说明。

6.2.5.1 正-邻苯二甲酸聚酯和异-邻苯二甲酸聚酯生产工艺

（1）反应

将乙二醇和二元酸或酸酐在室温惰性氛围下加入间歇反应器，加热时发生酯化反应：

$$酸酐/二元酸＋乙二醇 \Longleftrightarrow 聚酯＋水$$

反应需要一个初始的升温过程。初始阶段典型的升温速率为 $70\sim90℃/h$，然后是水开始蒸馏，升温速率降至 $15\sim25℃/h$。持续加热直至达到 $200℃$ 以上的预设温度。由于除去反应水后可使反应平衡向右移动。因此，反应器系统配备有蒸馏柱（分离乙二醇和水）、冷凝器和收集反应水的受槽。通入氮气作为惰性气体或真空状态可促进水的去除。另外，也可采用共沸蒸馏工艺，即用一种溶剂（如二甲苯）用于水的去除。二甲苯和水的混合物在分离器内分离后，二甲苯循环回到反应器中，反应水则收集在受槽中。

酯化反应进程通过测量反应液黏度和酸度进行控制。通常这些数值通过取样和实验室分析测量。如有必要，可调整工艺条件以确保反应在达到黏度和酸度目标值后停止。一旦反应产物达到目标规格后，应立即冷却并转移至混合器。典型的反应时间为 $15\sim25h$。

在异邻苯二甲酸聚酯的生产过程中，酯化反应分为两步进行：第一步，反应缓慢的异邻苯二甲酸加热后在乙二醇过量条件下发生缩聚；第二步，将其他酸或酸酐（顺丁烯二酸酐和邻苯二甲酸酐）定量加入反应器进行酯化反应。

（2）混合

聚酯冷却至 $200℃$ 以下后与活性单体（通常为苯乙烯）混合。为防止提前发生反应，混合过程中温度需控制在 $\pm70℃$。在此工艺阶段，还需加入足量的阻聚剂（防止进一步聚合）和其他添加剂。通常，成品中苯乙烯的含量为 30%～50%。过滤后，含有聚酯和苯乙烯单体的澄清溶液可以送至用户处或进行进一步整理。

混合产物可以在中间体存储设施中存储。

（3）整理

在此工艺阶段，对聚酯进行整理以满足各种产品应用的具体要求。混合整理过程在常温下完成。此过程包含的典型操作包括以下几点。

- 不同聚酯中间体的混合。
- 添加二氧化硅生产触变性树脂。
- 添加二氧化钛生产有色树脂。
- 添加矿物填料生产填充型树脂。

为整理出需要规格的产品，需要综合采用固体含量、黏度、反应性、凝胶时间等多种测试方法。

6.2.5.2　二环戊二烯（DCPD）聚酯生产工艺

DCPD 不饱和聚酯采用高纯级和树脂级 DCPD 为生产原料。与基于正邻苯二甲酐、异邻苯二甲酸等的标准 UP 树脂相比，此类树脂具有以下特性。

- 分子量小、黏度低。
- 反应性（一定时间后的固化度提高）强。
- 润湿性好。
- 耐热性好。
- 不易收缩。
- 耐溶剂性好。

该工艺与正/异邻苯二甲酸聚酯工艺的区别仅在于反应过程本身，而两种工艺的混合过程和整理过程采用同样的方式操作。

（1）反应

基于 DCPD 的 UP 树脂可采用配方和工艺条件不同的工艺路线进行生产，共有两种主要的工艺路线。第一种也是最重要的一种工艺路线是将聚合物主链采用双环戊二烯封端。该过程基于顺丁烯二酸酐水解生成顺丁烯二酸，然后生成的顺丁烯二酸与双环戊二烯加成。这种封端反应生产的树脂分子量低、黏度低。

第二种工艺路线以降冰片烯二酸酐的合成和分子链延伸为基础，该反应属于 Diels-Alder 反应。DCPD 被分成两个环戊二烯分子与顺丁烯二酸酐反应生成降冰片烯二酸酐，降冰片烯二酸酐进一步发生同合成正邻苯二甲酸聚酯一样的缩聚反应（见 6.2.5.1 部分）。

由于强酸与 DCPD 的反应比弱酸快，因此，在酯化反应之前，工艺条件应有利于顺丁烯二酸酐或中强酸的利用。首先向反应器中加入顺丁烯二酸和水，然后逐渐加入DCPD。

这种原位加成反应是放热反应。当温度超过 140～160℃ 时，液态的双环戊二烯分子就会分解成两个气态的环戊二烯分子，这会使反应器内压力上升，如不能有效控制还会发生爆炸。

因此，在生产过程中必须使反应温度低于这个最大温度。为了防止生产过程中发生失控反应，DCPD 树脂的生产（树脂配方、树脂工艺设计、反应器和工艺系统）过程涉及到的所有参数都必须严格设计、控制和维持。可通过树脂配方和工艺参数设计来控制放热反应。

另外，设计和安装完善的安全系统很有必要，并应达到以下要求。

- 原料计量和进料的安全完整性等级高。
- 反应器加热、冷却实现温度控制的安全完整性等级高。
- 反应器冷却能力和备用冷却能力充足。

（2）混合

第一步反应结束后，生成的双环戊二烯顺丁烯二酸酯，像生产正邻苯二甲酸聚酯一样，采用常规方式进行酯化、混合和整理。即使生产工艺管理和控制得很好，缩聚反应中也会产生含未反应原料和杂质的反应水。这些危险性副产物具有很浓的气味。因此，DCPD 树脂的生产通常在封闭系统中进行，并包含对所有气态和液态排放物的处理。目前应用的尾气处理技术如下。

- 蓄热式氧化焚烧（带能量回收的热氧化）。
- 活性炭吸附，尤其适用于产量小的工厂。

除了空气污染，DCPD 树脂生产的主要环境问题还包括以下几点。

- 正确、安全地存储和处理原料使其保持化学稳定性（存储温度＜30℃），避免其与酸和氧化剂接触。
- DCPD 浓缩液对环境有害，且其在水中的溶解度很低。因此，必须进行安全存储防止其排放到水、空气或土壤。
- 由于气味浓，且反应水中有机物含量高，因此反应器所有气态产物和反应水都必须进行安全收集和处理，如采用蓄热式氧化焚烧炉。

通常 DCPD 树脂生产消耗 20％～35％（质量分数）的 DCPD 原料（其他成分通常为顺丁烯二酸、乙二醇和苯乙烯），产生 6％～10％ 的反应水和副产物，这些反应水和副产物必须进行收集和处理。

6.2.5.3 乙烯基酯树脂生产工艺

乙烯基酯树脂采用环氧树脂与产生不饱和终端的不饱和羧酸反应生成。常用的环氧树脂有双酚 A 二缩水甘油醚或同系物和环氧酚醛树脂。最常用的酸为丙烯酸和甲基丙烯酸。

酸与环氧物的反应比较简单，所用的催化剂有叔胺、膦类化合物或铵盐。乙烯基酯树脂采用苯乙烯、甲基苯乙烯或双环戊二烯丙烯酸酯等反应性单体进行稀释。与其他不饱和聚酯一样，乙烯基酯树脂的合成也在间歇反应器中进行。基本的工艺过程如下。

- 反应，使环氧基饱和。
- 混合，在反应性单体中溶解。

（1）环氧基的饱和

在间歇搅拌反应器中，甲基丙烯酸加成到环氧树脂上实现环氧基的饱和。先将环氧树脂加入反应器，使温度升至115℃，再加入催化剂和阻聚剂。

然后向反应器中逐渐加入甲基丙烯酸。该反应是放热反应且此阶段需要将混合液温度维持在120℃以下。反应热通过反应器盘管中的循环冷却水连续移除。

反应进程通过监测反应混合物的酸度控制。与上面讨论的 UP 生产工艺不同，乙烯基酯的合成是加成反应而不是缩合反应。因此，不会产生受污染的反应水副产物。

反应控制不当可能会导致过量加成聚合和凝胶形成，进而造成工艺停车和原料损失。甲基丙烯酸的聚合应特别控制不良放热反应。

（2）混合

环氧树脂和酸反应完成后，加入苯乙烯和其他添加剂，以达到要求的产品特性。为了防止产品固化，用苯乙烯溶解后将混合液温度迅速降至30℃以下。

6.2.5.4 整理

整理后的产品是一个保质期只有六个月的活性中间体。因此，为防止固化，应控制好工厂内、运输过程中和用户仓库中的存储时间和条件。

6.2.6 固化

只要树脂的固化处理满足成为 IPPC 指令相关控制活动的标准，应被纳入该指令的管理范围。

6.3 现有排放消耗

［5，CEFIC，2003］

表6.4总结了目前 UP 生产的最大排放和消耗水平。

表 6.4 目前 UP 生产的最大排放和消耗水平

项目	单位	当前最大值	说明
能量	GJ/t	5.80	生产每吨可售产品消耗的能量（GJ）。电能包括在其直接能量消耗内。不包括厂外的效率损失
水	m³/t	13	生产每吨可售产品消耗的水（m³）。接近100%的用水为冷却水
排入空气的 VOCs	g/t	1000	生产每吨可售产品向空气排放的挥发性有机物量（g），包括逸散性排放
排入空气的 CO	g/t	120	生产每吨可售产品向空气排放的 CO 量（g）
排入空气的 CO_2	kg/t	180	生产每吨可售产品向空气排放的 CO_2 量（g），不包括厂外发电的二氧化碳排放量
排入空气的 NO_x	g/t	250	生产每吨可售产品向空气排放的 NO_x 量（g）

项目	单位	当前最大值	说明
排入空气的 SO_2	g/t	100	生产每吨可售产品向空气排放的 SO_2 量（g），取决于燃料中的硫含量
排入空气的颗粒物	g/t	40	生产每吨可售产品向空气排放的颗粒物量（g）。来源为燃料、干式混合过程/固体处理过程
废水（COD）（废水处理后）	g/t	140	
填埋处理的危险固体物质	kg/t	13	
需厂外处理的危险固体废物	kg/t	20	生产每吨可售产品产生的危险固体废物量（kg）。该数据只包括正常生产过程产生的废物，不包括由于事故和特殊原因导致误操作和弃料的情况

　　表6.5总结了一些先进工厂的排放和消耗量，其中，还列出了某些参数的最小值和最大值。

表 6.5　先进工厂的排放和消耗水平

项目	单位	最小值	最大值	说明和背景
能量	GJ/t		3.5	生产每吨可售产品消耗的能量（GJ）。最大值通常是通过初级能源（天然气或石油）生产所需蒸汽/热油的独立工厂。电能包括在其直接能量消耗内。不包括厂外的效率损失
水	m³/t	1	5	生产每吨可售产品消耗的给水系统供水（m³）
氮气	Nm³/t	30	60	用于排空或除水
排入空气的 VOCs	g/t	40	100	生产每吨可售产品向空气排放的挥发性有机物量（g），包括逸散性排放。与采用热氧化的情况有关
排入空气的 CO	g/t		50	生产每吨可售产品向空气排放的 CO 量（g）。只有当现场没有热氧化处理，且只用天然气作为能源时，才有很低的 CO 排放
排入空气的 CO_2	kg/t	50	150	生产每吨可售产品向空气排放的 CO_2 量（g），不包括厂外发电的二氧化碳排放量
排入空气的 NO_x	g/t	60	150	生产每吨可售产品向空气排放的 NO_x 量（g）
排入空气的 SO_2	g/t	约 0	100	生产每吨可售产品向空气排放的 SO_2 量（g），取决于采用燃料中的硫含量
排入空气的颗粒物	g/t	5	30	生产每吨可售产品向空气排放的颗粒物量（g）。来源为燃料、干式混合过程/固体处理过程
废水（COD）（废水处理后）	g/t			工厂要遵守当地标准
排到填埋场的危险固体物质	kg/t		0	
需厂外处理的危险固体废物	kg/t		7	生产每吨可售产品产生的危险固体废物量（kg）。该数据只包括正常生产过程产生的废物，不包括由于事故和特殊原因导致误操作和弃料的情况。也不包括排到厂外进行废水处理或焚烧的液态物料

6.3.1 案例工厂的排放和消耗量数据

三个工厂报道的消耗量数据如表 6.6 所列。

表 6.6 UP 工厂能量和水消耗量数据

项目	单位	工厂 1	工厂 2	工厂 3
能量	GJ/t	2.19	4.32	4.0[①]
水	m^3/t	1	1	—

① 树脂和副产胶衣总的能量消耗。单独的树脂生产能耗约为 3.2～3.6GJ/t。

表 6.7 列出了三个工厂排放到空气的污染物量。

表 6.7 UP 工厂的排放量数据

项目	单位	工厂 1	工厂 2	工厂 3
排入空气的 VOC[③]	g/t	31[③]	144[①]	<100
排入空气的 CO	g/t	27	45	22
排入空气的 CO_2	kg/t	80	55	76
排入空气的 NO_x	g/t	105	26[②]	80
排入空气的 SO_2	g/t	12	29	80
排入空气的颗粒物	g/t	30～35	150[②]	30～35

① 包括来自泵、阀和取样点的逸散性排放。点源排放量仅 40g/t。

② 该厂没有锅炉，蒸汽由邻近工厂供应。其唯一的排放源是催化氧化炉，目前该设备已升级为只处理蒸气（以前为处理蒸气和水）。因此，能量消耗量较低。

③ 因为新产品组合，实际值可能比表中的值高。

6.3.2 环境影响的来源

聚酯生产过程环境影响的来源包括以下几方面。

- 从封闭系统和二次容器泄漏或损失的（对环境有害的）原料、中间体和成品。
- 受污染的反应水及其处理（现场处理或厂外处理）。
- 废气及其处理。
- 逸散性排放（垫圈、封孔、阀门）。
- 清洗或润洗产生的废水及其处理。
- 固体废物及其处理。一定比例的产品因不符合规格要求而不适合消费者应用，大多数此类产品会被重新送回生产工艺，不过也有少量被作为危险废物处理。其他危险物质来自于包装材料、滤芯或滤袋、样品等。
- 能耗。聚酯生产消耗的能量取决于产品组合和规模的经济性（操作单元和整个工厂的规模）。能量消耗主要是原料、建筑物、设备调节用热能，生产工艺（加热、冷却、蒸馏）用热能以及反应水处理用热能。另一个主要的能量消耗是驱动大量泵、搅拌机、压缩机和其他用电设备的电能。

7

乳液聚合丁苯橡胶

[13，International Institute of Synthetic Rubber Producers，2002]

7.1 概　述

丁苯橡胶（SBR）作为天然橡胶的替代品，分别由德国和美国于 20 世纪 30 年代和 40 年代后期完成生产工艺研发。与天然橡胶相比，乳液聚合丁苯橡胶（ESBR）既有优点也有缺点，并与天然橡胶直接竞争。然而，在许多应用中这两种橡胶具有互补性，通常混合使用以获得更优异的性能。ESBR 通常被作为通用合成橡胶。

ESBR 生产厂主要依靠苯乙烯和丁二烯等易获得单体，因此多作为炼油厂、化工联合企业的一部分或与此类联合企业相邻。另外，生产过程中还需要乳化剂、催化剂、改性剂、抗氧化剂和填充油等多种其他药剂。

ESBR 是产量最大的合成橡胶，占合成橡胶总量的 30%。图 7.1 中表明丁苯橡胶占合成橡胶总量的 43%。需要注意的是，这是乳液聚合丁苯橡胶（ESBR）和溶液聚合丁苯橡胶（SSBR）的总和。溶液聚合丁苯橡胶的生产工艺同 ESBR 有很大不同，技术特性和应用领域也不相同。

总体上，欧洲共有 10 家 ESBR 生产厂（不包括俄罗斯），额定产能为 820000t/a。其中，有五家生产厂位于 EU-15 国，它们的总额定产能为 466000t/a。欧洲 ESBR 生产厂总体情况如表 7.1 所列。ESBR 占欧洲聚合物总产量的 1.3%。

俄罗斯的额定产能超过了 600000t/a，但目前其中有多少处于生产状态尚属未知。由于欧洲全年 ESBR 消耗量约为 470000t，加上中欧约为 610000t/a，因此，欧洲 ESBR

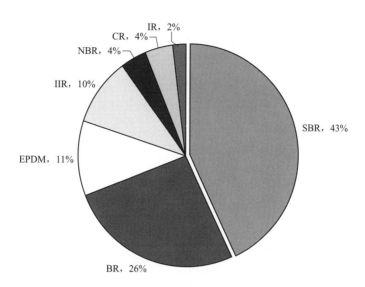

图 7.1 合成橡胶产量的比例

SBR—丁苯橡胶；BR—顺丁橡胶；EPDM—三元乙丙橡胶；IIR—丁基橡胶；

NBR—丁腈橡胶；CR—氯丁橡胶；IR—异戊二烯橡胶

的净产能过剩。

表 7.1 欧洲各国 ESBR 生产商、产地和产能

产地	额定产能/（t/a）
拉文纳,意大利	120000
南安普敦,英国	90000
拉旺特泽诺,法国	80000
施科保,德国	91000
波利斯,荷兰	85000
奥斯维辛,波兰	104000
克拉卢比,捷克	90000
兹雷尼亚宁,塞尔维亚和黑山	40000
布加斯,保加利亚	20000①
奥内斯蒂,罗马尼亚	100000①
总计	820000

① 数据由国际合成橡胶生产者协会（IISRP）估计。

　　欧洲 ESBR 工业营业额约 4.6 亿欧元。世界 ESBR 生产厂分布在大部分工业化国家和许多发展中国家，欧洲只是其中的一部分。ESBR 是一种成熟的产品，目前生产的产品主要有五种类型，并经常作为贸易产品。

　　ESBR 生产的主要成本为单体购买。单体价格依赖原油价格，但也会随着其他因素在较大范围内波动。ESBR 出售给橡胶产品生产商作为原料（即生橡胶）。橡胶产品生

产商将其与橡胶增强填料、油料和化学硫化剂混合以生产橡胶化合物。橡胶化合物在加热加压条件下成型、硫化形成成品橡胶。ESBR 也经常与天然橡胶或聚丁二烯等其他类型的生橡胶混合，以改善成品性能。

约 70% 的 ESBR 用于生产汽车轮胎，特别是用于生产保证和平衡耐磨性与抗湿滑性的胎面。ESBR 还用于生产传送带、地板和地毯的衬垫、软管、密封面、片材、鞋和其他多种橡胶制品。ESBR 的主要应用领域如图 7.2 所示。

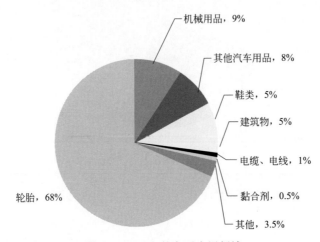

图 7.2　ESBR 的主要应用领域

虽然被称为日用品，ESBR 却是一个种高性能产品。由于主要用于生产安全性至关重要的产品，ESBR 的生产质量很高。在其他应用领域，如传送带，人们希望在正常状态下能够多年使用。为了使加工出的产品达到需要的性能，且可采用简便、一致的生产工艺进行加工，橡胶产品生产商对原料提出了非常严格的规格要求。

ESBR 生产属于资本高度密集型产业，因此，在欧洲从事此行业的人员只有约 1200人；然而参与轮胎和工业橡胶产品制造的却多达三十万人。

7.2　乳液聚合丁苯橡胶生产工艺技术

ESBR 的生产工艺流程如图 7.3 所示。

超过临界浓度时，表面活性剂分子会聚集形成胶束。如含脂肪酸或是松香酸的钾盐或钠盐溶液可产生这种现象。这些就是我们熟知的肥皂。将苯乙烯和丁二烯等不溶于水的单体加入到搅拌的皂液中，依靠皂分子的稳定作用形成单体液滴。这些液滴直径约 1000nm。

虽然这些单体难溶于水，但可在水中扩散到皂胶束并进入富含碳氢化合物的胶束内部。自由基催化剂的加入会在胶束内部引发聚合反应。高分子量聚合物快速形成并终

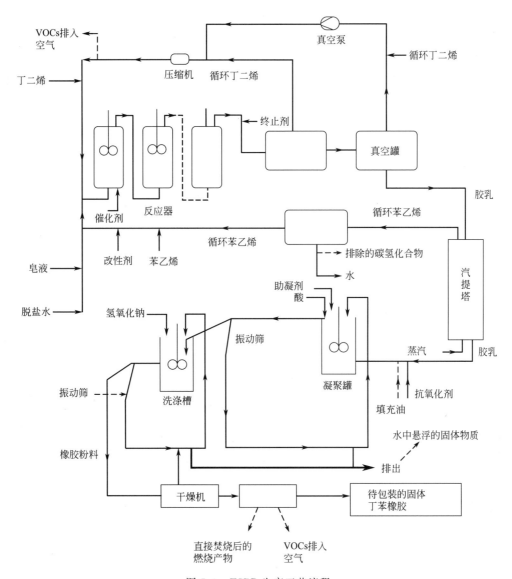

图 7.3　ESBR 生产工艺流程

止。聚合反应在液滴中更多单体的推动下，形成所谓的"增长的胶乳颗粒"。

　　皂分子吸附在这些胶乳颗粒表面使其稳定。随着胶乳颗粒的增长，需要更多的皂分子，依靠非反应的胶束补充。当单体向聚合物的转化率为 10% ～ 20%，皂液浓度降到临界胶束浓度以下时，没有胶束剩余。当转化率大约为 60% 时，单体液滴消失。

　　聚合反应在完全转化前终止，以防止发生长链支化、形成凝胶等不良反应。反应终止通过加入称为"终止剂"的化学物质实现，该物质可快速清除所有自由基。

　　大约十年前，所有 ESBR 工厂为了消除挥发性亚硝酸胺，改进了其生产工艺。这些潜在化学致癌物的浓度为 10^{-9} 量级。这些变化使得工厂不再使用亚硝酸钠和二甲二硫胺甲酸钠，后者是终止剂的一部分。

聚合物分子的分子量通过加入链转移剂或调节剂控制。链转移剂可终止一条正在增长的链，同时引发另一条链增长。加入的调节剂越多，最终产品的分子量越低。

聚合反应在串联的连续搅拌釜反应器（CSTR）中连续进行，反应器在中等压力下操作。之后反应器排出胶乳脱去未反应单体。在闪蒸罐中除去丁二烯，第一级闪蒸在常压条件下，第二级闪蒸（可选）在真空条件下。然后，胶乳进入汽提塔除去苯乙烯。

获得的胶乳含 10^{15} 个颗粒/cm^3，每个颗粒直径约 60nm。固体含量通常约为20%～25%。自20世纪40年代引入氧化还原催化剂体系生产出所谓的"冷丁苯橡胶"以来，乳液聚合的基本技术未发生太大变化。这种氧化还原体系可以在5℃的低温下而不是50℃下（热丁苯橡胶）产生自由基，从而可以更好地控制反应进行，同时也能提高橡胶的混合特性和最终产品性能。

7.2.1 制备橡胶包装

去除单体后的胶乳在凝聚前先与抗氧化剂乳液混合。通过调节胶乳pH值从碱性变为酸性，肥皂转化成有机酸，使胶乳立刻凝聚。有机酸会残留在橡胶中，最终产品中有机酸含量约为5.5%。凝聚通过投加硫酸和助凝剂实现，橡胶呈粉状悬浮在水中。

经清洗除酸后，橡胶粉料悬液流经分离筛，除去其中含有的大部分水，该部分水循环回凝聚单元。湿粉料经脱水器使含水量降至10%，然后输送到干燥器，使含水量进一步降至1.0%以下。干燥粉料用聚乙烯或EVA薄膜包好后自动装箱。

在干燥和包装过程中，需要在橡胶中加入抗氧化剂以使其有足够的存储寿命。通常，抗氧化剂的浓度约为0.5%～2.0%。在正常的存储条件下（干燥、温度温和、避免阳光直射），ESBR在包装完整的情况下至少可存储1年。

7.2.2 油填充

橡胶业另一个重要发展是1951年填充油的发现：在橡胶中加入约28%填充油可大大减小分子量很大的橡胶的黏度。配制的含油乳液与橡胶乳液一起凝固。破乳时，油定量地转移到橡胶中，任何时候都观察不到游离的油。油填充橡胶使高填充化合物很容易混合，同时能够维持最终产品的高性能水平。

7.2.3 ESBR胶乳

一些ESBR工厂也会将胶乳作为成品。这些工厂用于生产低固体含量、小粒径的基础胶乳。出于实用性和经济性的考虑，有必要提高胶乳固体含量。在胶乳中黏度变得太高之前，基础胶乳直接蒸发只能使固体含量升至约50%。该问题可通过一个附聚过程增大颗粒尺寸解决。附聚后胶乳经蒸发可使固体含量提高到60%以上，同时还能保持一个实用的黏度。这些高固体含量胶乳主要用于生产泡沫垫、泡沫枕、泡沫背衬地毯、黏合剂和密封剂等。

　　如果工厂生产 ESBR 作为成品，除了表 7.2 和图 7.3 描述的之外，还可以采用其他技术参数以及工艺进行生产 [27，TWGComments，2004]。

7.2.4　技术参数

表 7.2　ESBR 生产工艺技术参数

产品类型	ESBR
反应器类型	串联连续搅拌釜式反应器
反应器大小	$10\sim40m^3$
反应器个数	高达 15 个
聚合反应压力	高达 0.5MPa
聚合反应温度	5～10℃（50℃时用来生产"热丁苯橡胶"）
乳化剂	各种阴离子表面活性剂，如脂肪酸或松香酸皂，有些厂也用壬基苯酚（见脚注）
调节剂	叔十二烷基硫醇
终止剂	多硫化钠，异丙基羟胺，二乙基羟胺
催化剂/引发剂	过氧化物/铁，"热 SBR"用过氧化盐
最终反应器中固体含量	15%～30%
单体向聚合物转化率	50%～70%
抗氧化剂	对苯二胺衍生物、酚型、亚磷酸盐型
填充油	高芳香族、环烷烃化合物的环保芳烃油（TDAE），浅抽油（MES）
每条反应器生产线的能力	通常为 30000～60000t/a

　　注：壬基苯酚对水生态系统有害。欧洲水框架指令宣布其为"优先危险物质"，即其向水体的排放应于 2015 年前停止。

7.3　现有排放消耗

　　表 7.3 列出的数据基于欧洲六家工厂提供的数据。每一项指标给出的都是排除最大和最小数据后的数值范围。所有数值均指生产每吨产品排放或消耗的量。

表 7.3　ESBR 工厂排放和消耗数据（每吨产品）

指标	单位	最小值	最大值
能量和水消耗			
蒸汽	GJ	3	8
电能	GJ	1	2
水	m^3	5	50

续表

指标	单位	最小值	最大值
向大气排放污染物:总 VOCs	g	170	540
水处理后排放: 　废水量	m³	3	5
允许排放量: 　COD	g/t	150	200
工业废物: 　危险废物	kg	3.0	5.0
非危险废物	kg	0.24	3.6
橡胶废物	kg	1.5	5.2

8

含丁二烯的溶液聚合橡胶

[42，IISRP，2004]

8.1 概　　述

溶液聚合橡胶通常是指丁二烯均聚物或苯乙烯和丁二烯共聚物。由于分子结构不同，可呈现出多种不同特性。然而，它们被归为同一类是因为聚合过程具有一个共同特征，即单体、催化剂和其他组分都溶在一种有机溶剂中。

按市场容量排序，这一类橡胶包括聚丁二烯（或顺丁橡胶，BR）、溶液聚合丁苯橡胶（SSBR）和苯乙烯嵌段共聚物（SBC）。进一步将这类橡胶细分为需要硫化处理的橡胶（BR，SSBR）和非硫化处理的橡胶（SBC）。后者又称热塑性橡胶，因其低于某一温度时呈现出橡胶的性质，而在软化时可以像热塑性塑料一样加工。

表 8.1 是合成橡胶主要类型的产量份额，其中包括 ESBR。

表 8.1　合成橡胶的主要类型及产量份额

ESBR	乳液聚合丁苯橡胶	28%
SSBR	溶液聚合丁苯橡胶	12%
BR	顺丁橡胶（聚丁二烯）	24%
SBC	苯乙烯嵌段共聚物	5%
EPDM	三元乙丙橡胶	9%
IIR	异丁烯-异戊二烯橡胶（丁基/卤化丁基橡胶）	7%

IR	异戊二烯橡胶（聚异戊二烯）	7%
NBR	丁腈橡胶	5%
CR	氯丁橡胶（聚氯丁二烯）	3%

资料来源：2002 年世界橡胶统计，IISRP 休斯敦。

这些橡胶的应用领域如下。

BR 主要用于制造汽车轮胎。它与其他合成橡胶混合使用，可提高轮胎的耐磨性并改善其动态性能。它也用于制造传送带、地板、片板、软管、密封件以及多种其他橡胶制品。除应用于橡胶生产行业外，顺丁橡胶另一大规模应用是作为聚苯乙烯等热塑性塑料的抗冲击改良剂，如生产高抗冲聚苯乙烯（HIPS）和丙烯腈-苯乙烯-丁二烯共聚物（ABS 树脂）。

SSBR 用于制造轮胎，特别用于制造轮胎胎面，使胎面具有很好的防滑性、耐磨性和低阻力。它也被广泛应用于地板、板材及鞋底；某些类型可用于制造黏合剂。

SBC 是一种热塑性橡胶，其合成过程无需硫化处理，广泛应用于制鞋、黏合剂、改性沥青和密封剂等。因其具有热塑性，故可循环利用。SBC 生产的改性沥青具有弹性，可用于屋面覆膜及铺设路面。

溶液聚合橡胶约占合成橡胶生产总量的 42%，全球每年生产 500×10^4 t。

欧洲（包括俄罗斯）有 15 家工厂生产溶液聚合橡胶，额定产能达 130×10^4 t/a。其中 12 家位于 EU-15 国，总额定产能 100×10^4 t/a，占欧洲聚合物工业总产量的 2.3%。欧洲生产厂商的总体情况如表 8.2 所列。

表 8.2　欧洲 15 家溶液聚合橡胶生产厂及其产能

厂家	地址	国家	额定产能/(kt/a)
厂家 A	拉文那	意大利	150
厂家 A	格兰杰默斯	英国	110
厂家 B	多马根	德国	55
厂家 B	杰罗姆港	法国	120
厂家 C	施科保	德国	110
厂家 C	贝尔	法国	65
厂家 D	桑坦德	西班牙	110
厂家 E	安特卫普	比利时	80
厂家 F	贝尔	法国	65
厂家 F	韦塞林格	德国	60
厂家 F	波利斯	荷兰	20
厂家 G	巴桑	法国	75[①]
厂家 H		罗马尼亚	60
厂家 I		俄罗斯	126

厂家	地址	国家	额定产能/(kt/a)
厂家 J		俄罗斯	120
总　量			1326

① 由 IISRP 预计。

资料来源：2002 年世界橡胶统计，IISRP 休斯敦。

溶液聚合橡胶厂需要很容易获得丁二烯、苯乙烯和反应溶剂，因此，这些工厂通常是综合性炼油/化工联合企业的一部分或其附属厂。生产过程中还需要催化剂、调节剂、终止剂、抗氧化剂和填充油等其他多种药剂。

溶液聚合橡胶生产可采用两种催化体系，即齐格勒—纳塔催化剂和基于烷基锂的催化剂。采用第二种催化的工厂通常可根据市场需求量，生产相应数量的 BR、SSBR 和 SBC。这使得很难准确估计每种类型的生产能力。鉴于此，工厂生产能力一般采用溶液聚合橡胶进行表达。

8.1.1 聚丁二烯（顺丁橡胶，BR）

BR 于 1910 年在俄国首次合成，其产量占合成橡胶总量的 24%，排行第二。欧盟国家每年消费量约为 340000t。

BR 作为一种原料（生胶），拥有两大主要市场：橡胶制品行业和塑料生产行业。前者将其与其他类型的橡胶混合，并加入加强填料、油以及硫化药剂，生产橡胶化合物，然后在加热加压条件下成型、硫化、生成成品橡胶。而后者在聚合过程中少量（5%～8%）添加 BR 以提高塑料成品的冲击强度。最广泛生产的材料为高抗冲聚苯乙烯（HIPS）。

约 70% 的 BR 用于制造汽车轮胎，特别是用于生产轮胎侧壁以提高其柔韧性和抗疲劳性，用于生产轮胎胎面以提高其耐磨性。10% 的 BR 用于制造传送带、磨片、地板、软管、密封剂、胶鞋、高尔夫球以及其他多种橡胶制品。

约 20% 的 BR 用于塑料行业。

BR 是一种高性能产品。由于主要用于生产安全性至关重要的产品，其生产质量很高。在其他应用领域，如传送带，人们希望在正常状态下能够多年使用。为了使加工出的产品达到需要的性能，且可采用简便、一致的生产工艺进行加工，橡胶产品生产商和塑料行业对原料提出了非常严格的规格要求。

BR 生产属于资本高度密集型产业，因此，在欧洲从事此行业的人员只有约 650 人；然而多达三十万人从事轮胎、工业橡胶产品及高抗冲塑料制造。

8.1.2 溶液聚合丁苯橡胶（SSBR）

在发现烷基锂聚合催化剂后，SSBR 于 20 世纪 60 年代首次合成。其产量占合成橡胶总产量的 12%（见表 8.1），位列第三。欧盟国家每年消费量为 190000t。

SSBR 可分为两类。

（1）随机共聚物（80%）

随机共聚物市场完全由轮胎行业（95%）主导。这种类型通常含填充油。它们与天然橡胶等其他类型的橡胶混炼，并与加强填料（炭黑和/或二氧化硅）、油以及硫化药剂混合，生成胎面化合物，以改善轮胎防湿滑能力，减小滚动阻力，从而提高燃料效率。

（2）部分嵌段共聚物（20%）

用于橡胶地板、地毯衬底、胶鞋以及其他许多领域，也被广泛用于沥青改性和黏合剂。

SSBR 是一种高性能产品。主要用于生产安全性至关重要的产品，SSBR 的生产质量很高。为了使加工出的产品达到需要的性能，且可采用简便、一致的生产工艺进行加工，橡胶产品生产商和其他应用行业对产品提出了非常严格的规格要求。

SSBR 生产属于资本高度密集型产业，因此，在欧洲从事此行业的人员只有约 500 人；然而多达三十万人从事含 SSBR 产品的制造。

8.1.3　苯乙烯嵌段共聚物（SBC）

20 世纪 60 年代中期，美国开发出了 SBC。它是生产量最大的热塑性弹性体，具有类似橡胶的性质，但可像热塑性塑料一样进行加工。因此，与传统类型的橡胶相比，具有两大优势：不需硫化，废料可以再加工。SBC 占合成橡胶总产量的 5%（见表 8.1）。欧盟国家每年的消费量达 280000t。

SBC 采用阴离子催化聚合技术合成，由结构确定的聚苯乙烯与聚二烯烃嵌块组成。可合成出线型和分支型（星型）两种基本构型。由于聚苯乙烯与聚二烯烃块互不相容，故形成了两相体系。硬的聚苯乙烯主链与聚二烯烃橡胶相连，并形成多功能交连。在低于聚苯乙烯的玻璃化转变温度时，SBC 表现出硫化橡胶的性质；高于该温度时，表现出热塑性塑料的性质。

SBC 主要有以下三种类型：

- 苯乙烯-丁二烯-苯乙烯（SBS）嵌段共聚物（80%）；
- 苯乙烯-异戊二烯-苯乙烯（SIS）嵌段共聚物（11%）；
- 氢化型的（SBS）和（SIS）（9%），即苯乙烯-乙烯-丁烯-苯乙烯（SEBS）或苯乙烯-乙烯-丙烯-苯乙烯（SEPS）。

通常，SBCs 化合物在单螺杆或双螺杆挤出机内连续混合。SBCs 以粒状或粉末状形式运输。干燥的化合物预混后送至挤出机，并在机内充分搅拌，实现组分的均一化。SBCs 在挤出机内与聚苯乙烯等热塑性塑料以及黏土、白粉等无机填料混炼。如果需要，化合物可用石蜡油或环烷基油增塑溶解。有些类型的 SBC 以填充油的形式供给。一般情况下，氢化型的 SBC 具有耐臭氧性及耐环境性。

SBCs 用于生产屋面防水和道路铺设所需的改性沥青（43%）、鞋类（43%）、黏合剂（11%）及大量工业制品（3%）。

一般情况下，在需要最高水平的物理特性时，热塑性弹性体无法与硫化橡胶竞争。SBC 的最大操作温度相对较低，约 70℃。尽管如此，它仍然拥有相当大的市场渗透率。

8.2 应用性工艺技术

溶液聚合橡胶厂通常是化工生产区的一部分，由生产区为该厂提供所需的原料（溶剂和单体）、电力、蒸汽、工艺用水，并回收溶剂用于提纯或焚烧。然而有些工厂自己生产蒸汽和工艺用水，并外购单体和溶剂。

通常，溶液聚合二烯橡胶生产工艺可分为以下工艺步骤：

- 单体和溶剂的纯化；
- 聚合；
- 氢化（如果适用）；
- 混炼工段；
- 溶剂去除与产品分离；
- 包装。

所用化学品包括以下几种：

- 单体（苯乙烯、丁二烯和异戊二烯）；
- 催化剂（通常是 *n*-或 *s*-丁基锂或基于钕、钛和钴等过渡金属元素的齐格勒-纳塔催化剂）；
- 溶剂（常见溶剂包括环己烷、己烷、庚烷、甲苯、环戊烷、异戊烷或它们的混合物）。

过程中添加剂，如偶联剂、结构改性剂、填充油、终止剂及产品稳定剂。

溶液聚合橡胶厂的通用工艺流程如图 8.1 所示。每个工艺步骤的通用描述如下。

VOCs 主要排放自整理工段，但扩散性（逸散性）排放存在于工艺的所有工段。如果适用，在聚合和混炼工段之间可增加单独的氢化工段。

8.2.1 纯化工段

溶液聚合过程通常包含一个阴离子催化聚合过程。催化剂对反应进料中的极性杂质，特别是水，高度敏感。因此，溶剂和单体中不能含有这种毒害催化剂的杂质。即使不太敏感的齐格勒-纳塔型催化剂，在反应前也要对原料进一步纯化。

通常，原料纯化采用连续运行模式。循环和补充的溶剂通过分子筛床纯化，或采用成套氧化铝塔或精馏塔。

单体通常进行连续纯化以去除水和氧气等链终止剂、叔丁基邻苯二酚和极性化合物等稳定剂。该过程一般采用氧化铝床或精馏塔完成。

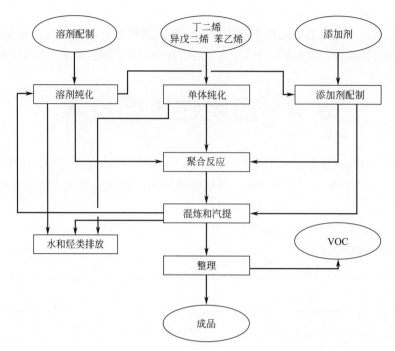

图 8.1　溶液聚合工艺流程

8.2.2　聚合工段

根据具体生产工艺（详见 8.2 部分），聚合反应既可采用连续聚合模式，也可采用间歇聚合模式。反应器内首先加入溶剂和催化剂。根据目标聚合物，同时或顺序加入单体。生产随机共聚物时，还需要加入结构调节剂，通常是一种醚。这类化学物质有利于提高丁二烯的 1,2-加成聚合量，即增加聚合物中的乙烯基含量。

部分反应热可通过冷却盘管、冷却夹套、泵循环回路的热交换器移除，或通过冷凝蒸发溶剂的方法移除。如果反应热不能有效移除，反应要在绝热条件下进行。反应可在单个反应器中进行，但大多数情况下在多个串联反应器中进行。根据目标分子，加入一种偶联剂，在缺乏偶联剂的情况下，加入一种极性化合物以除去任何活性物质。

为了合成目标聚合链并保证生产过程安全，必须将单体投加量（单体占溶剂的比率）与温度和压力很好地控制在一定范围内。很多情况下，聚合反应器配有所谓的"终止系统"以防局势失控。该系统可应急投加一种极性组分，该极性组分可与活性组分发生化学反应，使反应终止。在某些情况下，反应器卸料至混合罐时需添加稳定剂（氢化级 SBC 不添加）。

8.2.3　氢化工段

为了生产氢化溶液聚合橡胶，将聚合物溶液加入能够在高温高压条件下运行的反应器，以获得较高的氢化速率。反应一般采用间歇、半连续或连续方式运行，通常采用含钛或含镍催化剂，有时与烷基铝、催化剂组合使用。

8.2.4 混炼工段

聚合溶液随后进入由大小不同的储罐组成的混炼工段。依照工厂具体的混炼操作规程进行分批混炼。很显然，为检验各批产品是否达到规格要求，该工段需要对混炼产物进行分析。稳定剂和填充油等产品添加剂也可在此工段添加。

8.2.5 溶剂去除与回收工段

从橡胶溶液中去除溶剂主要有 2 种技术：

- 蒸汽汽提；
- 脱挥挤出。

选择蒸汽汽提技术还是脱挥挤出技术去除溶剂，主要取决于橡胶的性质以及用户的加工要求。例如，有些目标应用领域需要一种多孔膨胀型的胶粒（只能通过蒸汽汽提和机械干燥生产），而其他应用需要一种密实颗粒，或打包产品。

8.2.5.1 蒸汽汽提技术

在橡胶溶液从混炼罐转移进入蒸汽汽提设备过程中，有些情况下会添加填充油，并通过管路混合器混合。蒸汽汽提工段通常由 2～3 个带搅拌的蒸汽蒸馏接触罐串联而成。在第一级汽提，橡胶溶液通过几个喷嘴喷进搅拌罐，生成橡胶粉末，从而便于去除溶剂。为了控制胶粒的大小，防止胶粒粘到器壁及胶粒间互相黏结，可以在汽提水相中加入一种阴离子表面活性剂和一种可溶性无机盐。为了提高下游干燥工段的干燥能力，有时通过加入酸（如硫酸）和/或碱（如苛性钠）控制 pH 值。

在第一级汽提，溶剂含量由 85％～70％减到 10％（质量分数）以下。为降低能耗，第一级汽提的温度宜选择为溶剂气化而夹带水量最少的温度。通入第一级汽提的蒸汽通常是新鲜蒸汽和下游汽提产生的含溶剂蒸汽的组合。第一级汽提的溶剂蒸发过程由热力学控制。

第一级汽提蒸出的溶剂和蒸汽的混合蒸汽，冷凝后在倾析器回收，并实现水和溶剂的分离。溶剂被循环回湿溶剂储罐以备再利用，而水相则循环回汽提塔。倾析过程通过基于水和溶剂密度差的界面探测系统来控制。

第二级汽提，通入新鲜蒸汽以将橡胶颗粒中的溶剂含量进一步降至 0.3％～0.5％。溶剂去除过程由扩散控制。因此，为加快扩散过程，第二级汽提温度通常比第一级高 20℃。

在某些情况下，在前两级汽提之后串联第三级汽提，以进一步去除残留溶剂。

在汽提之后设有料浆罐，作为上游汽提工段（连续操作）和下游干燥/包装工段的缓冲，以防止因下游干燥工段短时（＜30min）停止造成汽提工段停车。料浆罐内胶粒浓度一般为5％～10％（质量分数）。料浆罐内产生的蒸汽来自第二（三）级汽提料浆的闪蒸作用。蒸汽可经冷凝后循环回倾析器，也可通过蒸汽喷嘴喷入第二（三）级汽提。

8.2.5.2 脱挥挤出技术

另一种去除溶剂的方法是脱挥挤出技术。该技术适用于高熔融指数、易黏结、或易造粒的橡胶。颗粒状产品自由流动性好，不易粘连用户加工设备，具有易于采用气动和/或自动固体物料操作系统加工的优点。

橡胶溶液离开混炼罐后，首先通过预浓缩器进行预浓缩，通常使胶粒含量从15％～30％升至50％～85％（质量分数）。预浓缩过程可过预热后闪蒸罐闪蒸再对溶剂蒸汽进行冷凝实现，也可通过机械预浓缩器实现（如刮膜蒸发器）。

浓缩后的橡胶溶液通过带排气口的挤出机进一步处理，以去除残留溶剂。挤压机机筒通过热油或蒸汽夹套加热。溶剂气化所需的部分能量来自挤出机的"加热区"。这些区域配备了反向旋转螺杆元件，从而产生额外的摩擦。这些区域也用一种聚合物密封垫隔离不同的挤出机排气口，从而有利于蒸汽压逐渐降低。当橡胶流过挤出机螺杆时，压力降低，溶剂逐渐被去除。

为防止胶粒在后续造粒或存储过程中相互黏结，在挤出机熔化的橡胶中需加入某种添加剂（如蜡）。

在挤出机末端，橡胶通过一种成型板挤出成型造粒。胶粒用喷淋水冷却，或采用水下造粒机。这样可以防止胶粒之间的黏结。

通常，胶粒残留溶剂小于0.3％（质量分数）。来自挤出机排气口穹顶的溶剂蒸气被压缩和冷凝。排气口穹顶在大气压（第一排气口）到低于6000Pa（最后排气口）之间运行。

胶粒经旋转干燥机干燥后，包装或暂时存储于筒仓。

8.2.5.3 蒸汽汽提橡胶中水分的去除

离开胶粒料浆罐后，可用多种方法分离胶粒中的水分。通常，首先采用带穿孔机筒的挤出机对胶粒料浆进行挤压脱水处理，接着在另一挤压机进行机械加热和闪蒸干燥，最后采用热空气干燥，并在振动带上或螺旋提升机中冷却。

通常，经干燥处理后胶粒挥发物含量降至1％（质量分数）以下。包装前需在粉状或粒状产品中添加一种防粘连剂，以防止橡胶在存储过程中黏结。该过程可通过机械共混来实现。大包橡胶在包装前先用聚乙烯薄膜包裹。

8.2.5.4 包装

包装方式的选择取决于最终橡胶产品的形式及用户的加工设施：包括大包装箱、粉料装箱、粉粒托盘纸袋包装、粉料大袋包装、胶粒装箱或胶粒散装等。

对于该部分工艺，没有最好的生产技术，应根据特定橡胶的最终应用组合具体确定。

8.2.6 典型溶液聚合橡胶厂的技术参数

典型溶液聚合橡胶厂的技术参数如表8.3所列。

表8.3 典型溶液聚合橡胶厂的技术参数

工厂类型	顺丁橡胶厂	溶液聚合丁苯橡胶厂	苯乙烯嵌段共聚物生产厂
产品类型	高顺式聚丁二烯,低顺式聚丁二烯	SSBR,根据所需产品性能间歇或连续生产	苯乙烯丁二烯和苯乙烯异戊二烯热塑性橡胶
反应器的类型及规模	连续搅拌釜反应器串联,10~100m³	连续搅拌釜反应器串联,或间歇反应器,10~100m³	间歇反应器或连续搅拌釜反应器串联,10~50m³
单体投加	丁二烯	同时投加苯乙烯和丁二烯	顺序投加
所使用反应器的数目	多达10个	多达10个,取决于采用的工艺	多达5个
聚合压力	高达5bar	高达5bar	高达5bar
聚合温度和温度控制系统	30~100℃;外部蒸发器,冷却盘管,绝热	30~100℃;基于外部蒸发器的控制系统,冷却盘管,绝热	30~120℃,40~90℃外部蒸发器,冷却盘管,绝热
催化剂/引发剂	取决于采用的生产工艺,基于钛、钕、钴的齐格勒-纳塔催化剂,或n-丁基锂等阴离子引发剂	各种阴离子引发剂(通常为n-丁基锂)	通常为n-丁基锂或s-丁基锂等阴离子引发剂
结构调节剂	不使用调节剂	各种醚类,如THF、TMEDA	各种醚类,如THF、TMEDA
终止剂	水和/或脂肪酸	水和/或脂肪酸	水、脂肪酸、醇、酚
单体转化为聚合物的转化率	95%~99%	95%~99%	95%~99%
抗氧化剂	对苯二胺的衍生物、酚类、亚磷酸类	对苯二胺的衍生物、酚类、亚磷酸类	酚类、亚磷酸类
填充油	高芳香烃环保芳烃油(TDAE),浅抽油(MES)	高芳香烃环保芳烃油(TDAE),浅抽油(MES)	石蜡和环烷油
每条生产线的生产能力	通常为30000t/a	通常为30000t/a	通常为30000t/a

注:1bar=10^5Pa。

8.3 现有排放消耗

表8.4所列的数据来自于欧盟16家工厂,并给出了实际的排放水平。每家生产厂都满足当地的排放许可。

表 8.4 欧盟 16 家工厂的排放与消耗水平（每吨产品）

生产每吨橡胶产品的数据	最小值	最大值
能量和水的消耗： 蒸汽/GJ	9.0	21.6
电能/GJ	1.3	2.7
总排水量/m³	5.8	21.3
工艺用水/m³	0.05	7.0
排放到大气的总 VOCs/kg	0.31	30.3
水处理后排放 COD 量/kg	0.43	1.25
废料输出量：橡胶废物/kg	1.2	5.8

9 聚酰胺

[4，APME，2004，16，Stuttgart-University，2000]

9.1 概　　述

聚酰胺在化学上是以氨基和羧基反应所生成酰胺基（—NH—CO—）为重复功能单元的高分子化合物，酰胺基赋予最终产品特殊的化学特性。线型聚酰胺，俗称尼龙（最初杜邦公司的商标名），是该类聚合物中最常见的一种。

一般来说，酰胺基有两种不同的制备方法。因此，线型聚酰胺分为两类。

（1）AB 型

这种类型通过内酰胺或 ω-氨基酸聚合而成。其中，A 代表氨基，B 代表羧基，而它们都来自同一单体分子。该类型最重要的产品是聚酰胺 6（PA6），其中，"6"表示最初单体所含碳原子的数目。此处为 ε-己内酰胺。这种类型的其他聚酰胺还包括聚酰胺 11 和聚酰胺 12。如图 9.1 所示，基本反应包括 ε-己内酰胺的开环和加成聚合反应。

（2）AA-BB 型

AA-BB 型聚酰胺是由二胺（AA）和二羧酸（BB）聚合而成。PA66 是该类聚合物中产量最大的一种产品。其中，"66"表示两个氨基之间的 6 个碳原子和两个羧基之间的 6 个碳原子。1,6-己二胺和己二酸的基本反应如图 9.2 所示。

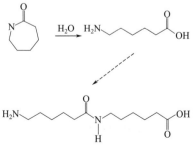

图 9.1　AB 型聚酰胺合成的基本反应

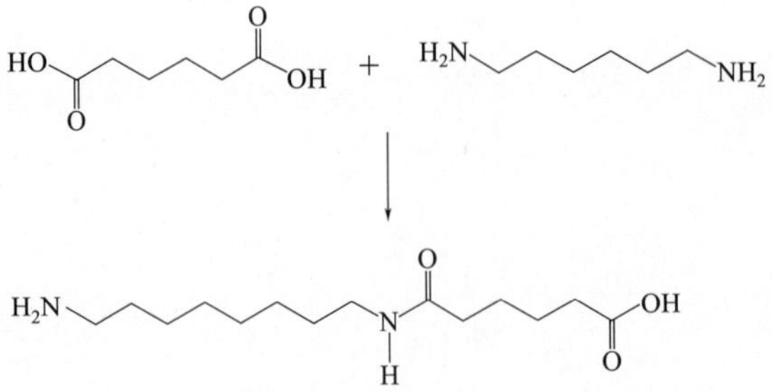

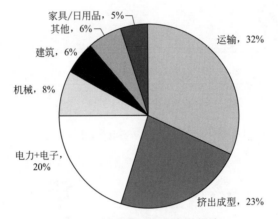

图 9.2 合成 AA-BB 型聚酰胺的基本反应

尼龙是第一种人工合成半结晶塑料，第一种合成纤维和第一种工程塑料。目前，聚酰胺已广泛应用于不同领域，最重要的应用领域如图 9.3 所示。

图 9.3 聚酰胺的主要应用领域

聚酰胺很容易模压成型。它们脆而硬，耐磨损，耐收缩和耐热。某些聚酰胺特别柔软而且耐冲击。聚酰胺耐碱、石油产品和有机溶剂。热苯酚、甲醛、紫外光以及无机酸可以破坏聚酰胺。大多数聚酰胺在发生火灾时具有自熄性。

据报道，在西欧有 7 家聚酰胺生产厂，2002 年生产聚酰胺 1399kt，2000～2002 年间的产量如表 9.1 所列。

表 9.1 2000～2002 年间西欧聚酰胺产量

年份/年	2000	2001	2002
产量/kt	1369	1307	1399

9.2 聚酰胺生产工艺技术

9.2.1 聚酰胺 6

PA6 因生产原料（己内酰胺）容易获得，且应用领域广，生产、运输和循环利用简单，经济可行，因此是聚酰胺中使用量最大的一种。

9.2.1.1 基本工艺

PA6 可通过间歇聚合和连续聚合两种方式生产。间歇聚合主要用于在较大分子量范围内改变聚合物结构的生产，产品多为复合级。连续聚合反应器——VK 塔（Vereinfacht Kontinuierlich）产品组合较少但产量较高，用于生产纺织品或工业纤维。连续聚合工艺一般采用一个反应器或两个反应器串联。

生产 PA6 的主要工艺步骤如下。

（1）聚合

己内酰胺分子环在水中打开（水解作用），线型分子连接在一起（加成聚合）形成大分子链，大分子链长度取决于链终止剂（如醋酸）的添加。

（2）切割

聚合物熔融体经板孔（喷丝头）挤出，成为圆柱形细粒（切片）。

（3）萃取

根据聚合反应达到的平衡状态，己内酰胺生成 PA6 的转化率为 $89\% \sim 90\%$，剩余为单体或环状低聚物。这些低聚物须用热水萃取，即用脱盐水逆流冲洗聚合物切片。

（4）干燥

萃取结束时，聚合物切片所含的水（含水率 $12\% \sim 13\%$）通过热氮气去除。因为 PA6 对氧气很敏感，因此，采用高纯氮气。

（5）萃取水的处理

萃取水从聚合产物中脱除的己内酰胺和低聚物，经足够大的换热器（浓缩塔）蒸发水浓缩，一般可回用到生产工艺。萃取水也可通过传统的解聚作用和内酰胺精馏技术处理。

9.2.1.2 PA6 的连续聚合

原料（己内酰胺、脱盐水、黏度调节剂和乳化剂）混合后连续送入反应釜（聚合塔）顶部。

反应时间 $15 \sim 20h$，反应温度低于 300℃。通过导热油（传热介质）加热反应器使反应温度维持稳定。己内酰胺溶液向下通过反应釜进入其下部，在此过程中接触到不同温度的区域，温度升高并聚合生成 PA6。聚酰胺从反应底部喷丝头喷出，立即冷却并用切割机切成颗粒。冷却过程中产生的烟雾经收集送至处理厂。

由于只有部分己内酰胺聚合为聚酰胺，故颗粒需在萃取器内用脱盐水进行逆流清洗。清洗后，脱盐水中含有高浓度己内酰胺，因此，将其送至浓缩处理工段回收己内酰胺和脱盐水，以回用于生产工艺。

清洗后的颗粒送入最后一级反应釜，并用热氮气流进行干燥处理。最后，干燥颗粒经气流输送至存储筒仓。

连续聚合工艺的简易流程如图 9.4 所示。

9.2.1.3 PA6 的间歇聚合

在均化器内将原料（己内酰胺、去离子水等）进行混合。然后，混合原料被输送

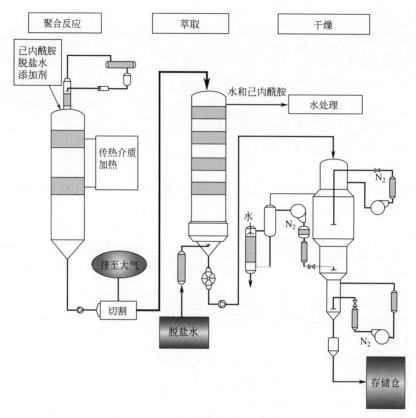

图 9.4 PA6 的连续聚合生产工艺流程

到高压反应釜内，调节反应釜内温度（250～270℃）和压力以获得所需规格的聚合物。

当产品符合规格要求时，反应停止。氮气通入反应釜内，聚合物转移到挤出罐，融化的聚合物经喷丝头挤出成束，水浴冷却并切成颗粒。

在此阶段产生的烟雾被收集送至适当的处理装置。

由于只有部分己内酰胺聚合为聚酰胺，故颗粒需在萃取器内用脱盐水逆流清洗。清洗后，脱盐水中含有高浓度的己内酰胺，因此，将其送至浓缩处理工段回收己内酰胺和脱盐水，以回用于生产工艺。

清洗后的颗粒送入最后一级反应器，用热氮气流进行干燥处理。最后，干燥颗粒经气流输送至存储筒仓。

间歇聚合工艺的简易流程如图 9.5 所示。

9.2.2 聚酰胺 66

9.2.2.1 基本工艺

尽管其他类型的聚酰胺在世界市场的特殊领域也已占有一席之地，PA6 和 PA66 仍

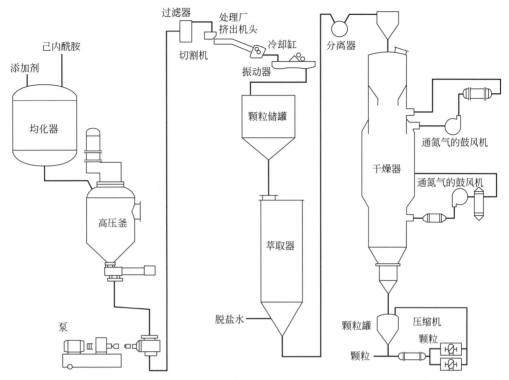

图 9.5　PA6 的间歇聚合工艺流程

然超过世界聚酰胺产量的 90％。

生产 PA66 的主要原料是由 1,6-己二胺和 1,6-己二羧酸（己二酸）反应生成的一种有机盐水溶液，该有机盐也称为 AH 盐、66 盐或尼龙盐。

尼龙盐被配成浓度为 52％～53％的均匀溶液。该产品其对氧气很敏感，通常在氮气储罐中保存。

PA66 由尼龙盐单体在水溶液中聚合而成。可以制得不同级别的聚合物，其特性取决于后续加工要求（纺丝、复合等），以及最终产品的特定应用。含有 PA66 的产品群包括纺织品、地毯、工业纤维、工程树脂等。

通常，PA66 可采用两种不同的工艺生产。

- 连续聚合。
- 间歇聚合。

为获得高分子量聚合物，还需增加如下步骤。

- 固态后聚合。

9.2.2.2　PA66 的连续聚合

尼龙盐溶液恒流送入反应釜，并经过后续一系列工艺步骤，连续转化为 PA66。连续聚合工艺更适合大量生产同类型聚合物，如标准 PA66（中等黏度型），或用于纺纱的 PA66。采用与聚合装置直接相连的连续熔化纺丝装置可获得聚酰胺长丝。

存储罐内浓度 52%、温度 65℃的尼龙盐溶液首先一步浓缩，通过将溶液加热至 110℃，蒸发部分水而将盐浓度提高至 72%。浓缩器排出的水蒸气进行冷凝，冷凝水收集到一个储罐中。

盐溶液通过一系列预热器使其温度提高至 212℃，然后进入聚合反应器。聚合反应器是一种管道，工作压力约为 18 个大气压，内部分成不同的区域（通常为 3 个），加热到不同的温度，从 212~250℃不等。

通过反应管道的过程中，两种单体组分发生缩合反应，尼龙盐溶液逐渐转化为 PA66 和水。为了提高预聚物的转化率，水以蒸汽的形式从反应器中去除，导致一部分己二胺汽提去除，需进一步添加补充。

脱水过程和聚合程度通过一组温度和压力参数控制。在反应器出口，聚合物溶液在闪蒸器内降压，温度升至 280℃而压力减到 1 个大气压。产生的蒸汽在旋风分离器或其他适当装置中与聚合物分离，并用冷却水冷凝。

熔化的聚合物流经整理器，当整理器内温度为 285℃时，残留的水分被去除，获得合适的聚酰胺平均分子量，并获得所需的最终黏度。

在无法直接纺成长丝的地方，聚合物经喷丝头挤出成条，立即用水冷却并用切割机切成颗粒。聚合物湿颗粒被收集于中间存贮器内，然后送至干燥工段用氮气流干燥。干燥后的颗粒用气流传输装置送至存储筒仓。

在聚合工艺不同工段产生的所有凝结水都被收集到一个存储罐，然后转移到主废水收集罐。冷凝液储罐的通风孔都与主通风孔收集器相连。收集器废气经洗涤器水洗处理后排入大气。

聚合过程（见图 9.7）之前的盐溶液浓缩过程简易流程如图 9.6 所示。

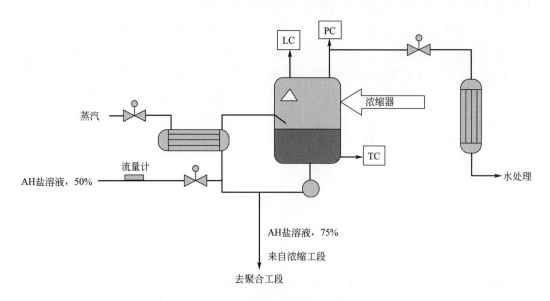

图 9.6　生产 PA66 的盐溶液浓缩过程简易流程
LC—液位控制；PC—压力控制；TC—温度控制

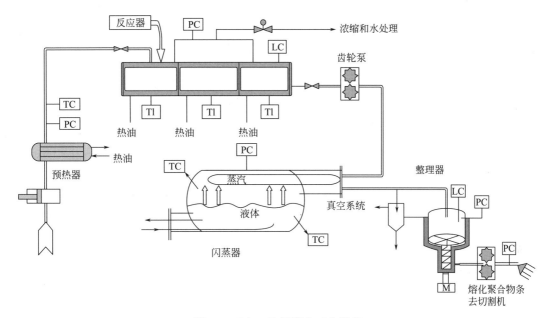

图 9.7　PA66 连续聚合工艺流程

LC—液位控制；PC—压力控制；TC—温度控制；Tl=绝热

9.2.2.3　PA66 的间歇聚合

PA66 的间歇聚合在高压反应釜中进行，反应釜分阶段循环操作，为了使单体逐渐转化成聚合物，温度逐渐升高，时间和压力参数需仔细调节。装置设计时，通过优化不同高压釜的顺序，保持更好的生产连续性。每批操作生产的产品产量少而反应工艺的灵活性更高，使得间歇聚合更适合特种聚酰胺的生产。间歇聚合也适合用己内酰胺和尼龙盐为原料生产 PA66 与 PA6 的共聚物。

间歇聚合 PA66 的主要原料为浓度 52%～53% 的尼龙盐水溶液。根据工艺类型以及最终聚合物的特性要求，在聚合反应开始前需加入一定量的其他化学物质和添加剂（包括消泡剂、分子量调节剂、润滑剂、消光剂等）。选用添加剂的性质和数量取决于最终 PA66 的用途，特别是分子量调节剂（一元羧酸），可直接影响聚合物最终黏度的持久性。

间歇聚合在高压釜中进行。来自储存罐的尼龙盐溶液在釜内进行不同温度和压力的处理。操作循环的顺序如下：首先，蒸发溶液中的部分水分（如使浓度达到 70%）；然后持续加热，使温度缓慢上升，压力同时上升，在此条件下，缩聚反应开始；为使反应持续进行，通过一个稳压控制阀将水分以蒸汽的形式从反应器中放出。当反应物料温度达 275 ℃左右时，釜内压力逐渐降至大气压。压力下降速率是一个至关重要的参数，完全由专用软件控制。

在整理阶段，通过将聚合物在一种稳定条件维持一个整理时间，使聚酰胺最终达到需要的黏度。根据反应工艺和是否使用催化剂，整理阶段反应釜内压力略高于大气压或处于真空状态。然后，釜内加压，使熔化聚合物经喷丝口挤出成丝，立即在水中冷却，并切成颗粒。

在现代工厂中，全套生产线及循环操作的所有工艺参数均由 DCS（distributed control system）进行监测和控制。

聚合物颗粒从水中分离后暂时存储，然后根据聚合物类型用气流传输装置输送到不同的后处理工段。后处理包括将 PA66 干燥到特定的最终湿度，以及在固态下进行后聚合。固态后聚合可用于提高聚合物的平均分子量以生产具有特殊用途的高黏度 PA66。两种后处理既可采用间歇聚合方式，也可采用连续聚合方式，但在所有情况下，必须排除氧气以避免聚合物降解。在连续处理过程中，可以用氮气为载体带走产生的少量水分，来代替真空。

最后用气流传输装置将不同级别的 PA66 颗粒送至存储筒仓。

聚合过程中所有从高压釜中排出的水蒸气冷凝后收集于一个储罐，然后输送到废水主储罐均化，最后输送至废水处理系统处理。

在高压釜装料、用氮气吹洗以及减压过程中，不可避免都会产生气体排放物。这些排放物与工艺水冷凝系统排气以及车间其他指定地点的抽气口排气，经洗涤器联合清洗后，通过一个烟囱排放至大气。

利用新鲜水置换部分洗涤水循环回路中的水，使洗涤水中的污染物保持在一个可控浓度。排放洗涤废水汇入废水主流。

该工艺的简易流程如图 9.8 所示。

9.2.3 纺纱技术

9.2.3.1 基本工艺

聚酰胺主要用途为生产不同用途的纱线和纤维。

- 纺织纤维，用于纺织行业的连续纤维。
- 工业纤维，用于技术应用领域的连续纤维。
- 短纤维，用于纺织地板和服装。
- 膨体连续长丝纤维（BCF 纤维），用于纺织地板。

聚酰胺纺纱的主要步骤如下。

（1）存储和后聚合

聚酰胺颗粒必须存储在惰性气体环境内，即用高纯度氮气惰性化后的筒仓内。聚合工艺生成的 PA6 可直接用于纺丝工艺，而 PA66 通常需要根据最终产品要求干燥以使其黏度提高 10%～20%（高韧性丝需要的高黏度）。

（2）纺丝

聚酰胺颗粒在专用设备中 300℃左右温度下熔化，然后经过一根加热保温的管道送至纺丝头，熔化纺丝变成纱线。每条纱线由产生于同一喷丝头数目不等的长丝组成，这

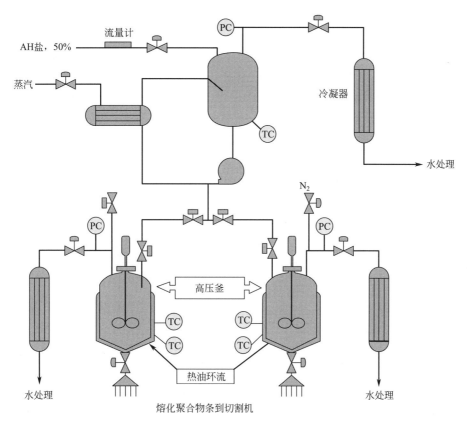

图 9.8　PA66 间歇缩聚的工艺流程

PC—压力控制；TC—温度控制

使得终产品具有特定的性质。

纱线的尺寸通常用但尼尔（9000m 纱线的克数）计量，低但尼尔（＜100）纱线通常为纺织纱线，高但尼尔（可达几千）纱线通常为 BCF 和工业用纱线。

（3）拉伸和缠绕

用调节的空气冷却后，纱线需经不同的处理以达到所要求的规格。

- 通用压缩空气缠绕每束单纱线的长丝。
- 用化学药剂整理使其具有防静电和抗菌性能。
- 热机械拉伸/变形/热固定处理以达到必要的机械性能。

纱线通常绕在线轴上，也可切割并包装成捆（短纤维）。

9.2.3.2　纺织纱线加工

聚酰胺纤维由颗粒状（或切片）供应的聚合物经熔化和纺纱而成。

聚酰胺颗粒进入搅拌机（挤出机）并在其中熔化。在某些工艺中，聚合物熔体直接来自聚合工段（直接纺纱），或者来自后聚合工段，如 PA66。

聚酰胺通过加热管道用泵输送至喷丝头，经喷丝头纺成纱线；喷丝头每根细管的流量由计量泵控制。细丝立即在空气中冷却并聚集在一起形成一股或多股丝条。冷却过程中产生的烟被收集起来并送到处理厂。

丝条通过压缩空气缠绕在一起形成纱线，然后加入专用药剂进行润滑处理（纺丝油剂），使纱线获得所需的物理性能。本工段会产生一些废水和烟气，被送往处理厂。

最后，纱线在专用设备（卷绕机）上高速（高达6000m/min）缠绕，生成重达10～20kg的线轴。某些专用技术（FOY，FDY）缠绕纱线前需要在合适的滚筒上对纱线进行拉伸处理。

然后将线轴进行分类并装箱打包或者在运货板上成行包裹。

所有加工区域均需进行空气调节。

该工艺的简易流程如图9.9所示。

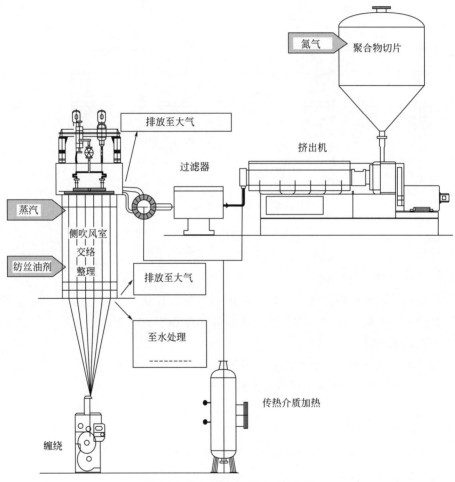

图9.9　纺织纱线的纺丝工艺流程

9.2.3.3　工业用纱线加工

工业用纱线生产的主要不同在于，纱线缠绕前存在使纱线具有高韧性所必需的多重拉伸过程。聚合物熔化及纺丝过程与上述纺织纱线的过程相同。

然后，纱线在四辊轧机上（导丝辊）拉伸；热导丝辊会产生一些烟气，需收集后送到处理厂。

最后，纱线在专用设备（卷绕机）上高速缠绕，生成线轴。然后将线轴分类并装箱打包或在运货板上成行包裹。

所有加工区域均需进行空气调节。

工业用纱线加工工艺的简易流程如图 9.10 所示。

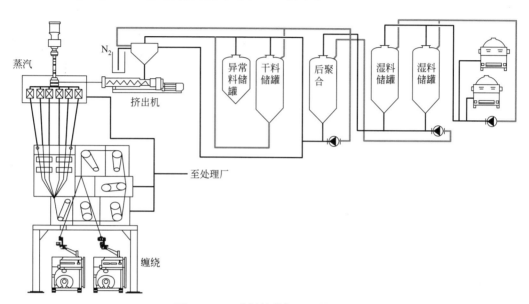

图 9.10　工业用纱线加工工艺流程

9.2.3.4　短纤维加工

熔化和纺丝工段实际上与纺织纱线相同。

将纺丝油剂加入到纺丝卷绕设备里，然后原丝经过转向辊汇成一个丝束。牵引机单元将丝束送至夹丝轮单元，将丝束装入盛丝桶内，然后置于纱架下。

一定数量盛丝桶内的丝束合并后被送至一系列装有热或冷的导丝辊的拉伸设备。在两个拉伸设备之间，对丝束进行蒸汽加热。

然后，将丝束进行机械卷曲和热定型。热定型机产生的烟雾经收集后送至合适的处理厂。

最后，丝束经上油整理后用旋转切割机切割。切割后的纤维进入收集通道，通过机械或气流方式传送至打包机。

短纤维加工工艺的流程如图 9.11 所示。

9.2.3.5　BCF 纱线加工

最初的 BCF（膨体连续长丝）为纺丝、拉伸和变形过程在同一步骤中连续完成所得到的纱线。最终产品呈膨大状，因此称为膨体连续长丝。

聚合物熔化及纺丝过程与上述纺织纱线的过程相同。

最后，纱线在专用设备（卷绕机）上高速缠绕，生成线轴。然后将线轴分类并装箱

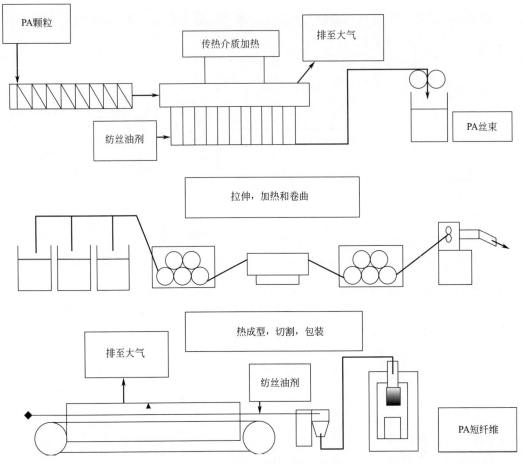

图 9.11　人造短纤维加工工艺流程

打包或在运货板上成行包裹。

　　所有加工区域均需进行空气调节。

　　BCF 纱线加工工艺的简易流程如图 9.12 所示。

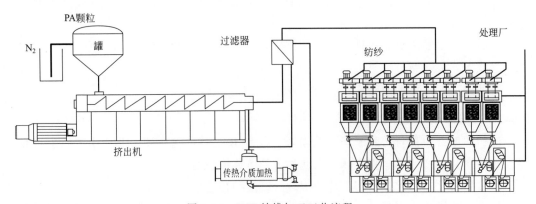

图 9.12　BCF 纱线加工工艺流程

9.3 现有排放消耗

[4，APME，2004]，[28，Italy，2004]

9.3.1 聚酰胺生产

聚酰胺生产工艺中的排放及消耗情况如表9.2、表9.3～表9.6所列。

表9.2 聚酰胺生产工艺的排放和消耗指标 [28，Italy，2004]

	项目		PA6				PA66			
			连续工艺		间歇工艺		连续工艺		间歇工艺	
			最小值	最大值	最小值	最大值	最小值	最大值	最小值	最大值
消耗量	总能量	MJ/t	6500	7000	9500	10000	5700	7500	5050	7250
	水	t/t	19	25	7	7	130	150	140	160
	己内酰胺	t/t	1	1	1					
	尼龙盐	t/t					1.162	1.163	1.165	1.167
排放物	排放到空气的己内酰胺	g/t	6	10	10	20				
	排放到空气的VOCs	g/t					10	30	15	40
	传热介质	g/t	30	35	0	0				
	进入WWT之前的COD	g/t	4300	5700	5000	6000	4500	6000	5300	7300
废物	废聚合物	kg/t	0	0	5	5	0	0.1	0	0.2
	危险废物	kg/t	0.2	0.5	0	0	0.2	0.5	0.2	0.5
	其他废物	kg/t	3	3.5	15	20	3	3.5	15	20
噪声	厂内噪声	dB					60	65	60	65
	厂界噪声	dB		65	50	60	50	55	50	55

表9.3 PA6连续聚合工艺的排放和消耗数据 [4，APME，2004]

项目		单位	变化范围	备注
消耗量	总能量	MJ/t	6500～7000	
	水	m³/t	11.6～25	主要用于冷却
	己内酰胺	t/t	1～1.15	下限值对应于直接回收
排放到水中	COD	g/t	4300～9982	上限值是由于包含VOCs减排废水
	己内酰胺	g/t	6～10	下限值对应于COD的上限值
排放到空气	传热介质	g/t	30～35	按质量守恒计算
废物产生量	废聚合物	kg/t	0	在工艺中循环利用
	其他废物	kg/t	3.0～3.5	
	危险废物	kg/t	0.2～0.55	来自于设备维护
噪声		dB	59.9～65	厂界噪声

表 9.4　PA6 间歇聚合工艺的排放和消耗 [4，APME，2004]

	项目	单位	变化范围	备注
消耗量	总能量	MJ/t	4500～13500	变化范围由特殊产品和反应器引起
	水	m³/t	2.6～32.4	主要用于冷却
	己内酰胺	t/t	1～1.13	下限值对应于直接回收
排放到水中	COD	g/t	483～7600	上限值是由于包含 VOCs 减排废水
	己内酰胺	g/t	0.068～49.8	下限值对应于 COD 上限值
排放到空气	VOCs	g/t	0.23～95.6	下限值对应于 COD 的上限值
	粉尘和气溶胶	g/t		已在 VOCs 中部分考虑
	传热介质	g/t	0	测定值
废物产生量	废聚合物	kg/t	5～6	循环利用
	其他废物	kg/t	7～34.7	
	危险废物	kg/t	0～1.2	来自于设备维护
	噪声	dB	50～70	厂界噪声

表 9.5　PA66 连续聚合工艺排放和消耗 [4，APME，2004]

	项目	单位	变化范围	备注
消耗量	总能量	MJ/t	5300～6600	
	水	m³/t	1.3～2.9	主要用于冷却
	尼龙 AH 盐	t/t	1.16	
排放到水中	COD	g/t	8000～11000	
排放到空气	VOCs	g/t	200～412	
	传热介质	g/t		包含在 VOCs 里
废物产生量	废聚合物	kg/t	0	
	其他废物	kg/t	3.0	
	噪声	dB	59.9～65	厂界噪声

表 9.6　PA66 间歇聚合工艺的排放和消耗 [4，APME，2004]

	项目	单位	变化范围	备注
消耗量	总能量	MJ/t	3300～7700	变化范围由特殊产品和反应器引起
	水	m³/t	2.1～46	主要用于冷却
	尼龙 AH 盐	t/t	1.16～1.18	
排放到水中	COD	g/t	3045～14100	上限值是由于包含 VOCs 减排废水
排放到空气	VOCs	g/t	15～70	
	粉尘和气溶胶	g/t	0.16～2	
	传热介质	g/t	0～2	
废物产生量	废聚合物	kg/t	0～0.55	填埋处理
	其他废物	kg/t	1.8～7.3	
	危险废物	kg/t	0.03～1.2	来自于设备维护
	噪声	dB	44～55	厂界噪声

9.3.2　聚酰胺纺纱

纺纱过程中的排放及消耗如表9.7～表9.9。

表 9.7　聚酰胺加工过程中的排放和消耗 [28，Italy，2004]

项目			纺织纤维				工业用纤维			
			PA6		PA66		PA6 短纤维		PA6BCF/工业用纱纤维	
			最小值	最大值	最小值	最大值	最小值	最大值	最小值	最大值
消耗量	总能量	MJ/t	8000	8500	20000	30000	12000	15000	9400	9700
	水	t/t	42	53	13	17	32	40	5	5
	PA6\PA66	t/t	1.0	1.0	1.0	1.0	1.0	1.0	1.0	1.0
	纺丝油剂	t/t	13	15	9	10	17	19	10	11
排放物	排放到空气的己内酰胺	g/t	30	35	0	0	35	50	10	20
	排放到空气的 VOCs	g/t	600	750	100	300	300	500	200	350
	传热介质	g/t	30	35	25	35	30	35	0	0
	进入 WWT 之前的 COD	g/t	2000	2600	2500	3700	5500	6800	5000	6000
废物	废聚合物	kg/t	0	0	0	0	0	0	5	5
	危险废物	kg/t	6.0	7.0	0.0	0.5	5.0	6.5	0.0	0.0
	其他废物	kg/t	26	32	15	20	6.5	9.5	15	20
噪声	厂界噪声	dB	65		65		65		50	60

表 9.8　纺织纱线加工过程中的排放和消耗 [4，APME，2004]

项目		单位	变化范围	备注
消耗量	总能量	MJ/t	8000～40000	取决于具体的产品及技术
	水	m³/t	2.4～53	
	油剂	kg/t	5～22.4	取决于具体的产品及技术
	聚合物	t/t	0.95～1.07	取决于整理、收集和纤维技术
废水排放	COD	g/t	500～6800	
	己内酰胺	g/t	25～117	下限值对应于 COD 的上限值
大气排放	VOCs	g/t	<1707	取决于纺丝油剂
	粉尘和气溶胶	g/t	70～515	与 VOCs 部分重叠
	传热介质	g/t	30～200	与 VOCs 部分重叠
废物产生量	废聚合物	kg/t	0～60	回收利用
	其他废物	kg/t	4～32	
	危险废物	kg/t	0～10	
噪声		dB	50～70	厂界噪声

表 9.9　BCF PA 纱和短纤维加工过程中的排放和消耗 ［4，APME，2004］

项目		单位	变化范围	备注
消耗量	总能量	MJ/t	3200～15000	取决于具体的产品及技术
	水	m^3/t	0.15～40	取决于具体的产品及技术
	纺丝油剂	kg/t	5～35	取决于整理、收集和纤维技术
	聚合物	t/t	1～1.067	
废水排放	化学需氧量	g/t	＜7126	
	己内酰胺	g/t	10～200	下限值对应于 COD 的上限值
大气排放	VOCs	g/t	＜3100	取决于纺丝油剂
	粉尘和气溶胶	g/t	24～3950	与 VOCs 部分重叠
	传热介质	g/t	0～100	与 VOCs 部分重叠
废物产生量	废聚合物	kg/t	0～67.3	回收利用
	危险废物	kg/t	6～43	
	其他废物	kg/t	0～10	
噪声		dB	40～72	厂界噪声

9.3.3　聚酰胺生产工艺中的潜在污染源

通常，间歇聚合每一个生产过程都需要开车、停车，因此其环境影响更大。

（1）能量

生产工艺既需要电能，也需要热能，纺丝工段还需要蒸汽、热交换介质（HTM）以及冷水用于加热、通风和空调系统（HVAC）。建立热电联产厂可优化能量的利用，但这会增加生产地的气体排放量。

（2）水

通常情况，冷却过程需要大量水。最好从河里或井里取新鲜水，然后以较高的温度排放。如果没有足够的水可供利用，必须设立闭路循环系统（冷却塔），但这样会增加能耗。闭路循环冷却系统往往也需要减少向地表水的传递热量。

（3）废水

在 PA6 的生产过程中，聚合用水大部分可循环利用。仅少量水需要排放，且需要用新鲜脱盐水补充。废水污染物主要为己内酰胺（水中含量＜0.1％）、二胺、二元酸、氢氧化钠和盐酸。后两种污染物来自于脱盐设备。在生产特种聚合物时废水中还可能有少量添加剂。废水也会来自废气减排设备。在纺纱过程中，这是废水的主要来源。污染物适合采用废水生物处理工艺，但必须采用含生物硝化和反硝化的工艺。

在 PA66 的生产过程中，聚合过程产生的反应水及单体溶液水（大约 1.2t/t 尼龙盐）均以蒸汽形式排出，可能会携带一些有机成分（主要是己二胺和环戊酮）和无机成分（主要是氨）。在生产特种聚合物或 PA66 与 PA6 共聚物的过程中，还可能含有挥发性添加剂。污染物量取决于工艺参数、所使用的技术和工厂布局。另外，用水清洗排放气体也会产生少量废水。对设备定期的清洗操作也会产生废水 [46，TWGComments，2005]。

上述两种情况下，污染物都适合废水生物处理工艺，但必须采用含生物硝化和反硝化的工艺。

废水经生物处理及膜过滤后还可以循环利用 [www. dupont. zenit. de]。

聚酰胺生产过程中废水产生量如表9.10所列。

表 9.10　聚酰胺生产过程中废水产生量 [36，Retzlaff，1993]

聚酰胺	废水/(m³/tPA)
PA66	1.5～3
PA6	1～3

（4）大气排放

对于PA6生产，主要大气排放发生于切割过程。烟气中含有洗涤塔很容易去除的己内酰胺。其他大气排放可通过水封方式避免。在纺纱过程中，烟气产生于喷丝头出口和混合/拉伸/变形/热固定处理过程，第一种排放主要含很容易在洗涤塔去除的己内酰胺；而第二种排放含有需用机械过滤、静电除尘器或湿式除尘器处理的整理油雾。

传热介质的排放物必须进行过滤，通常采用活性炭过滤。传热介质和蒸汽锅炉排放的燃烧烟气也必须考虑。

对于PA66生产，主要大气排放源如下 [46，TWGComments，2005]：

- 在冷凝循环过程中排放到大气的所有气体；
- 聚酰胺干燥及设备惰性化过程所用氮气；
- 导热油回路加热器所产生的燃烧废气；
- PA66切割后预干燥所用空气及将颗粒物送至存储筒仓所用气流传输空气。

（5）废物

通常，PA6的废料通常被回收利用；仅少量（受污染的）送至垃圾填埋场。危险废物主要产生于设备的定期维修（如长期不用再次开启时的反应器清洗溶剂）。其他废物为来自脱盐水设备的废树脂和来自废水生物处理厂的污泥。由于主要的原料（己内酰胺）和大部分的聚合物切片采用罐车运输，包装材料用量很少。

（6）噪声

聚合过程中的主要噪声来源于聚酰胺切片的切割、氮气鼓风机、聚合物切片的气流输送以及冷却塔和发电站。在纺纱过程中，HVAC设备是外部噪声的主要来源，因为其他噪声源（卷绕机和挤出机）主要安装于封闭建筑物内。

10

聚对苯二甲酸乙二醇酯纤维

[20，CIRFS，2003]

10.1 概　　述

聚酯纤维于 20 世纪 40 年代研发并授予专利，于 50 年代进入市场。到 2000 年，聚酯纤维全球总产量达 1600×10^4 t，是产量最大的人造纤维。基于类似聚合技术，另外还生产有 700×10^4 t 聚合物用于包装材料（瓶）及薄膜。

近 10 年来，聚酯纤维的需求量平均增长率为 6.5%。这些增长主要来自欧洲、美国和日本之外的地区。欧洲，2001 年和 2002 年 2 年的增长率约为 1.0%，2002 年的总产量达 3234kt。2000～2002 年欧洲产量如表 10.1。

表 10.1　2000～2002 年间欧洲 PET 产量

年份/年	2000	2001	2002
产量/kt	3100	3182	3234

本章所述聚酯纤维由对苯二甲酸和不同的二醇如丁二醇、丙二醇以及最常用的乙二醇（EG）聚合而成，其反应过程如图 10.1。基于其他酸合成的聚酯属不同的产品，如基于萘二羧酸的 PEN 纤维和基于乳酸的 PLA 纤维。

近 25 年来全球聚酯纤维的发展趋势如下。

· 增长由发达国家（欧洲、美国、日本）转向亚洲及南美的一些新兴经济区，但都呈现出全球利润率下降的共同趋势。

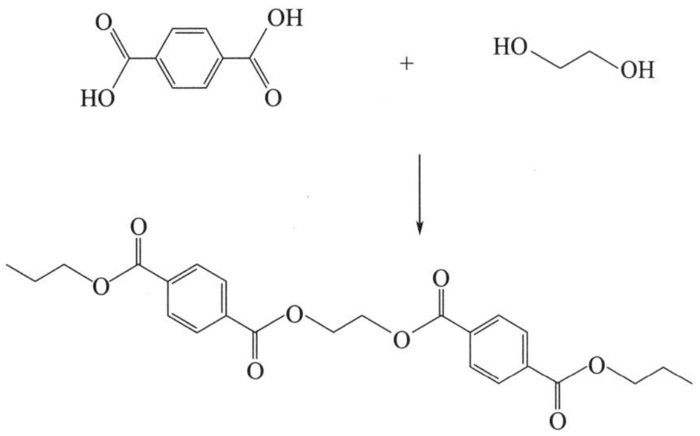

图 10.1　乙二醇和对苯二甲酸的基本反应

- 工程公司的技术转让，常常与同样方向的纤维生产商相关。
- 发达国家的增长情景转变为新型纤维规格和应用领域带动发展的专业化情景，如工业应用和无纺布应用。
- 在上所提及的新兴经济区出现专注于大规模生产的持续增长情景。

因此，欧洲聚酯纤维的生产是高度专业化的，即以相当小的规模生产许多特种产品。在技术、合理性、安全性及环境等方面的投资也着眼于已有装置。自从上一个聚酯纤维生产厂在欧洲建成到 2003 年，已过去 10 年。

对于聚对苯二甲酸乙二醇酯（PET）生产技术，本章重点为非聚合物方面的改进。也就是说，本章不专门介绍基于双组分体系（不同聚合物组合）的特种产品以及用于抗起球、抗静电、阻燃、抗菌和耐热等特性的聚合物添加剂。

10.2　PET 纤维生产工艺技术

本节重点介绍以下生产技术。

（1）聚合物原料的生产技术
- 基于对苯二甲酸二甲酯（DMT）的连续缩聚技术。
- 基于对苯二甲酸（TPA）的连续缩聚技术。
- 基于 DMT 的间歇缩聚技术。

（2）提高原料聚合物分子量的技术
- 连续固态后缩合技术。
- 间歇固态后缩合技术。

（3）原料聚合物的原位转化技术
- 纺丝切片生产技术。
- 短纤维生产技术。

- 长丝纱线生产技术。

10.2.1 基于对苯二甲酸二甲酯（DMT）的连续缩聚

基于 DMT 工艺的起始反应为 DMT 的甲酯基与乙二醇发生酯交换反应，释放甲醇。该酯交换反应在温度约为 160℃时开始发生。通常，该工艺中 EG 与 DMT 的摩尔比为 3.8∶1。该反应在一种含锰催化剂作用下进行，催化剂最后成为产品的一部分 [27，TWGComments，2004]。

化学反应过程中，乙二醇与对苯二甲酸二甲酯反应的摩尔比要稍稍高于 2∶1。除非对苯二甲酸二甲酯的两个酯基都发生酯互换，否则不能形成高分子量 PET。未反应的甲酯基团作为聚合反应链的终止剂会限制链的增长。酯交换反应生成的对苯二甲酸乙二醇酯是对苯二甲酸双羟乙酯（BHET）。

当生成的中间产物足够多时，过量的乙二醇在常压、235～250℃条件下经蒸馏去除。在此阶段，加入一种含磷化合物如多聚磷酸作为处理稳定剂。在进一步聚合前，须灭活含锰催化剂，否则，它不仅会继续催化 PET 聚合，而且会引起副反应，增加最终 PET 产品黄度，降低热稳定性。

通过缩聚反应生成聚合物，并在此过程中去除剩余的乙二醇。在绝对压强为 1～2torr（1torr≈133.322Pa）的真空条件下，将温度升至 285～300℃。通常加入锑的三氧化物、三乙二醇化物、三乙酸盐或其他化合物（包括不含锑化合物）催化缩聚反应。多余的乙二醇通过真空系统除去，从而增大分子量。

聚合物分子量通常通过溶液黏度（SV）或本征黏度（IV）测量。一种典型的非晶聚合物的 IV 为 0.64（相当于 SV 为 835）。熔化的聚合物经挤出、冷却、切割成片后送至筒仓以备进一步加工。

该工艺的简化流程如图 10.2 所示。

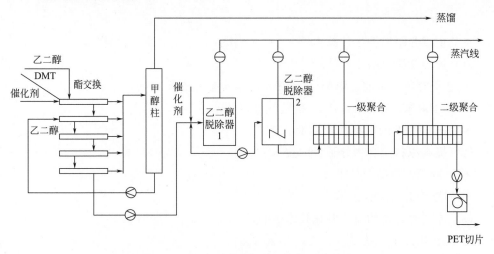

图 10.2　基于 DMT 的 PET 生产工艺流程

10.2.2　基于对苯二甲酸（TPA）的连续缩聚

该工艺通过一种集聚合、纺丝及拉伸等于一体的特殊操作过程生产聚酯纤维。该工艺连续操作，并以对苯二甲酸和乙二醇为原料生产聚酯纤维纱线。该工艺生成高黏度聚合物，包括以下具体步骤。

- TPA 和 EG 混合。
- 预缩聚反应。
- 缩聚反应。
- 通过挤出、纺丝和拉伸操作生成聚酯纤维纱线。

另外，食品包装用 PET 也可采用相同工艺生产（增加二乙二醇和间苯二甲酸为原料）。

该工艺的简易流程如图 10.3 所示。

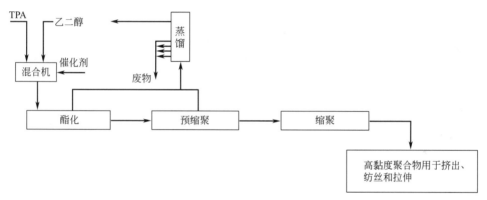

图 10.3　基于 PTA 的 PET 生产工艺流程

10.2.3　连续固态后缩合

10.2.3.1　工艺

无定形、低黏度聚酯切片首先结晶达到约 40% 的结晶度以降低其黏结趋势。除了形成结晶，水和乙醛的含量也降低了。该结晶过程可采用以下几种构型的反应器：

- 脉冲床；
- 流化床；
- 逆流搅拌管式反应器。

所有构型反应器的温度都控制在 120~170℃。气相（氮气或空气）用于加热产物并去除水、乙醛及聚合物粉尘。

在下一阶段，通常采用大流量逆流氮气（流化床或其他反应器）将产物加热到固态聚合所要求的温度（215~240℃），从而引发聚合反应。

然后，聚酯切片经反应区域朝反应器出口方向缓慢下移，逆流氮气从聚酯切片中将反应产物、水和乙二醇带走；从而维持反应的推动力。反应器被设计成推流反应器，反应器壁主动隔热（actively insulated）（加热油），以使切片获得很窄的停留时间分布，并且在反应器横向有一个均一的温度分布。在反应器出口，对聚酯切片吞吐量进行控制。在特定切片吞吐量下，通过调节温度来控制终产物的黏度（聚合度）。在食品包装用 PET 的生产中，由于通过结晶工艺将温度维持均匀，因此反应器壁没有必要主动隔热（actively insulated）[46，TWGComments，2005]。

反应器和加热区内使用的氮气循环利用。氮气在进入反应器末端前，要先经过一个气体净化系统。该气体净化系统内，氮气中含有的聚合物粉尘、低聚物、VOCs、氧气和水被除去。否则，这些杂质会破坏反应器的性能和/或产品的性能。气体净化过程包括以下步骤：

- （静电）过滤；
- 催化氧化；
- 催化加氢；
- 干燥。

聚酯切片离开固态聚合（SSP）反应器，冷却后存储于筒仓。由于聚酯切片易受潮，少量水就能降低其聚合度，特别是在温度较高的后续加工阶段，因此，产物通常在氮气或干燥空气中存储。

该工艺的简化流程如图 10.4 所示。

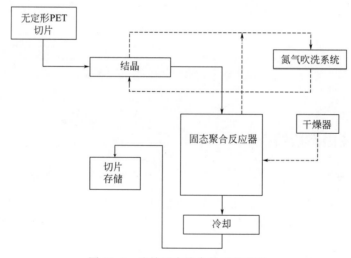

图 10.4　连续固态缩合的工艺流程

10.2.3.2　技术参数

连续固态后缩合的技术参数（表 10.2）。

表 10.2　连续固态后缩合的技术参数

产品	高黏度 PET 切片
反应器类型	立式管状反应器

续表

反应器容积	可变
反应温度	215～240℃
反应压力	常压～微正压
反应器生产能力	20～400t/d

10.2.4　间歇固态后缩合

（1）工艺

反应釜内加入无定形低黏度 PET 切片，然后开始旋转并加热至 120～170℃，在此温度保持足够长时间使切片变成半晶体并干燥。当切片成为半晶体时，他们在高于 PET 玻璃化转变温度（TG）下黏结的趋势将大大降低。另外一种方法是在切片加入旋转反应器前进行结晶。

当切片结晶程度达到设定值时，逐渐升高温度，聚合反应开始。反应釜用循环加热油加热。可采用几种形式的加热系统对油进行加热，如集中式加热系统（使用天然气或燃料油）或每个反应器一套加热系统（使用蒸汽和/或电加热）。

产物及反应釜壁的温度保持在比聚酯熔点低 20℃左右，以防止其黏结。为使反应持续进行，要不断地除去反应器内的反应产物（乙二醇和水）。因此，反应釜配备真空系统，将反应釜内压力降至＜5mbar。真空系统可以采用蒸汽喷射器（与水泵结合）或干式真空泵。

除真空系统外，有些情况下，可将氮气注入反应釜内以进一步降低反应产物分压。在结晶和固态聚合过程中，部分乙醛从切片中释放出来。

当聚合度达到设定值时，冷却反应釜，通入氮气加压，然后排出产物存入筒仓。

由于聚酯切片易受潮，少量水就能降低其聚合度，特别是在温度较高的后续加工阶段（水解反应），因此产物通常在氮气或干燥空气中存储。

该工艺的简化流程如图 10.5 所示。

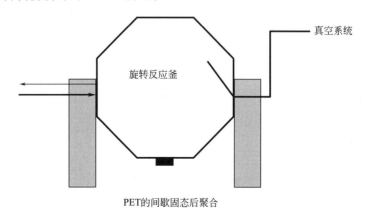

图 10.5　间歇固态后缩合工艺示意

（2）技术参数

间歇固态后缩合的技术参数见表 10.3。

表 10.3　间歇固态后缩合的技术参数

产品	高黏度 PET 切片
反应器类型	立式反应器，滚筒式干燥机
反应器容积	$5\sim20m^3$
反应温度	$215\sim240℃$
反应压力	常压～5mbar
反应器生产能力	$1\sim4kt/a$

10.2.5　基于 DMT 的间歇缩聚

DMT-BPU（间歇缩聚单元）工艺合成 PET 包括如下两步反应过程：

- 酯交换过程；
- 缩聚过程。

要使酯交换过程发生，需将储罐内的 DMT（对苯二甲酸二甲酯）和过量的 EG（乙二醇）一起送入酯交换罐。加入酯交换催化剂后升温至 $150\sim200℃$，乙二醇取代甲基，反应开始。生成的甲醇经冷凝后存于甲醇储罐。通常情况下，将甲醇循环回 DMT 生产装置进行纯化（通过管道/道路/铁路）。剩余乙二醇温度在 $200\sim260℃$ 温度下蒸发、浓缩，在主工艺之外的精馏塔内进行再生，然后存于储罐内。

在达到酯交换过程的最终温度（取决于 PET 类型，如纺织用 PET、工业用 PET）后，加入缩聚反应催化剂。

将酯交换反应产物转移到高压釜中进一步处理。在高压釜内，通过升温（$260\sim310℃$）和抽真空（$<5mbar$，采用蒸汽喷射器和/或水泵和/或罗茨鼓风机）促使缩聚反应发生。缩合反应脱下的乙二醇经蒸发、冷凝后在主工艺之外的一个精馏塔内进行再生，存于储罐内等待进一步处理。

根据产品类型，当达到理想的本征黏度后，缩聚过程结束。用 N_2 将 PET 压出；然后用水冷却（普通水或脱盐水）、切割、干燥及筛分。之后，将切割的 PET 切片存于筒仓以进一步处理。该工艺的简化流程如图 10.6 所示。

10.2.6　纺丝切片的生产

聚酯原料存储于筒仓内，经称重后气流传输至聚酯干燥器进料斗。为防止结块，干燥前，聚合物在 $150\sim200℃$ 的搅拌床内结晶。

在干燥器内，产物经干燥的热空气加热到 $150\sim200℃$。

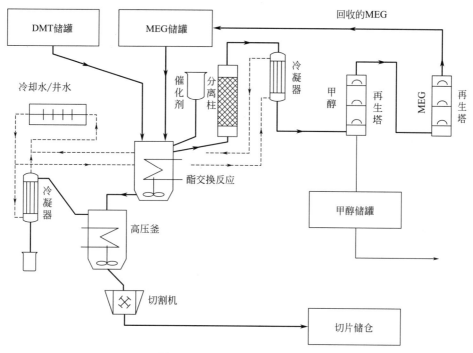

图 10.6 DMT-BPU 工艺流程

该工艺的简化流程如图 10.7 所示。

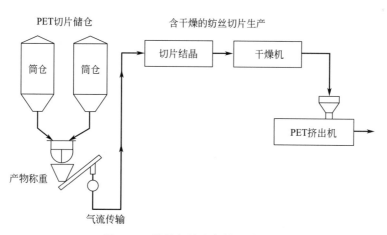

图 10.7 纺丝切片生产的工艺流程

10.2.7 短纤维的生产

干燥后聚酯高聚物送入挤出机，经熔化后抽到安装在纺丝箱体内的纺丝组件。纺丝组件包含带有多个细孔的喷丝头。熔化的聚合物流经喷丝头时形成长丝。在聚合物流经喷丝头前，过滤去除其中的污染物。不同的喷丝头设计能生产出多种截面的纤维，包括实心圆形、中空或三叶形。

流经丝束的气流将热长丝冷却，形成纤维束带，然后存放于纺丝条筒内。纤维粗度取决于"丹尼尔设定器"的缠绕速度。对纤维进行纺丝拉伸整理以有利于后续加工。

旋转的丝束在粗纱架上聚集并通过拉伸优化纤维的抗拉性能。然后根据不同用途所需的散装特性，对丝束进行卷曲。卷曲成型后的丝束经干燥和整理后达到用户要求。在打包出货前，需将丝束切割到所要求的纤维长度，最长为150mm。

该工艺的简化流程如图10.8和图10.9所示。

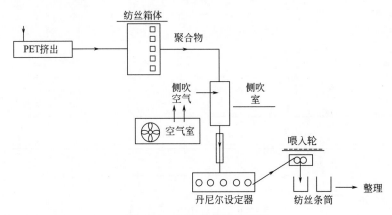

图 10.8　短纤维的纺丝流程

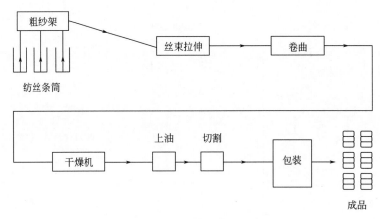

图 10.9　短纤维的整理流程

10.2.8　长丝纱线的生产

长丝纱线由 PET 切片生产。将 PET 切片混合均匀，然后预结晶和干燥，以便于熔化。聚合物切片在挤出机内熔化后进入专用的熔体分配管，并均匀分配。

均匀分配后的熔化聚合物通过喷丝头形成丝线（thread lines）。丝线经拉伸后，加入加工助剂，交织（intermingled），从而使纱线具有优良的机械性能。然后，纱线缠绕在称为"筒子"（cheeses）的包装材料上。

整个生产过程的工艺及质量由计算机监控系统管理，并配有用于纱线处理、包装和存储的机器人系统。

检测站是生产工艺的最后阶段，以保证产品包装分发用户前的质量。

该工艺的简化流程如图 10.10 所示。

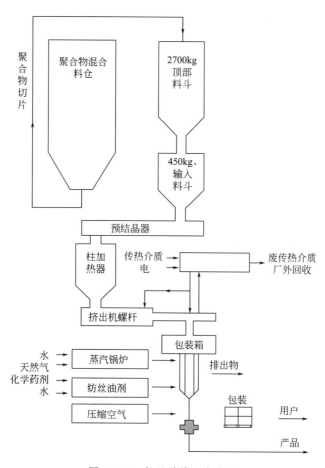

图 10.10　长丝纱线生产流程

10.3　现有排放消耗

所有排放消耗数据给出了当前水平的变化范围。

10.3.1　基于 DMT、TPA 的连续缩聚工艺和 DMT-BPU 间歇工艺

PET 生产工艺的排放及消耗见表 10.4。

表 10.4 PET 生产工艺的排放及消耗（每吨产品）

	项目	DMT 工艺	TPA 工艺	DMT-BPU 工艺
消耗	总能量/(MJ/t)	2513～7410	2087～4500(18500[①])	5100～11942
	水/(m³/t)	0.1～2.15	0.4～10	7.5～122
	DMT/TPA/(t/t)	1.02	0.825～0.87	1.01～1.04
	乙二醇/(t/t)	0.35～0.38	0.32～0.355	0.338～0.380
	催化剂/(g/t)	589～1150	270～615	332～1323
	P-稳定剂/(g/t)	70～140	0～100	40～150
大气排放	甲醛/(g/t)	多达 73		50.7～300
	乙醛/(g/t)	多达 60	多达 60	28.5～1750
	乙二醇/(g/t)	多达 10	多达 10	8.8～73
	HTM/(g/t)	50～90		80～110
	VOCs/(g/t)	70～800 70～120(热氧化)	多达 1200 5(采用催化氧化,仅限点源)	32.5～2160
废物产生量	废聚合物/(g/t)	400～5556	140～18000	多达 6000
	危险废物/(g/t)	多达 0.45	多达 0.45	多达 800
	其他废物/(g/t)	10700～16000	2000～5000	12400～25000
废水排放	COD/(g/t)	8000～16000	2000～16000	3000～5210
噪声	厂界噪声/dB	多达 66	多达 68	多达 66

① 用于食品包装的高黏度 PET。

• 能耗取决于工厂生产规模、反应器设计及催化剂浓度。较高的催化剂消耗量可降低能耗。

• 甲醇、乙醛和 VOCs 的排放量上限值来自没有废气处理系统的工厂。

• VOCs 排放量取决于终产物的黏度。

• COD 值都是指进入污水处理厂前的废水。

据报道，德国某工厂的污水经生物处理和膜过滤后能大部分循环利用 [27，TWG-Comments，2004]。

10.3.2 后缩合工艺

后缩合工艺的排放及消耗见表 10.5。

表 10.5 后缩合工艺的排放及消耗（每吨产品）

	项目	连续后缩合	间歇后缩合
消耗	总能量/(MJ/t)	903～949	2130～2379
	外部水/(m³/t)	0.2～15	0.9～1

续表

大气排放	乙醛/（g/t）		多达 64
	HTM/（g/t）		多达 56
	VOCs/（g/t）		多达 120
废物产生量	废聚合物/（g/t）	多达 667	0～1403
	危险废物/（g/t）	0	多达 120
	其他废物/（g/t）	0	0
废水排放	COD/（g/t）	多达 663	多达 1300

注：VOCs 为乙醛和 HTM 的加和；COD 指进入污水处理厂前的废水。

10.3.3　PET 加工

PET 加工技术的排放及消耗见表 10.6。

表 10.6　PET 加工技术的排放及消耗（每吨产品）

		纺丝切片	短纤维	长丝纱线
消耗	总能量/（MJ/t）	154～843	4400～8600	多达 27400
	外部水/（m³/t）	0.1～8.5	1.14～15	0.5～35.2
	纺丝油剂/（kt/t）		3.0～18	多达 18
	乙二醇/（t/t）			
	催化剂/（g/t）			
	P-稳定剂/（g/t）			
大气排放	甲醇/（g/t）	多达 50	多达 3	
	乙醛/（g/t）	多达 30	多达 49	多达 75
	乙二醇/（g/t）	多达 8		
	HTM/（g/t）		多达 7	多达 45.3
	VOCs/（g/t）		多达 59	多达 10300
废物产生量	废聚合物/（g/t）	5.0～50	多达 7700	多达 100000
	危险废物/（g/t）		多达 4795	
	其他废物/（g/t）	2.0～5.0	多达 15711	940～17074
废水排放	COD/（g/t）		多达 14841	多达 4157
噪声	厂界噪声/dB		多达 66	多达 60

注：VOCs 包含乙醛和 HTM；COD 指进入污水处理厂前的废水。

11

黏胶纤维

11.1 概　　述

黏胶纤维以再生纤维素为原料生产。溶解浆工艺（正是由于溶解浆的高黏度，该纤维产品被命名为黏胶纤维）是 19 世纪工业革命的成就之一，并且这一创新触发了 20 世纪完全人工合成纤维的发现。

铜氨丝是第一种可用的人造纤维，于 19 世纪 50 年代得到开发。它和许多其他纤维素的溶解/再生工艺以及纤维素衍生工艺（如醋酸酯）与黏胶工艺相互竞争，但黏胶纤维被证明在生产工艺以及产品性能方面更具竞争力。黏胶纤维的繁荣期在第二次世界大战后随着具有竞争力的人工合成产品的引入而结束。近十年，全球黏胶纤维产量一直稳定在 $270×10^4 t/a$ 左右（欧洲 $60×10^4 t/a$）。

黏胶纤维更适于供给与材料的亲水（吸湿）性相关的市场应用领域（纺织品及无纺布），比如与皮肤或黏膜直接接触的应用领域。目前（2005 年），约 85% 的黏胶纤维用于制造短纤维，约 15% 用于制造长丝。

需要指出的是，大量基于黏胶工艺以薄膜（玻璃纸）形式生产的再生纤维素仍然应用于香肠包装和其他包装。

近年来，欧洲黏胶长丝纺织产品应用领域正越来越多地受到来自以聚酯和聚酰胺为原料生产的更廉价和更具有竞争力的纱线的竞争，而黏胶短纤维和黏胶轮胎帘子线仍保持稳固的市场地位。

11.2 黏胶纤维生产工艺技术

11.2.1 工艺和产品

生产黏胶纤维时，浆粕（主要是来自木材的纤维素）在受控条件下先溶解，然后沉淀。全球最重要的工艺是所谓的"黏胶工艺"。该工艺中，碱性木浆用二硫化碳（CS_2）处理后，投加氢氧化钠溶液对其溶解，会形成一种称为"黏胶"的黏性黄褐色溶液。该溶液经过熟成、脱气后，压过喷丝头进入高酸性纺纱浴。在纺纱浴中，纤维素沉淀，而二硫化碳和副产物硫化氢释放。纤维素经拉伸、洗涤后进行进一步加工。

短纤维和长丝纱线的生产差异显著。短纤维是在纺丝浴之后切断成的短丝。这些短丝，长约 4cm，被纺成纺织纱线或加工成"无纺布产品"。与此相反，长丝纱线被纺织成可以立即使用的长纤维。带有一定改良特性的纺织用黏胶产品被称为"莫代尔纤维"。

自 1998 年以来，莱赛尔纤维工艺在奥地利被应用。该工艺的特点是用有机溶剂（甲基吗啉）取代二硫化碳/氢氧化钠溶解浆粕，有效地消除了具有刺激性、有毒含硫气体的排放。莱赛尔纤维工艺生产的产品性能与标准黏胶纤维不同，因此该工艺不应视为黏胶工艺的环保替代工艺。

短纤维和长丝纱线生产工艺流程如图 11.1。

11.2.2 短纤维的生产

此工艺以一个参考工厂为例。该厂是一家高度整合的化工综合体，采用亚硫酸盐法生产无氯（TFC）漂白浆，立即输送到黏胶生产厂。此外，同一地点还有一家造纸厂（不含纸浆制造）、一座废物焚烧厂以及一些较小的化工企业。

综合性的另一方面体现在拥有一座废水生物处理厂处理来自该区域的所有工业废水和市政污水。黏胶生产的废气处理与一套硫酸生产装置相结合。在各种带有烟气脱硫的燃烧厂中，含硫气体可用于助燃空气。此外，蒸汽和工艺水的供应网络也高度发达。

11.2.2.1 碱化和预熟成

来自木材的纤维素，如打包的干浆粕或湿浆粕（含 48％～50％干物质），与一定温度的氢氧化钠溶液在几个带有专用涡轮搅拌器的碎浆机中混合。纤维素与氢氧化钠反应生成纤维素钠，聚合物链长度缩短到很窄的范围内。"半纤维素"及其降解产物等杂质溶解在溶液中。

碎浆机排出浆液用泵注入压榨机，经压榨后碱性纤维素（AC）干重达 50％。浆液经纤维分离后，送入预熟成系统，AC 在此系统经预熟成后获得均匀的聚合度和黏度。预熟成过程可通过加入氯化钴等催化剂加快。

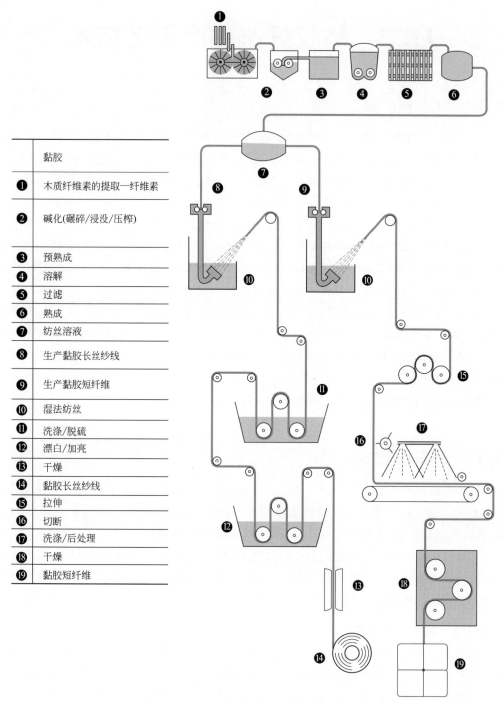

黏胶

❶ 木质纤维素的提取—纤维素

❷ 碱化(碾碎/浸没/压榨)

❸ 预熟成
❹ 溶解
❺ 过滤
❻ 熟成
❼ 纺丝溶液
❽ 生产黏胶长丝纱线

❾ 生产黏胶短纤维

❿ 湿法纺丝
⓫ 洗涤/脱硫
⓬ 漂白/加亮
⓭ 干燥
⓮ 黏胶长丝纱线
⓯ 拉伸
⓰ 切断
⓱ 洗涤/后处理
⓲ 干燥
⓳ 黏胶短纤维

图 11.1　黏胶纤维生产工艺流程〔35，Chemiefaser〕

　　部分压榨分离液除去剩余纤维后，其浓度采用渗析过程提高，并得到纯净 NaOH 溶液。渗析过程产生的废液通过蒸发和焚烧处理，产生的灰烬用于废水处理中和过程。

　　其余的压榨分离液通过加入水、高浓度液体（约 50% 氢氧化钠）进行再加工。必要情况下，还可加入加速预熟成阶段纤维素分子降解的催化剂。

11.2.2.2 渗析过程

压榨液通过过滤回收，部分滤液立即用作溶解液，剩余部分通过渗析处理回收氢氧化钠。

回收的益处是不同液体中半纤维素浓度得到降低，AC 和黏胶中的半纤维素浓度也得到降低。剩余的压榨液，称为废液，含有更大比例的有机负荷，进行蒸发和焚烧处理。从而显著降低须在废水处理厂处理的废水负荷。

11.2.2.3 硫化过程

由于使用了有害物质，硫化过程需采取特殊安全措施。当出现不同浓度的有害物质时，尤其要考虑爆炸的危险。虽然硫化设备可能在结构设计上不同，但通常都是在内部真空条件下混合反应物料的系统。AC 经输送带和称重料斗进料。AC 与二硫化碳的放热反应通过冷却 AC 和硫化设备来控制。

硫化过程包含以下步骤：
- 抽真空；
- 加入二硫化碳；
- 混合与反应——通过放热反应，AC 转变成黄原酸纤维素钠盐；
- 排空——用稀氢氧化钠将黄原酸纤维素钠从硫化设备排出，经拌匀器进入溶解装置。从 Simplex 设备排出可直接进入溶解装置。

黄原酸溶液在稀氢氧化钠溶液中要达到足够的置换度，以 y 值表示（CS_2 摩尔数/100mol 葡萄糖单元）。氢氧化钠浓度决定黏胶碱含量。通过改变置换度、碱含量和平均链长，可获得不同品质的黏胶。

硫化过程中，黄原酸浆和黏胶都通过拌匀器汲取。溶解后，黏胶经过滤进入熟成单元。

11.2.2.4 熟成过程

黏胶的纺丝性能可通过熟成过程调节。在熟成过程中，发生聚合反应。该反应取决于温度、时间和黏胶组成。通过测定 Hottenroth 指数（°H）或 y-值对反应过程进行监测。熟成的工艺步骤包括过滤、熟成、脱气和再过滤。

过滤后的适温黏胶送入熟成容器。熟成后通过一个真空柱脱气。在前述步骤中污染黏胶的颗粒物通过再次过滤而分离。通常采用金属垫作为过滤材料。

真空凝液经收集后在一个集中式污水处理厂处理。

11.2.2.5 纺丝

一个柱塞加药泵用于投加染料、消光剂（二氧化钛）或调节剂。喷丝头由金属制成，带有一定数量的钻孔。钻孔数量、长度和直径决定了所需要的纱线支数和生产能力。黏胶通过喷丝头压入到含有硫酸和硫酸锌的纺丝浴中，硫酸可分解黏胶中的黄原酸。由于存在副反应，除了排放二硫化碳，也会由于副反应生成硫化氢。含有这两种物质的废气，经吸收后进入回收装置。为防止排放，纺丝机通过滑动窗封闭。

纤维素纤维在热水浴中进一步结晶，并以线缆（cable）形式收集。在牵引去切断塔的过程中，线缆被拉伸。用切断水（酸性水）将线缆吸入线缆注射器，并用旋转的自磨性切割机切断成所需长度。切断短纤维接着用酸性水转移到后处理单元。

11.2.2.6　后处理

后处理过程包括用酸性水处理、脱硫、漂白和整理几个步骤。纺丝工段通常将前三个步骤整合在一起。只有在整理步骤，才分开生产不同品种的纤维产品。

各个步骤之间，需要对短纤维进行洗涤和压榨处理，以预防携带药剂造成污染。

四个后处理步骤如下。

• 酸性水处理——二硫化碳和硫化氢通过脱气去除。因此该处理装置与硫回收装置的吸入管相连。

• 脱硫——纤维用碱性硫化钠溶液处理，以去除残余硫或硫化物。

• 漂白——必要情况下，分两步用稀次氯酸钠溶液漂白纤维。

• 整理——为使短纤维达到进一步处理所需的最佳性能，通常用黏合剂或助滑剂处理。这些助剂通常为脂肪酸或其衍生物，在喷洒桶中使用。不经进一步清洗，短纤维经压榨后送入干燥单元。

11.2.2.7　干燥和包装

纤维绒用湿式开纤机松开。在开纤机中，纤维绒被尖辊撕碎，然后重新合成。干燥过程在热空气逆流的串联干燥筒中进行，这些空气不做进一步处理。干燥筒之间，使用另一台开纤机处理使纤维更加平整。干燥后，纤维经加湿达到通常 11％ 的湿度。某些类型的纤维需要在干燥后进一步开纤。纤维经自动压缩、打包、检查重量和湿度后，输送到存储区。

11.2.3　长丝纱线的生产

如图 11.1，直到纺丝阶段，长丝纱线的生产工艺与短纤维的生产非常相似。

以长纤维浆粕为原料，用稀氢氧化钠溶液（约 15％）处理。然后，溶液经压榨去除，再加入新鲜氢氧化钠循环回工艺重新利用。接着，浆板离解，预熟成，然后加入二硫化碳化学转化为黄原酸酯。加入氢氧化钠水溶液后黏胶生成，然后在纺丝前进行熟成和真空脱气。

根据纤维的质量要求，喷丝头有 30～2000 多个不同数量的孔。纺丝浴是含有高浓度硫酸钠（Na_2SO_4）和硫酸锌（$ZnSO_4$）的硫酸。

长丝纱线生产可采用 3 种不同的纺丝方法。

① 离心罐纺丝法　黏胶被直接压入纺丝浴。可生成 67～1330 分特大小的纺线（thread）。

② 连续纺丝法　黏胶通过喷丝头压入纺丝管，在纺丝管中，流动的纺丝浴收集凝聚的纤维。也可生成 67～1330 分特大小的纺线。

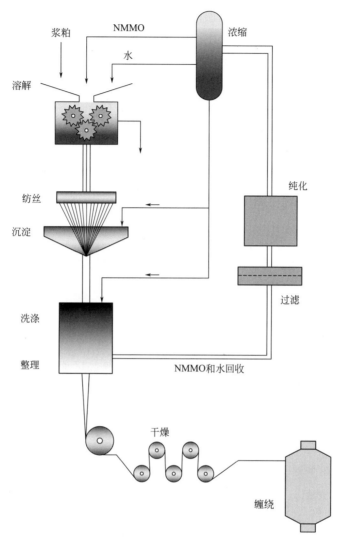

图 11.2 莱赛尔工艺流程 [15，Ullmann，2001]

③ 筒管式纺丝 该方法与连续纺丝法类似，但纤维是完全凝聚的。为实现这一点，使黏胶进入第二级纺丝浴完成凝聚。该方法可生成 1220～2440 分特大小的纺线（1 分特＝1g/10000m 纤维）。

纺丝后，对纤维进行洗涤、整理、干燥和缠绕。

目前，已有整体或分批洗涤装置。

11. 2. 4 莱赛尔纤维

莱赛尔 lyocell 工艺的核心部分是通过 *N*-甲基-*N*-氧化吗啉（*N*-methylmorpholine-*n*-oxide，NMMO）直接溶解纤维素。NMMO 溶剂，可 100％生物降解，能用物理方法溶解纤维素而不需要任何化学预处理。

因此，碎浆与 NMMO 混合。从所谓的"预混合液"中除去水，形成溶液，然后将溶液过滤并通过喷丝头喷入 NMMO 水溶液制造长丝。

湿长丝被切断成短丝，然后进行后处理，将残留的 NMMO 洗出，上纺丝油剂，并对纤维进行干燥和包装。

通过多级净化处理，可回收 99.6％以上的溶剂。在蒸发过程中重新获得的水可回用到纤维生产线的洗涤工段。

这样减少了工艺用水量，实现整体较低的环境排放量。

通常，该工艺包括以下步骤：

- 溶解；
- 纺丝；
- 沉淀；
- 洗涤；
- 整理；
- 干燥。

莱赛尔工艺的简易流程如图 11.2 所示。

11.3 现有排放消耗

黏胶纤维生产产生大量废水和污染物。主要来源包括：

- 浆粕碱化和压榨过滤废碱液。
- 过滤单元维护废水。
- 纺丝浴废酸液。
- 中性或（弱）碱洗浴/调节废水。
- 真空装置（带接触冷凝器的蒸汽喷射泵、水封泵）。
- 废气洗涤。

废水总量主要取决于真空装置（蒸汽喷射泵消耗水量比带有封闭密封水回路的水封泵多很多）、纺丝和调节过程。不同废水的再利用和处理方案取决于废水组成［46，TWG Comments，2005］。

国际人造纤维和合成纤维委员会 CIRFS 及一个成员国提供了黏胶纤维生产工艺的排放量和消耗数据。短纤维的数据见表 11.1，长丝纱线的数据见表 11.2。

表 11.1 黏胶短纤维生产的排放和消耗

项目	单位	［37，CIRFS，2004］	［30，UBA，2004］	备注
每吨产品消耗量				
能量	GJ	26.1～33.2	28.7	
工艺水	t	35～130		下限值对应于封闭系统，取决于当地的用水条件

续表

项目	单位	[37，CIRFS，2004]	[30，UBA，2004]	备注
每吨产品消耗量				
冷却水	t	189～260		取决于纺丝浴的冷凝技术和当地的用水条件
浆粕	t	1.035～1.065		取决于浆粕规格，数据基于调节后浆粕
CS_2	kg	80～100	91	取决于回收技术和洗涤技术
H_2SO_4	t	0.6～1.03		上限值对应于第一级和第二级纺丝浴回收的低能耗，也取决于纤维的规格
NaOH	t	0.5～0.7	0.56	包括废气/废水处理
Zn	kg	2～10	20	取决于纤维规格和最终用途
纺丝油剂	kg	3～5.3		取决于纤维规格和最终用途
NaClO	kg	0～50		取决于纤维规格和最终用途，以及替代漂白剂的使用
每吨产品排放量				
排到空气中的硫	kg	12.5～30	17.04 CS_2 0.21 H_2S	取决于二硫化碳消耗量
排到水中的 SO_4^{2-}	kg	230～495		取决于硫酸消耗量和纤维性能
排到水中的锌	g	30～160	15～40	取决于锌的消耗量和纺丝浴回收技术
AOX	g	10～20		
COD	kg	3.8～8	3.3	
危险废物	kg	0.2～2.0	3	来自装置运行和维护操作
厂界噪声	dBA	55～70		取决于当地条件

表 11.2　黏胶长丝纱线生产的排放和消耗 [37，CIRFS，2004]

项目	单位	采用一体式洗涤的长丝生产	采用分批洗涤的长丝生产	备注
每吨产品消耗量				
能量	GJ	83～125	70～82	
水	t	152～500	120～140	包括冷却水和工艺水
浆粕	t	1.0～1.1	1～1.2	取决于浆粕规格
CS_2	kg	290～300	90～100	取决于回收技术和洗涤技术
H_2SO_4	t	0.9～1.6	0.9～1	
NaOH	t	0.7～1.0	0.7～1	包括废气/废水处理
Zn	kg	10～18	8～13	取决于纤维规格和最终用途
纺丝油剂	kg	3～24	8～18	取决于纤维规格和最终用途
NaClO	kg	0～0.2	0	取决于纤维最终用途和替代漂白剂的使用

续表

项目	单位	采用一体式洗涤的长丝生产	采用分批洗涤的长丝生产	备注
每吨产品排放量				
排到空气的硫	kg	170～210	40～60	
废水	t	35～130	60	
排到水中的 SO_4^{2-}	kg	250～1000	200～350	取决于硫酸消耗量和纤维性能
排到水中的锌	g	500～3000	100～300	取决于纺丝浴回收技术和废水处理
AOX	g	7～50	5	
COD	kg	6～28	5～6	
危险废物	kg	0.2～5	1～5	来自装置运行和维护操作
厂界噪声	dBA	45～70		取决于当地条件

12

BAT备选技术

本章介绍本书范畴内聚合物生产行业的高效环保技术，其中包括管理控制技术、工艺集成技术和末端治理技术。在确定最佳结果时，三者内容部分重叠。

在确定最佳结果时，综合考虑预防、控制、减量化、循环利用及材料和能源回用。

为了实现IPPC目标，技术呈现单独或组合方式。确定BAT技术时，需要研究指令附录Ⅳ中列出的各种常见注意事项，同时本章涉及的技术将会解决一个或多个这类注意事项。描述每项技术时，尽可能都采用标准结构，从而保证技术之间的对比，并且对指令中关于BAT技术的定义进行客观的评估。

本章内容并未详尽地列出所有技术，以及在BAT技术框架内可能存在或已开发的具有同等效力的其他技术。

通用标准结构用于描述每一项技术，如表12.1所列。

表 12.1 本章描述每项技术的信息细目

考虑信息的类型	包含信息的类型
技术概述	该项技术的技术说明
环境效益	（过程或消除技术）所带来的主要环境影响，包括达到的排放值及有效性能。该技术与其他技术的环境效益对比
跨介质效应	在该项技术实施过程中所引发的一些副作用及不利因素，以及该项技术与其他技术在关于环境问题细节方面的对比
运行资料	关于排放物/废物及原料、水和能量消耗的性能数据。任何其他关于如何操作、维护和控制该技术的有用信息，包括安全方面、技术运行的限制因素、质量输出等
适用性	在应用及改良该项技术方面的考虑因素（如空间可利用性、过程的特殊性）

考虑信息的类型	包含信息的类型
经济性	关于成本(投资和运行)和任何可能节省(如减少原料消耗和废物排放)的信息,以及与技术规模的关系
实施驱动力	执行该技术的原因(如其他法律和产品质量的提高)
案例工厂	可供技术参考的相关车间
参考文献	关于该技术较详细的信息文献

12.1 通 用 技 术

12.1.1　环境管理工具

12.1.1.1　概述

通常,最佳环境绩效依靠最高效运行最佳技术设施实现。IPPC 指令的"技术"定义,"装置设计、建设、维护、运行和报废的技术和方法"。

对于 IPPC 装置,环境管理体系(EMS)是运营商以一种系统且可论证的方式提出设计、建设、维护、运行和报废相关环境问题的一个工具。一个环境管理体系包括组织结构、职责、实践、程序、工艺和资源,服务于环境政策的制定、实施、实现、评估和监测。当它们成为整个生产装置管理和运行固有部分时,EMS 最为有效。

在欧盟内部,许多机构已自愿决定使用基于 EN ISO 14001 或欧盟生态管理审计方案(EMAS)的环境管理体系。EMAS 包括 EN ISO 14001 管理体系的要求,但更加重视法律的协同性、环境效益和员工参与;此外,EMAS 要求管理体系的外部认证和公共环境声明许可(在 EN ISO 14001,自我声明可作为外部认证)。另外,也有许多机构决定采用非标准化的环境管理体系。

原则上,标准化管理体系(EN ISO 14001:1996 和 EMAS)和非标准化("定制")管理体系都以机构为实体,而事实上 IPPC 指令管理的实体是装置(详见第 2 款定义),因此,范围更窄,即未包括组织机构的所有活动,而只涉及产品和服务的相关活动。

用于 IPPC 装置的环境管理体系应包含以下组成:

(a) 环境政策定义;

(b) 目标和指标的规划与构建;

(c) 程序的执行和实施;

(d) 检查和纠正措施;

(e) 管理审查;

(f) 常规环境评价报告编制;

（g）认证机构或外部环境管理体系校验；

（h）装置停运报废的设计事项；

（i）清洁技术研发；

（j）基准。

下文对上述特征进行较详细的逐条解释。（a）～（g）的详细信息，都包含于 EMAS 中，读者可参考下面文献。

（1）环境政策的定义

高层管理人员负责制订装置的环境政策，确保该政策：

- 适合于各种生产活动的性质、规模及环境影响。
- 包括污染预防和控制承诺。
- 包括所属机构遵守所有现行相关的环境法律、法规和其他要求的承诺。
- 提供环境目标和指标的制定审查框架。
- 向所有员工进行记录和传达。
- 可为公众及所有相关利益团体所用。

（2）规划

- 识别装置环境影响的程序，确定对环境具有或可能具有重大影响的活动，确保这类信息实时更新。
- 识别和获得适用于装置生产活动的环境法律法规和其他要求的程序。
- 综合考虑法律、法规和其他要求及相关利益团体观点，建立环境目标指标并定期评审。
- 建立环境管理方案并定期更新，包括实现目标的职责分工，实现目标的水平、方式及时间表。

（3）程序的执行和实施

建立适当的体系使程序能够被周知、理解和遵守非常重要，因此有效的环境管理应包括以下几点。

① 机构和职责

- 角色、责任和权限的确定、记录和传达，包括指派一名专职管理代表。
- 提供环境管理体系的实施和管控的基本资源，包括人力资源和专业技能、技术及财力资源。

② 培训、认知和能力

- 识别培训需要，确保其工作可能明显影响生产活动环境影响的员工均能接受有效培训。

③ 交流

- 建立并维护装置内部不同层次职能部门间的交流程序。
- 建立促进与外部相关团体交流对话的程序。
- 建立对外部相关团体交流进行接收、记录和响应的程序。

④ 员工参与

• 通过采用适当的参与形式，包括建议书系统、项目小组或环境委员会等，使员工参与到环境管理中来，以达到一种较高水平的环境绩效。

⑤ 记录文件

• 以纸质或电子版形式，建立用于表述管理体系核心要素及其相互作用的文件资料，保存最新的信息，并提供相关文件的使用说明。

⑥ 高效的工艺控制

• 所有操作模式下的工艺有效控制，包括工艺的准备、开车、日常操作、停车及异常情况。

• 明确工艺控制的关键运行参数（如流量、压力、温度、组成和数量）及其监控方法。

• 记录并分析异常运行状态，识别问题产生的根本原因，确保此类事件不再发生（识别问题原因并解决问题比追究个人的责任更重要，即优先实施"非责备"文化）。

⑦ 维护计划

• 基于设备、规范以及任何设备故障及其后果的技术说明，建立一个有组织的维护计划。

• 通过适当的记录体系和诊断测试，支撑维护计划的实施。

• 制定清晰的维修计划实施责任。

⑧ 应急准备和响应

• 建立和维护应急准备和响应程序，用以识别紧急状况与突发事件发生可能性并采取应对措施，用以规避和减轻相关的环境影响。

（4）检查和纠正措施

① 监控

• 建立、维护记录程序，用以定期监控和测试可能产生显著环境影响的运行活动的关键特征，包括跟踪运行的信息记录、相关运行控制及与装置环境目标的一致性（参见"排放的监测"的参考文件）。

• 建立、维护定期评价遵守相关环境法律、法规情况的记录程序。

② 纠正及预防措施　建立、维护纠正及预防程序，当出现与许可条件、其他法律要求以及环境目标、指标偏离的情况时，用以明确调查处理问题的责任与权限，以采取措施减少影响，并且根据问题的大小及与之相应的环境影响来启动并完成纠正与预防措施。

③ 记录　建立、维护记录程序，用以识别、维护和处置包括培训记录、审核与评审结果在内的清晰、明确、可追溯的环境记录。

④ 审核

• 建立、维护定期审核环境管理体系的工作机制和程序，包括与员工讨论，检查运行条件和设备，检查记录和文件材料，并形成书面报告。该报告由员工（内审）或外部各方（外审）编制，确保客观公正。程序规定了审核的范围、频率和方法，以及实施审计和报告结果的职责和要求。审核目的在于确定环境管理体系是否符合规划安排，实施和维护是否正确。

- 完成审计或审计周期视情况而定，一般不超过 3 年，主要取决于生产活动的性质、规模和复杂度，相关环境影响的重要性，之前审核发现问题的严重性和解决紧迫性，以及历史遗留环境问题。生产活动越复杂、环境影响越严重，审核越频繁。
- 建立必要机制，确保审核结果及时落实。

⑤ 遵守法律的定期评估

- 审核遵守适用环境法律和装置环境许可条件的情况。
- 编制评估文件。

（5）管理审查

- 由高级管理层不定期地审查环境管理体系，以确保其持续适合、充分、有效。
- 确保收集到必要的信息，以供管理者进行评估。
- 编制审查文件。

（6）定期编制环境报告

- 编制环境报告应特别关注装置在实现其环境目标指标方面取得的成果。应定期编制报告，一般一年一次或者更低频率——取决于排放物和废物产生的重要程度。环境报告应考虑有关各方的信息需求，并可公开获取（如电子出版物、图书馆等）。
- 环境报告编制期间，操作员应采用现有相关环境绩效指标，确定选择指标应：

a. 准确评价装置性能；

b. 可理解、无歧义；

c. 允许逐年比较，评价装置环境性能的改进；

d. 酌情与部门、国家或地区的基准比较；

e. 酌情与管理要求比较。

（7）认证机构或外部 EMS 验证员的认证

- 由官方认可的认证机构或外部 EMS 验证员认证管理体系、审核程序、环境报告，若认证适宜，可强化管理体系可靠性。

（8）使用周期结束装置报废的设计因素

- 在新装置设计阶段，需长远考虑装置最后报废可能产生的环境影响，使装置报废更容易、更清洁、更廉价。
- 装置报废会由于污染土壤（和地下水）带来环境风险并产生大量固体废物。污染防治技术因工艺而异，但一般考虑应包括以下几点：

a. 避免建设地下结构；

b. 合并功能以便于拆卸；

c. 选择易于净化的表面处理；

d. 使用化学品残留最小并利于放空与清洗的设备构型；

e. 设计灵活、相对独立且可分段关停的设备单元；

f. 尽可能地使用可生物降解与可循环再生的材料。

（9）研发清洁生产技术

- 由于技术在最初设计阶段整合更经济有效，因此环境保护应是运营者所有工艺设计的固有特征。鉴于清洁技术的发展可通过研发活动或研究来实现，作为内部设计活动的一种替代，在合适的情况下应保持与相关领域的其他运营者或研究机构积极的协调。

（10）基准

与行业、国家或地区基准进行系统、定期的比较，包括能效和节能活动，原料选择，向空气和水的排放（例如欧洲污染物排放登记，EPER），水耗和废物产生。

12.1.1.2　标准化和非标准化 EMS

EMS 可以采取标准化或非标准化（"定制"）体系。实施并遵守国际公认的标准化体系，如 EN ISO 14001：1996，可使环境管理体系更具公信力，尤其通过外部审核认证时。EMAS 通过提供环境报告与公众互动以及确保遵守相关环境法规的机制进一步提高了公信力。尽管如此，原则上，非标准化体系只要设计与实施得当，也可以达到同等效果。

12.1.1.3　环境效益

运营者遵守并执行 EMS 的重点在于关注装置的环境绩效。特别是正常与异常情景下清晰的操作程序的遵守与维护，相关责任的落实，应能确保装置运行的所有时间都满足装置的许可条件和环境目标。

通常，EMS 能确保装置环境绩效持续改善。起点越低，短期改善效果越显著。如果装置已经有一个整体良好的环境绩效，环境管理体系则有助于运营者保持高绩效水平。

12.1.1.4　跨介质效应

环境管理技术设计关注整体环境影响，这与 IPPC 指令的综合防治相一致。

12.1.1.5　运行资料

未提供相关信息。

12.1.1.6　适用性

上述组成部分通常可适用于所有的 IPPC 装置。EMS 的范围（如详细程度）和性质（如标准化或非标准化）一般与装置的性质、规模、复杂度及装置可能具有的环境影响范围有关。

12.1.1.7　经济性

很难精确确定引进和维护好一个 EMS 带来的成本和经济效益。以下是一些研究的数据。但是，这些仅仅是举例，它们的结果并不完全一致。它们并不能代表欧盟的所有行业，因此需要谨慎参考。

瑞典于 1999 年对该国所有 360 家已被 ISO 认证和 EMAS 注册的公司进行了调查。响应率为 50%，得到以下结论。

• 引进和运行 EMS 的费用很高，但并非不合理，因此小微公司可以节约这笔费用。相关费用预计今后有望降低。

- 加强 EMS 与其他管理体系的协同集成可降低费用。
- 半数环境目标在一年之内通过增加收益和/或节约成本给予回报。
- 减小能源、废物处理和原材料的支出可最大限度地节约成本。
- 大多数公司通过实施 EMS，有效提升了自身的市场地位。1/3 公司的报告显示，通过实施 EMS，市场效益逐步提高。

部分欧盟成员国规定，如果装置经过认证，减收监管费。

大量研究表明❶，实施 EMS 的成本与公司规模和投资回报期均呈负相关。SMES 实施 EMS 的费用-效益关系没有较大型公司明显。

瑞士的一项研究显示，构建和运行 ISO 14001 的平均成本具有可变性。

- 对于一个员工在 1~49 人的公司，构建 EMS 需 64000 法郎（44000 欧元），每年运行需 16000 法郎（11000 欧元）。
- 对于一个员工多于 250 人的工业区：构建 EMS 需 367000 法郎（252000 欧元），每年运行需 155000 法郎（10600 欧元）。

由于 EMS 构建运行费高度依赖于重要指标（污染、能耗等）的数量及其复杂性，因此上述平均数字不一定反映具体工厂的实际费用。

德国最近的研究（Schaltegger, Stefan and Wagner, Marcus, *Umweltmanagement in deuttschen Unternehmen-der aktuelle Stand der praxis*, February 2002, p. 106）反映了不同分支 EMAS 具体费用。可以看出，该研究所得出的费用额较瑞士的低很多。从而表明 EMS 估算存在难度。

构建费：最少为 18750 欧元；最多为 75000 欧元；平均为 50000 欧元。

运行维护费：最少为 5000 欧元；最多为 12500 欧元；平均为 6000 欧元。

德国企业家协会的研究（Unternehmerinstitut/Arbeitsgemeinschaft Selbständiger Unternehmer UNI/ASU，1997，Umweltmanagementbefragung-Öko-Audit in der mittelständischen Praxis-Evaluierung und Ansätze für eine Effizienzsteigerung von Umweltmanagementsystemen in der Praxis，Bonn.）提供了实施 EMAS 节约的年均费用及回报期数据。例如，投入 8 万欧元实施 EMAS 每年节约 5 万欧元，相当于约 1.5 年的回报期。

与体系认证相关的费用，可根据国际认证论坛发布的指南估算（http：//www.iaf. nu）。

12. 1. 1. 8 实施驱动力

EMS 的优势：

- 加强考察公司的环境状况。

---

❶ E. g. Dyllick and Hamschmidt（2000，73）quoted in Klemisch H. and R. Holger，*Umweltmanagementsysteme in kleinen und mittleren Unterneh men- Befunde bisheriger Umserzung*，KNI Papers 01/02，January 2002，p 15；Clausen J.，M. Keil and M. Jungwirth，*The State of EMAS in the EU. Eco-Eanagement as a Tool for Sustainable Development-Literature Study*，Institute for Ecological Economy Research（Berlin）and Ecologic-Institute for International and European Environmental Policy（Berlin），2002，p 15

- 改善决策制订基础。
- 进一步发挥员工个人主观能动性。
- 为降低运行成本和提高产品质量提供新途径。
- 改善环境性能。
- 提升公司形象。
- 降低负债、保险和违约成本。
- 增加对员工、客户和投资者的吸引力。
- 增强监管机构的信任，减少监管。
- 改善与环境团体的关系。

12.1.1.9　案例工厂

12.1.1.1 的 (1)～(5) 部分属于 EN ISO 14001：1996 和欧盟生态管理审核计划 (EMAS) 的组成部分。而 12.1.1.1 后面部分则专属于 EMAS。这两个标准化体系在许多 IPPC 装置中得到了应用。例如，欧盟化学品及其制造业（NACE 代码 24）的 357 个机构在 2002 年 7 月都通过了 EMAS 注册，其中大部分属于 IPPC 装置。

在英国，英格兰和威尔士环保局在 2001 年对实施 IPC（IPPC 的前身）管理的装置开展了调查。结果显示，32％的答复对象通过了 ISO 14001 认证（占所有 IPC 管理装置的 21％），7％获得了 EMAS 注册。英国的所有水泥厂（约 20 家）都通过了 ISO 14001 认证，并且大多数获得了 EMAS 注册。在爱尔兰，建立 EMS（并非必须是标准化 EMS）是 IPC 许可证的要求，约 500 套许可装置中有 100 套通过 ISO 14001 标准，其余 400 套装置采用非标准化 EMS。

12.1.1.10　参考文献

(Regulation (EC) No 761/2001 of the European parliament and of the council allowing voluntary participation by organisations in a Community eco-management and audit scheme (EMAS)，OJ L 114，24/4/2001，http：//europa. eu. int/comm/environment/emas/index _ en. htm)

(EN ISO 14001：1996，http：//www. iso. ch/iso/en/iso9000-14000/iso14000/iso14000index. html；http：//www. tc207. org)

12.1.2　设备设计

（1）概述

工艺容器都配有排气孔防止惰性气体造成压力积累的排气孔。这些排气孔用于紧急情况下或维修之前设备的泄压与冲洗。通常，除由于流量过大易造成处理系统过载的主泄压阀外，这些排气孔都与空气污染控制设备连接。

为防止泄压阀的泄漏，安全隔膜可与安全阀结合使用，如果可能还应提前做好"安全风险分析"。通过监测安全隔膜和安全阀之间的压力来判断是否有泄漏。如果安全阀被连接到一个焚烧炉，可以不使用安全膜片。

用于预防和减少空气污染物逸散性排放的技术规定包括以下几点：

- 使用波纹管密封、双重填料密封的阀门或具有同等效能的设备。对于涉及高毒性物料的场合，特别推荐使用波纹管密封阀。
- 使用磁力泵、屏蔽泵或带液体屏障和双重密封的泵。
- 使用磁力压缩机、屏蔽电机驱动压缩机或带液体屏蔽和双重密封的压缩机。
- 使用磁力搅拌机、屏蔽电机驱动搅拌机或带液体屏蔽和双重密封的搅拌机。
- 尽可能减少法兰（或接头）的数量。
- 使用有效的密封垫。
- 使用封闭的采样系统。
- 在封闭系统中排放废水。
- 收集排放口排气。

（2）环境效益

预防并减少 VOCs 排放。

（3）跨介质效应

无可提供资料。

（4）运行资料

无可提供资料。

（5）适用性

通常适用于所有工艺。

（6）经济性

设备设计的成本因素见表 12.2。

表 12.2　设备设计的相对成本

设备	机械密封	磁驱动	密封	双面密封＋液体阻隔
泵	100	120～170	130～170	130～250
压缩机	100	n/a	n/a	120
搅拌器	100	120～150	120～150	130～250

依据情况不同，技术实施可能会产生不同的成本。表 12.3 显示数据是一个聚乙烯生产商成本估算中央部门的一个估算结果。

表 12.3　一台新泵安装启用的成本

项目	新建厂		现有工厂改造	
	非 BAT 设计泵	BAT 设计泵	容易更换	难于更换
泵的购买成本	100	140	140	140
安装成本	160	160	100	200
基础和详图设计	40	50	40	100

续表

项目	新建厂		现有工厂改造	
	非 BAT 设计泵	BAT 设计泵	容易更换	难于更换
现有泵的拆除	0	0	20	60
总计	300	350	300	500
达到 BAT 技术的增加成本	—	50	300	500

（7）实施驱动力

环境和安全原因。

（8）案例工厂

无可提供资料。

（9）参考文献

［1，APME，2002，2，APME，2002，3，APME，2002］。

12.1.3　逸散损失评估和测定

（1）概述

一个良好的逸散损失测定和修复计划要求对部件有准确的估算并建立数据库。在数据库中，将部件按照类型、用途和工艺条件进行分类，以便识别对逸散损失贡献最大的因素，同时便于采用工业标准泄漏因子。经验表明，应用这些标准因子做出的估计高于一个工厂整体的逸散排放。而通过 USEPA21 等已有技术，根据给定的阈值水平来筛选泄漏部件，可以得到更为准确的估计。泄漏与非泄漏部件的百分比可用于提高逸散损失估计的整体有效性。

根据一组相似工厂的数据建立相关关系，然后应用该相关关系进行估计，也可获得准确结果。

（2）环境效益

基于上述方法可优化设备的维护和修复计划，并同步减少 VOCs 排放。

（3）跨介质效应

没有跨介质效应。

（4）运行资料

无可提供资料。

（5）适用性

适用于所有工艺。

（6）经济性

覆盖 25％的法兰以及上一年度维修法兰的年度测量计划，每条生产线的逸散排放监测计划的成本估计为 2 万～3 万欧元（成本会随工艺类型和安装法兰的数量而变化）。

（7）实施驱动力

环境原因和减少单体和/或溶剂排放的经济原因。

（8）案例工厂

欧洲采用特定相关关系估计逸散排放的案例工厂是 ECVM 成员公司的工厂，他们采用特定相关关系定量估计 VCM 和 EDC 的逸散排放量以及水封储气罐的排放进量。两者都有案例来自比利时耶曼普（Jemeppe）SolVin 工厂。

（9）参考文献

［2，APME，2002，3，APME，2002］［9，ECVM，2004，10，ECVM，2001］。

12.1.4　设备监测和维护

（1）概述

已建成的组件和用途数据库为设备日常监测和维护计划（M&M）或泄漏检测与维修（LDAR）计划奠定了基础。定期采用有机蒸气分析仪检测组件泄漏率。识别出的泄漏组件进行维修和未来监测。随着时间的推移，可建立优先控制区域和持续关注关键组件的分布图，从而优化设计和/或更有效地开展组件维护工作。

更多信息请参考 LVOC BREF 和 MON BREF。

（2）环境效益

通过维护和监测的优化，减少了 VOCs 逸散排放量。

（3）跨介质效应

没有跨介质效应。

（4）运行资料

无可提供资料。

（5）适用性

适用于所有工艺。

（6）经济性

应用 LDAR 计划的成本报道如下。

- 第一年一个测量点 4.5 欧元（费用包括图上画出排放点，草拟 LDAR 计划，测量排放，报告维修前后的排放量，以及维修后的二次测量）。
- 之后每年一个测量点耗费 2.5 欧元。

（7）实施推动力

环境原因和减少单体和/或溶剂排放的经济原因。

（8）案例工厂

无可提供资料。

（9）参考文献

［2，APME，2002，3，APME，2002］。

12.1.5 减少粉尘排放

（1）概述

气流输送单元及颗粒除尘单元运行所用空气中富含粉尘与纤维颗粒。通常，聚合物密度影响粉尘和纤维的形成：聚合物密度越大形成的粉尘越多，聚合物密度越小，纤维颗粒形成的可能性越大。粉尘可排放，然而纤维颗粒则附着在产品上或作为废聚合物收集。在 BAT 技术确定过程中考虑了如下用于减少粉尘排放的技术和有效措施。

- 浓相输送比稀相输送粉尘排放更少，但由于设计压力限制，升级为浓相输送并不总是可行。
- 尽可能降低将稀相输送系统中的速度。
- 通过表面处理和合适的管道布置减少输送线上粉尘的生成。
- 在除尘单元采用旋风除尘器或过滤除尘器，布袋除尘对细尘更有效。
- 使用湿式除尘器。

更多信息请参考 CWW BREF。

（2）环境效益

减少粉尘排放。

（3）跨介质效应

与压降相关的能源需求。

（4）运行资料

浓相输送的投资成本比稀相输送约高 15%。由于高压降/高流量，稀相输送的能耗更高。采用浓相还是稀相输送取决于产品特性。稀相输送不适用于对摩擦敏感的产品，浓相输送不适用于易结块的产品。

（5）适用性

通常适用。

（6）经济性

无可提供资料。

（7）实施驱动力

环境和法律原因。

（8）案例工厂

无可提供资料。

（9）参考文献

[2，APME，2002，3，APME，2002]。

12.1.6 减少装置停车和开车

（1）概述

通过改善操作的稳定性（借助计算机监控系统）和设备的可靠性，使工厂停车和开车的需要降到最小。及时识别偏差情况并应用可控停车工艺，避免工厂紧急停车。

（2）环境效益

通过减少停车，包括紧急停车和开车次数，减少 VOCs 和粉尘排放。

（3）跨介质效应

无跨介质效应。

（4）运行资料

无可提供资料。

（5）适用性

适用于所有工艺。

（6）经济性

无可提供资料。

（7）实施驱动力

减少产品、单体或溶剂损失的环境和经济原因。

（8）案例工厂

无可提供资料。

（9）参考文献

[2，APME，2002，3，APME，2002]。

12.1.7 防泄漏容器系统

（1）概述

在工厂开车、停车和紧急停车期间产生的排放，输送到防泄漏容器系统，以避免其排放到环境中。防泄漏容器容纳的物料，可能是未反应的单体、溶剂和聚合物等，应尽可能回收利用，或在聚合物质量未知时用作燃料。

（2）环境效益

通过容纳排放的反应器物料，避免粉尘和烃类向环境释放。

（3）跨介质效应

容纳物料可循环回工艺和/或用作燃料。

（4）运行资料

无可提供资料。

（5）适用性

适用于除高压 PE 工艺外的所有工艺。

（6）经济性

无可提供资料。

（7）实施驱动力

减少产品、单体或溶剂损失的环境和经济原因。

（8）案例工厂

无可提供资料。

（9）参考文献

［2，APME，2002，3，APME，2002］。

12.1.8 水污染预防

（1）概述

工艺废水、污水或排水系统均采用耐腐蚀材料和防渗漏设计，以减小地下管线泄漏导致的风险。为方便检修，新建工厂或改建工厂的污水收集系统有关情况如下。

• 将管道和泵都设置在地上。

• 管道设置在便于检修的管廊（ducks）内。

水污染的预防措施，包括以下废水的分类收集。

• 受污染的工艺废水。

• 泄漏或其他污染源产生潜在污染的水，包括冷却水和厂区地表径流等。

• 清净下水。

更多信息请参考 LVOC BREF 和 CWW BREF。

（2）环境效益

废水管理和控制得到改善。

（3）跨介质效应

无可提供资料。

（4）运行资料

无可提供资料。

（5）适用性

一般适用于所有的聚合物生产工艺。但是，旧工厂改造，建立独立的污水收集系统却非常复杂。

（6）经济性

无可提供资料。

（7）实施驱动力

环境和经济原因。

（8）案例工厂

无可提供资料。

（9）参考文献

［11，EVCM，2002，13，International Institute of Synthetic Rubber Producers，2002，27，TWGComments，2004］。

12.1.9 整理工段空气吹洗废气和反应器排气的后处理

（1）概述

整理工段空气清洗废气和反应器排气中 VOCs 的处理，可采用热和催化焚烧技术。另一种可行方法是在有焚炉可用的情况下将该废气输送到焚炉焚烧处理。

处理整理工段废气的需要取决于来自生产或挤出工段的产品中残余的 VOCs 水平。用于 VOCs 去除的不同后处理技术的总体情况如表 12.4 所列。

表 12.4 VOCs 处理技术的效率和跨介质影响

技术	处理效率	能量消耗	二氧化碳的排放
减少源头排放	100%	0	0
收集并输送至火炉作为燃料	99.5%	节省	0
收集并送到焚烧炉	99%	增加	增加
收集并送到火炬	98%～99%	增加	增加

详见 CWWBREF，LVOCBREF 和 ESBBREF。

（2）环境效益

减少 VOCs 的排放。

（3）跨介质效应

采用热和催化焚烧技术会增加能耗和二氧化碳排放。

（4）运行资料

如果气体的热值高于 $11MJ/Nm^3$，火炬的处理效率是 98%～99%。

（5）适用性

普遍适用。但当废气含有机氯化合物时，不能使用这些技术。含氯化物应在前序工艺步骤中先用汽提或冷凝技术从废气中除去。

几乎所有 VOCs 源的排放都可通过热氧化焚烧装置减排，包括反应器排气孔、精馏塔排气孔、溶剂操作以及烤箱、干燥器和窑炉内进行的操作。该技术可以处理波动较小的气流，波动过大的气流需要使用火炬。当接受低负荷废气时，该技术的燃料消耗很高，因此更适合排放中高 VOCs 负荷废气的小型工艺装置。

催化氧化焚烧可用于各种稳定源的污染减排。主要污染源来自溶剂蒸发的 VOCs。许多行业的此类污染源均采用催化氧化焚烧工艺。

（6）经济性

一个聚烯烃工厂，每条生产线（100～200ktPE/a）建立热氧化装置及收集系统的投资成本在 300 万～600 万欧元之间。如果有合适的火炉可用，收集和输送成本为每条生产线 100 万～200 万欧元之间。

（7）实施驱动力

无可提供资料。

（8）案例工厂

无可提供资料。

（9）参考文献

［3，APME，2002，8，European Commission，2003，19，ESIG，2003］。

12.1.10 火炬系统和燃烧尾气的减量化

（1）概述

聚合物生产工艺中，主要的不连续排放源是反应器系统。反应器系统在装置开车（如清洗）、停车和紧急停车过程中会产生不连续排放。

火炬系统可用于处理不连续排放。对于火炬系统，高效燃烧喷嘴和注入蒸汽抑制烟的形成可用于减少排放。可输送到火炬焚烧的气流包括以下几方面：

- 装置开车和停车期间的气态烃清洗气流。
- 工艺中用于控制惰性气体累积的乙烯清洗气流。
- 来自中间清洗工段的烃蒸气。

需要送至火炬系统焚烧的含烃气流可通过以下方法减量。

- 装置开车和停车期间的气态烃清洗气流：在开车前用氮气排除装置中的氧气，以减少烃清洗的需要。
- 工艺中用于控制惰性气体累积的乙烯清洗气流：

a. 循环回轻质烃生产装置进行再加工；

b. 将清洗乙烯用作燃料；

c. 建立单独的精馏纯化单元去除惰性气体和其他烃类。

最后一项技术不能完全避免火炬处理，但会减小处理量。

- 来自中间产品清洗工段烃蒸气：通过采用闭路循环的氮气清洗/冷凝系统可大大减少烃清洗。

更多信息详见 CWW BREF。

（2）环境效益

通过反应器排放物的火炬处理，可避免烃类排放到空气中，并且可能减少烟尘排放。

（3）跨介质效应

火炬处理导致二氧化碳排放量增加，处理过程产生的噪声也是一个重要方面。

（4）运行资料

无可提供资料。

（5）适用性

除高压 PE 工艺和 PVC 工艺中的含氯废气外，其他所有工艺均适用。近地火炬可减少噪声和光污染，更适合较小的废气焚烧。

（6）经济性

总成本取决于连接聚合单元的数量。高空火炬及连接管路的成本在 300 万～500 万欧元之间。

（7）实施驱动力

无可提供资料。

（8）案例工厂

无可提供资料。

（9）参考文献

［2，APME，2002，3，APME，2002］。

12.1.11 热电联产装置的电和蒸汽利用

（1）概述

典型的热电联产系统由发动机和蒸汽涡轮机或用于驱动发电机的燃气轮机组成。余热交换器可回收发动机或废气中的余热生产热水或蒸汽。热电联产同时产生一定量的电能和工艺热能，所消耗的燃料比分别单独生产电能和工艺热能少 10%～30%。

当工厂使用蒸汽或热电联产蒸汽有其他应用时，通常都建立热电联产装置。其产生的电能可供工厂使用或输出［27，TWGComments，2004］。

（2）环境效益

提高燃料利用总体效率，最大达 90%。

（3）跨介质效应

通过使用热电联产装置，降低了能量成本，也减少了能量生产过程的污染排放。

（4）运行资料

无可提供资料。

（5）适用性

如表 12.5 数据所列，热电联产系统不仅适用于高能量消耗装置，也适用于低能量消耗装置。

如有需要，附近应有蒸汽使用的出口。

表 12.5 不同规模热电联产系统的能量效率

项目		效率/%		
单元	电能	电转换	热回收	热电联产
小型往复式内燃机	10～500kW	20～32	50	74～82
大型往复式内燃机	500～3000kW	26～36	50	76～86
柴油发动机	10～3000kW	23～38	50	73～88
小型燃气涡轮机	800～10000kW	24～31	50	74～81
大型燃气涡轮机	10～20MW	26～31	50	78～81
蒸汽涡轮机	10～100MW	17～34	—	—

（6）经济性

未提供相关信息。

（7）实施驱动力

经济和环境原因。

（8）案例工厂

无可提供资料。

（9）参考文献

［1，APME，2002，3，APME，2002，7，California Energy Commission，1982]。

12.1.12　通过产低压蒸汽回收放热反应热量

（1）概述

已去除的反应热可用于生产低压蒸汽用于预热目的（如管式工艺、LDPE 工艺中的高压分离器或管式反应器）和其他内部用途或输出给外部用户。

（2）环境效益

降低能耗。

（3）跨介质效应

无明确的跨介质效应。

（4）运行资料

无可提供资料。

（5）适用性

该技术可应用于各种不同的工艺，但主要用于所生产蒸汽有用户的综合性生产厂。

（6）经济性

无可提供资料。

（7）实施驱动力

经济和环境原因。

（8）案例工厂

无可提供资料。

（9）参考文献

［2，APME，2002]。

12.1.13　齿轮泵替代或与挤出机联合使用

（1）概述

齿轮泵示意如图 12.1 所示。在生产粒状产品加压时，齿轮泵比挤出机的能效更高。使用齿轮泵需要提前熔化聚合物，并将添加剂有效地分散其中，这可能会限制齿轮泵的使用。

（2）环境效益

齿轮泵比挤出机耗能低，因此使用可降低能耗。

（3）跨介质效应

无可提供资料。

（4）运行资料

无可提供资料。

（5）适用性

该技术适用于聚合物已熔化好的工艺。聚合物造粒有时在与其他聚合物混合后实施，这属于下游加工工艺，不在本书范围内。

（6）经济性

无可提供资料。

（7）实施驱动力

经济原因。

（8）案例工厂

无可提供资料。

（9）参考文献

［2，APME，2002］。

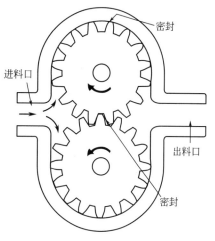

图 12.1　齿轮泵的示意

12.1.14　混合挤出

（1）概述

混合挤出的目的是尽可能降低能耗。由于离线混合需要将产品再进行一次熔化操作，在线混合优于离线混合。只有市场确实需要时，才选择离线混合。

（2）环境效益

降低能耗。

（3）跨介质效应

尚未发现跨介质效应。

（4）运行资料

无可提供资料。

（5）适用性

普遍适用。PVC 造粒在混合后实施，属于下游加工工艺，不在本书范围内。

（6）经济性

无可提供资料。

（7）实施驱动力

无可提供资料。

（8）案例工厂

无可提供资料。

（9）参考文献

［1，APME，2002，2，APME，2002］。

12.1.15 废物再利用

（1）概述

恰当的工艺整合有助于预防和减少聚合物工厂的废物产生量，包括废溶剂、废油、废聚合物蜡和边角料、净化床助剂和催化剂残渣。

在合适的地方，废溶剂和油可用作裂化装置原料或直接用作燃料。在某些情况下，浓缩的聚合物蜡可作为副产品出售给制蜡厂。聚合物边角料可以回收利用。通过在线再生和延长使用时限，减少净化剂的用量。通常，新一代催化剂效率足够高，催化剂残渣可留存在聚合物中，从而避免了催化剂的洗涤过程以及催化剂残渣的处置。

（2）环境效益

废物减量和能量回收。

（3）跨介质效应

无可提供资料。

（4）运行资料

无可提供资料。

（5）适用性

取决于工艺产生的废物类型。废物焚烧指令规定了焚烧和监测的要求，然而已有装置很难达到这些要求。

（6）经济性

无可提供资料。

（7）实施驱动力

无可提供资料。

（8）案例工厂

无可提供资料。

（9）参考文献

［2，APME，2002，3，APME，2002］。

12.1.16 管道清理系统

（1）概述

管道清理技术是材料运输和清洗技术的一个分支。在管道清理时，管道内物料被一个紧贴管壁的塞头（清管器）推挤，直到物料几乎完全离开管道。清管器最常采用气态推进剂（如压缩空气）。工业清管系统的主要部件包括以下几方面。

- 清管器（pig）。
- 配有清管阀门（piggable valve）的适合清管的管道。
- 清管器装卸站。

- 推进剂供应。
- 控制系统。

管道清理技术可在不同位置应用，如：

- 生产装置内容器之间。
- 工艺装置-罐区之间。
- 罐区-进料设施之间。

（2）环境效益

取得的主要环境效益包括以下几方面。

- 无需冲洗（rinsing）程序或所需清洗剂用量更少。
- 降低冲洗水（rinsing water）污染负荷。
- 减少贵重产品的损失。

（3）运行资料

取决于特定工作任务。

（4）跨介质效应

没有问题。

（5）适用性

适用范围广。尤其适合于长管线、多产品工厂以及间歇生产类型。

（6）经济性

常规管道系统和管道清理系统的成本对比见表 12.6。

表 12.6 常规管道系统和管道清理系统的成本对比

100m 管线、直径 3in			
常规管道系统	欧元	管道清理系统	欧元
投资成本（使用期限 10 年）			
管材 铺设 阀门、法兰	65000	管材 铺设 阀门、法兰、压力释放容器	105000
运行成本			
清洁剂 冲洗一次 产品损失 损失产品及清洁剂的处置	14000	3 个清管器,维护一次 250 欧元［无冲洗（rinsing）操作］	3250

（7）实施驱动力

- 可以自动化，比人工清管节省时间。
- 成本低。

（8）案例工厂

荷兰 Schoonebeek 的 DSM 不饱和聚酯工厂。

（9）参考文献

［12，Hiltscher，2003］。

12.1.17　废水缓冲

（1）概述

在污水处理装置上游安装足够大的缓冲罐，收集污染的工艺废水，可为废水处理系统提供稳定的进料，确保工艺稳定运行。

缓冲罐也可作为排放前不满足最大排放限值废水的存储器（排污槽），这些废水返回缓冲罐以进行二次处理。

在间歇生产中（如PVC），清洗水也可存入缓冲罐作为反应器清洗剂进行再利用，从而减少清洗水用量。

更多信息详见CWW BREF。

（2）环境效益

废水水质稳定，污水处理厂处理效果稳定。

（3）跨介质效应

无可提供资料。

（4）运行资料

无可提供资料。

（5）适用性

对所有PVC、ESBR及废水产生工艺一般都适用。

（6）经济性

无可提供资料。

（7）实施驱动力

环境、健康和安全原因。

（8）案例工厂

无可提供资料。

（9）参考文献

［11，EVCM，2002，13，IISRP，2002，27，TWGComments，2004］。

12.1.18　废水处理

（1）概述

废水处理技术包括：生物处理、反硝化、除磷、沉淀、浮选等。根据废水水量和组成及工厂运行状况，选择最适合的废水处理技术。

污水处理厂的主体通常是好氧生物活性污泥工艺。围绕这一核心单元布置了一套复杂的前处理和后续分离设施。污水处理设施可以是建在聚合物生产装置旁边的专用污水处理装置，也可以是包含聚合物生产装置在内的园区集中式污水处理厂，或者是外部用专用管道或下水道（存在一定的雨水溢流风险）连接的市政污水处理厂。集中式污水处理厂通常配备包括以下设施。

- 如果上游没有配备相应设施，应配备缓冲或均质池。
- 混合站：投加中和和絮凝药剂并混合（一般为石灰乳和/或无机酸、硫酸亚铁）。必要时进行封闭或加盖，防止臭味物质释放，收集到的废气用管道输送到废气减排系统进行处理。
- 初级沉淀池：废水中絮体的去除；必要时进行封闭或加盖，以防止臭味物质释放，收集到的废气用管道输送到废气减排系统进行处理。
- 活性污泥部分，例如：

a. 入口处投加营养物的曝气池。必要时封闭或加盖，收集到的废气用管道输送到废气减排系统进行处理。

b. 配备有气体管道的封闭式反应池（如生物塔），气体管道连接到废气减排系统。

c. 硝化/反硝化单元（备选）和除磷单元。

- 带污泥回流的中间沉淀池（当设有二级好氧生物处理单元时选配）。
- 用于低负荷生物处理的第二级活性污泥部分。
- 带有污泥回流的最终沉淀池，并将污泥转移到污泥处理单元；最终沉淀池也可用砂滤池、微滤或超滤装置替代。
- 可选配的用于去除残留 COD 的专用深度处理装置，如紫外处理或吹脱柱。
- 在最终沉淀池后可选配的深度处理装置，如气浮。
- 可选配污泥处理装置，如：a. 污泥消化池；b. 污泥浓缩池；c. 污泥脱水机；d. 污泥焚烧炉。
- 和/或其他同等的废水处理技术。

（2）环境效益

无可提供资料。

（3）跨介质效应

无可提供资料。

（4）运行资料

无可提供资料。

（5）适用性

一般适用于所有废水产生工艺。

（6）经济性

无可提供资料。

（7）实施驱动力

环境原因。

（8）案例工厂

无可提供资料。

（9）参考文献

［8，European Commission，2003，36，Retzlaff，1993］。

12.2　PE 技术

12.2.1　往复式压缩机中单体的回收

（1）概述

高压聚乙烯厂多级压缩机损失的单体应回收并循环到低压压缩机抽吸段。低压压缩机排放的单体收集后输送到热氧化焚烧炉或火炬系统。

（2）环境效益

压缩机排放 VOCs 减量。

（3）跨介质效应

- 通过回收降低单体成本。
- 通过使用再生技术减少能耗。
- 火炬燃烧导致二氧化碳排放量增加。

（4）运行资料

无可提供资料。

（5）适用性

适用于高压 LDPE 工艺。

（6）经济性

无可提供资料。

（7）实施驱动力

该技术通过循环利用，减小单体消耗量和工厂排放量。

（8）案例工厂

无可提供资料。

（9）参考文献

［31，UBA，2004］。

12.2.2　挤出机尾气的收集

（1）概述

LDPE 生产的挤出工段尾气富含单体。抽吸挤出工段烟气，可降低单体排放。尾气经收集后用热氧化焚烧装置处理。

（2）环境效益

减少挤出工段单体（VOCs）排放。

（3）跨介质效应

通过生产低压蒸汽，工厂能耗降低。

（4）运行资料

减排效率大于 90%。

（5）适用性

普遍适用。

（6）经济性

无可提供资料。

（7）实施驱动力

环境和法律的因素。

（8）案例工厂

无可提供资料。

（9）参考文献

[31，UBA，2004]。

12.2.3　整理和产品存储工段排放控制

挤出和造粒工段的新鲜聚合物颗粒仍含有残余单体、共聚单体和溶剂。因此，这些组分在造粒、分类、干燥以及第一级粒料存储阶段（所谓的混合筒仓），都会释放。这些颗粒均以较高的温度（40~60℃）进入这些筒仓，进一步促进烃类组分的排放。这些潜在的排放源可通过以下措施减排，包括减小进入挤出/存储工段聚合物中的烃含量、聚合物挤出期间真空脱挥和混合筒仓清洗空气后处理。

为降低聚乙烯颗粒的 VOCs 排放量需考虑以下技术和因素。

12.2.3.1　降低挤出工段聚乙烯中烃含量

（1）概述

根据聚乙烯工艺，以下几种方法可用于降低残余烃含量。

• 高压聚乙烯工艺：通过降低低压分离器（LPS）和增压压缩机进口端之间低压循环段的压降，使 LPS 罐在最小压力下运行，同时要为挤出机维持一个稳定的聚合物进料量。

• 气相和淤浆工艺（HDPE 和 LLDPE）：应用封闭循环的氮气吹洗系统去除聚合物颗粒中的单体和/或溶剂。去除的单体收集后输送到热氧化焚烧装置处理。

• LLDPE 溶液法工艺：聚合物在低压和/或真空状态下脱挥。

（2）环境效益

产品筒仓的 VOCs 排放量减少。

（3）跨介质效应

无可提供资料。

（4）运行资料

无可提供资料。

（5）适用性

如以上描述。

（6）经济性

无可提供资料。

（7）实施驱动力

无可提供资料。

（8）案例工厂

无可提供资料。

（9）参考文献

［2，APME，2002］。

12.2.3.2　悬浮法工艺中汽提的优化（PP，HDPE）

（1）概述

催化剂脱活和汽提在带搅拌的蒸锅中进行，保证与蒸汽接触的均匀性和接触时间。

通过后续冷凝回收汽提出的单体，再经纯化循环回生产工艺。在未安装蒸锅（steamer）废气回收单元时，这些废气通过火炬焚烧处理。

（2）环境效益

• 减少了产品中的单体含量，从而减少了单体消耗。

• 单体循环回生产工艺，从而减少了二氧化碳排放。

（3）跨介质效应

无可提供资料。

（4）运行资料

• 产品中单体含量降低75％以上。

• 每吨产品，约有10kg单体可循环回生产工艺。

（5）适用性

通常适用于所有使用汽提技术的工艺。

（6）经济性

无可提供资料。

（7）实施驱动力

环境和经济原因。

（8）案例工厂

无可提供资料。

（9）参考文献

［31，UBA，2004］。

12.2.3.3 溶剂的冷凝

（1）概述

在 HDPE 淤浆法工艺中，离心操作后流化床干燥器排出的蒸发溶剂被冷凝并回到生产工艺。

（2）环境效益

减少了烃类排放量。

（3）跨介质效应

无明确的跨介质效应。

（4）运行资料

无可提供资料。

（5）经济性

无可提供资料。

（6）案例工厂

有许多案例。

（7）参考文献

［2，APME，2002］。

12.2.3.4 PE 工艺中溶剂和共聚单体的选择

（1）概述

溶剂作为催化剂或引发剂的进料载体或在溶液法和淤浆悬浮法工艺中作为反应稀释剂，是 PE 工艺的必要原料。而共聚单体用于控制最终聚合物产品的密度。原理上，烃类溶剂和共聚体挥发性越强，越容易从聚合物中分离。但是也有一些实际限制。

① 共聚单体的选择：共聚体的选择取决于产品设计、所期望的应用性能和指定的产品价值。

② LLDPE 溶液法工艺中溶剂的选择：通常溶液法工艺应用 1-己烯或 1-辛烯作为共聚单体，生产更高等级的 LLDPE 产品。这些共聚单体与反应系统采用的 C6～C9 范围的烃类溶剂具有相容性。因此，采用低沸点的共聚单体和溶剂原理上可行。但需要更高的反应器操作压力和更多的能量，以避免相分离从而保持单相条件。

③ LLDPE 气相法工艺中溶剂和共聚单体的选择：采用 1-丁烯作为共聚单体，会使输送到挤出工段的聚合物中残余的烃含量很低。然而采用 1-己烯作为共聚单体（可提高产品价值）和/或使用一种可冷凝的溶剂（可提高装置产能并降低能耗）会增加聚合物中的残余烃含量。

④ HDPE 淤浆悬浮法工艺中溶剂的选择：原理上，悬浮溶剂越容易挥发，越容易去除，但低沸点溶剂需要更复杂的冷凝/回收系统。此外，装置设计（装置运行和设计压力）可能会阻碍 C4～C6 低沸点溶剂的应用。

⑤ 高压聚乙烯工艺中溶剂的选择：溶剂用作引发剂载体，以促使引发剂能稳定注入。原理上，在 C7～C9 范围内的低沸点烃溶剂和在 C10～C12 范围内高沸点烃的溶剂均可用于高压聚乙烯工艺。低沸点溶剂更有利于从产品中去除，但会导致乙烯循环系统中溶剂含量的高水平积累。高沸点溶剂从聚合物中去除更困难，但在循环物料中更容易凝结，因而在循环系统中的含量较低。两者对残留溶剂水平的净影响可能是中性的。高压聚乙烯工艺运行优化可降低烃溶剂用量，并保证向反应器系统稳定注入引发剂。扩大生产规模有助于减小装置的溶剂消耗及聚合物中残留的溶剂含量。

（2）环境效益

低沸点溶剂和悬浮剂从产品中去除更容易并且耗能少，从而减少存储阶段的 VOCs 排放。

（3）跨介质效应

无可提供资料。

（4）运行资料

无可提供资料。

（5）适用性

如上所述。对于某些特种产品，如用于电容器薄膜的 PP，为了保证产品质量使用较少的挥发性稀释剂。

（6）经济性

无可提供资料。

（7）实施驱动力

无可提供资料。

（8）案例工厂

无可提供资料。

（9）参考文献

［2，APME，2002］。

12.2.3.5 LDPE 和 LLDPE 工艺挤出工段脱挥

（1）概述

这种技术，也称为挤出机脱气，适用于溶液法 LLDPE 和高压 LDPE 等从熔化聚合物开始挤出产品的工艺去除残留烃类组分。由于聚合物需要压缩、真空脱挥然后再次压缩以完成最后的造粒，因此，该技术需要一种加长型挤出机。来自真空腔的烃蒸气在一个真空/洗涤器系统中处理。不冷凝物质，主要是乙烯，由于可能被氧气污染而带来风险，因此，被送到火炬处理。

脱挥挤出，能够输送低挥发性物质，需要由合理设计的系统完成，包括螺杆设计、控制回路和预防氧气泄漏等方面。

为保持和无脱挥挤出相似的产品质量和实用性，必须注意避免氧气进入脱气腔造成污染。需要进行合适的挤出机布局和设计，以使脱挥挤出机的操作和无脱挥挤出机相似。

（2）环境效益

• 减小了干燥机和混合/存储筒仓中 VOCs 排放量。例如，含 10％～15％溶剂的溶液法 LLDPE，采用脱挥挤出，VOCs 含量降至 500mg/L。

• 降低了资源消耗（单体、催化剂、燃料和电）。

（3）跨介质效应

• 挤出脱挥允许筒仓排出的吹洗气流不进行后处理。

• 挤出脱挥避免了低负荷吹洗气流后续热处理所需的额外燃料。

• 筒仓排气时间可减少到正常时间的 20％～30％，在某些情况下可完全避免排气。

• 脱挥挤出机下游装置的安全性得到提升。

• 真空系统中收集的共聚单体和溶剂，通常送往焚烧炉或者火炉（回收热值）。

• 当无法采用火炉处理废气时，火炬系统的使用将增加。

• 除脱除乙烯外，挤出脱挥的另一个潜在优势是能有效减少聚合物中高沸点烃。这样生产的脱气聚合物产品，在转化器加工时的排放量较少。

真空腔中氧气的进入和交联聚合物的形成会加聚凝胶形成，进而使产品性能受到影响。

（4）运行资料

某案例工厂采用两条生产线生产 LDPE（均聚物以及与甲基丙烯酸的共聚物）。两条生产线都改造成脱挥挤出机，分别在 20 世纪 90 年代初和 1996 年完成改造。脱出的挥发物被英国石油公司热利用。由于使用了脱挥挤出机，筒仓中正常的通气时间减少到 50％以下。

除脱除乙烯外，挤出脱挥的主要优势是能有效减少高沸点烃的含量。这样生产的脱气聚合物产品在进一步加工时，排放量显著减少。

另一案例工厂报告了使用和不使用脱挥设备时 EVA 共聚物中的单体含量（所给案例为 28％VA 等级的产品）（见表 12.7）。

表 12.7 使用和不使用脱挥设备时 EVA 共聚物中的单体含量

项目	乙烯/(mg/L)	醋酸乙烯酯/(mg/L)
使用脱挥设备	150	1500
不使用脱挥设备	1700	6200

如果由于操作或其他问题需要关闭真空条件，会导致排放水平暂时增加。

目前均聚物生产线上应用脱挥挤出机的最大生产能力为 250kt/a。

（5）适用性

• 主要适用于 LDPE，也适用于 LLDPE。

• 如有必要，也可用于 HDPE。

（6）经济性

表 12.8 给出了脱挥挤出与不带脱挥的挤出（吹洗空气通过蓄热式热氧化处理）可变运行成本的对比。该计算基于电价为 0.05 欧元/(kW·h)，燃料价格为 0.0162 欧元/(kW·h)。

表 12.8 使用不带有（A）和带有（B）脱挥功能的挤出机时生产每吨均聚物产品（2MFI）的运行成本

运行成本/(欧元/t 产品)	A	B
电能-挤出机	3	3.9
电能-筒仓排气	0.5	0.1
电能-焚烧炉风机	0.2	0.0
焚烧炉燃料	0.3	0.0
日常维护	0.4	0.5
总成本	4.4	4.5

注：A 为不带有脱挥功能的挤出机；B 为带有脱挥功能的挤出机。

LDPE 均聚物生产线可变运行成本的对比结果表明，脱挥挤出与吹洗空气蓄热式热氧化处理产生相似的运行成本。

与普通挤出机长度为 12D（D＝螺纹直径）相比，脱气挤出机需要增加 8D 的长度来安置脱气部分。额外增加的占地面积使得改进已有生产线会由于空间局限而变得困难。

对于通过化学反应改性聚合物的情况，脱挥挤出机可为分散添加剂提供搅拌，并提供去除反应所生成副产物的能力。而如采用普通挤出机，这个工艺需要增加一个步骤，相应地会显著增加成本（约 0.40 欧元/kg）。

（7）实施驱动力

经济和环境原因如下。

- 有效减少产品中残余单体、共聚单体和溶剂的含量。
- 减少转化器进一步加工时的排放量。

（8）案例工厂

德国科隆（Cologne）BP 公司。

加拿大埃德蒙顿（Edmonton）AT-Plastics 公司。

荷兰赫伦（Geleen）Sabic 公司。

荷兰特尔纽森（Terneuzen）陶氏化学公司。

德国路易那（Leuna）陶氏化学公司。

实际上，13 家化工公司在 LDPE 均聚物和共聚物工厂中，运行着约 30 台脱挥挤出机，这些挤出机大多数为单螺杆，生产能力达到 35t/h。

（9）参考文献

[2，APME]，[18，Pfleiderer，2004，27，TWGComments，2004] [46，TWG-Comments，2005]。

12.2.3.6 产品筒仓吹洗空气流的热氧化处理

（1）概述

刚生产出的 LDPE 含有溶解单体。筒仓脱气用于收集单体并把它们输送到蓄热式热氧化单元或催化氧化单元。

（2）环境效益

减少产品筒仓的单体排放。

（3）跨介质效应

采用储热式技术可降低能耗。

（4）运行资料

产品筒仓中单体排放量减小到 10% 以下。

（5）适用性

适用于高压 LDPE 工艺。

（6）经济性

无可提供资料。

（7）实施驱动力

法律和环境原因。

（8）案例工厂

奥地利施威夏特（Schwechat）Borealis 公司。

（9）参考文献

［31，UBA，2004］。

12.2.4　尽可能提高反应器系统中聚合物浓度

（1）概述

通过增加反应器中聚合物浓度，生产工艺整体的能量效率得到如下优化。

① 高压聚乙烯工艺：反应器内聚合物浓度可通过尽量增加传热量实现。然而，产品性能与反应器内聚合物浓度相互影响。因此，期望达到的产品性能制约着乙烯的最高转化率。

② 溶液法工艺：聚合物最大浓度是催化剂体系能达到的最高温度、反应器排热能力以及工艺最大允许黏性的函数。

③ 气相法工艺：原理上，只要反应器系统中维持流化状态、温度条件均一，反应器内聚合物浓度没有上限。反应器系统中加入一种可冷凝的溶剂和/或单体，可以提高反应器的排热能力，从而降低循环的能量消耗（所谓的"冷凝模式"）。

④ 高密度聚乙烯悬浮工艺：悬浮液的最大黏度限制了聚合物固体在烃类稀释剂中的最大浓度。由于悬浮液须保持运动状态。根据粒径分布，通常的固体浓度须维持在 30%～35%（体积分数）。

（2）环境效益

提高能量效率。

（3）跨介质效应

无可提供资料。

（4）运行资料

无可提供资料。

（5）适用性

无可提供资料。

（6）经济性

无可提供资料。

（7）实施驱动力

经济和环境原因。

（8）案例工厂

无可提供资料。

（9）参考文献

［2，APME，2002］。

12.2.5　以原颗粒形状输送产品

（1）概述

这种方式适用于气相法和悬浮淤浆法工艺生产的产品。但产品密度低，增加了存储和运输成本，并增加了工业卫生和安全考虑（粉尘爆炸可能），从而使其应用受到局限。另一方面，产品的散装运输使包装材料减量化。

（2）环境效益

无需包装。

（3）跨介质效应

无可提供资料。

（4）运行资料

无可提供资料。

（5）适用性

适用于淤浆法、气相法工艺。

（6）经济性

无可提供资料。

（7）实施驱动力

无可提供资料。

（8）案例工厂

无可提供资料。

(9) 参考文献

[2，APME，2002，3，APME，2002]。

12.2.6 闭路循环冷却水系统

(1) 概述

聚乙烯工厂是工艺水的小用户。工艺水的消耗局限于蒸汽生产（高压聚乙烯厂）、冷却水塔和颗粒冷却水系统。为减少水的耗量，工厂都配备了闭路循环冷却塔系统。

然而，一些位于海岸或入海口的工厂，也采用海水或河水直冷操作。

(2) 环境效益

减少水的消耗量。

(3) 跨介质效应

无可提供资料。

(4) 运行资料

无可提供资料。

(5) 适用性

普遍适用。

(6) 经济性

无可提供资料。

(7) 实施驱动力

经济和环境原因。

(8) 案例工厂

无可提供资料。

(9) 参考文献

[2，APME，2002，3，APME，2002]。

12.3 PS 技术

根据表 12.9 的分级方案，表 12.10～表 12.11 列出了相关技术。

表 12.9 PS 工艺减排技术分级方案

等级	效率等级/%	年运行成本/[（欧元）/tVOC]	建设成本/（欧元/tVOC）
低(L)	<30	<1000	<22000
中(M)	30～70	1000～5000	22000～100000
高(H)	>70	>5000	>100000

12.3.1 GPPS

GPPS 工艺应用的减排技术见表 12.10。

表 12.10 GPPS 工艺应用的减排技术

排放	可用技术	成本	效率	备注
气体				
存储	尽量减小液位变化	L	M	仅适用于综合性厂区
	气体平衡管线	M	M	适用于邻近储罐
	浮顶	H	H	仅适用于大型储罐
	冷凝器安装	H	H	
	排气回收处理	H	H	
工艺设备	排气收集	H	H	
粉尘	造粒机	H	M	取决于类型和规模
	过滤器	H	M	
	水力旋流器	H	M	
造粒机	收集和处理	H	M	
液体				
清洗	回收用于燃油或焚烧	M	H	
废水	生物处理①	L	H	
固体废物②				
危险废物和无害废物	通过加强隔离减少废物体积	L	M	
	收集后外部处理	M	H	
管理技术		M	H	

① 已有处理厂。
② 只有不显著的数量。

12.3.2 HIPS

HIPS 工艺应用的减排技术见表 12.11。

表 12.11 HIPS 工艺应用的减排技术

排放	可用技术	成本	效率	备注
气体				
存储	尽量减小液位变化	L	M	仅适用于综合性厂区
	气体平衡管线	M	M	适用于邻近储罐
	浮顶	H	H	仅适用于大型储罐
	冷凝器安装	H	H	
	排气回收处理	H	H	
溶解系统	旋风分离器分离输送空气	M	M	
	高浓度抽运系统	H	H	
	连续溶解系统	L	M	改造成本高
	蒸气平衡管线	L	M	
	排气回收处理	M	M	
	冷凝器	H	M	

续表

排放	可用技术	成本	效率	备注
工艺设备	排气收集	H	H	
粉尘	造粒机	H	M	取决于类型和规模
	过滤器	H	M	
	水力旋流器	H	M	
造粒机	收集和处理	H	M	
液体				
清洗	回收用于燃油或焚烧	M	H	
废水	生物处理①	L	H	
固体废物②				
危险废物和无害废物	通过加强隔离减少废物体积	L	M	
	收集后外部处理	M	H	
管理技术		M	H	

① 已有处理厂。
② 只有不显著的数量。

12.3.3　EPS

EPS 工艺应用的减排技术见表 12.12。

表 12.12　EPS 工艺应用的减排技术

排放	可用技术	成本	效率	备注
气体				
存储	尽量减小液位变化	L	M	仅适用于综合性厂区
	气体平衡管线	M	M	仅适用于邻近储罐
	浮顶	H	H	仅适用于大型储罐
	冷凝器安装	H	H	
	排气回收处理	H	H	
反应器有机进料配制	蒸气平衡管线	L	H	[46,TWGComments,2005]
	排气回收外部处理（储热式热氧化器）	M	H	
聚合后戊烷排放	吸附/解吸附系统/火炬	H	H	额外的效率成本以指数方式增长
液体				
清洗	回收用于燃油或焚烧	M	H	
废水	生物处理①	L	H	
固体废物②				
危险废物和无害废物	通过加强隔离减少废物体积	L	M	
	收集到外部处理	M	H	
管理技术		M	H	

① 已有处理厂。
② 只有不显著的数量。

12.4 PVC 技术

12.4.1 存储设施排放的预防

（1）概述

一般情况下，VCM 进料由附近生产装置通过管道供应。工厂需要有 VCM 的存储设施。这些存储设施必须要经过很好的设计和维护，以防止泄漏，导致土壤和水污染。VCM 通常在以下两种条件下存储。

- 低温储罐常压存储。
- 增压储罐室温存储。

当有过多的惰性气体（通常为氮气）引入，或加载操作中有蒸气回流时，才会产生废气。通过为储罐提供以下设施来预防排放。

- 低温回流冷凝器。
- 与 VCM 回收系统或合适的排气处理设备相连。

（2）环境效益

防止 VCM 存储过程中的排放。

（3）跨介质效应

没有明确的跨介质效应。

（4）运行资料

无可提供资料。

（5）适用性

普遍适用于所有 PVC 工艺。

（6）经济性

无可提供资料。

（7）实施驱动力

环境原因。

（8）案例工厂

遵守 ECVM 宪章规定的工厂。

（9）参考文献

［11，EVCM，2002，27，TWGComments，2004］。

12.4.2 VCM 卸载设施排放的预防

（1）概述

在 VCM 卸载过程中，如果在断开管道连接时管道中的 VCM 还没有排净，就会发生泄漏。预防措施是吹洗连接管路，并进行 VCM 回收或焚烧处理。

工厂只能从卡车、火车或轮船上配有蒸气回流系统的储罐里卸载 VCM，以使供应罐和接受罐之间保持气相流动平衡，避免从移动储罐中泄漏 VCM。

为防止存储过程中聚过氧化物乙烯基的形成，须采取措施避免氧含量的增加。

（2）环境效益

防止卸载作业中 VCM 的排放。

（3）跨介质效应

未发现跨介质效应。

（4）运行资料

无可提供资料。

（5）适用性

一般适用于所有 PVC 工艺。

（6）经济性

无可提供资料。

（7）实施驱动力

环境原因。

（8）案例工厂

遵守 ECVM 宪章规定的工厂。

（9）参考文献

[11，EVCM，2002，27，TWGComments，2004]。

12.4.3　聚合过程排放的预防

（1）概述

如不采取额外措施，反应器打开时其中残留的 VCM 将排入环境，不论是每批打开一次，还是每 50 批打开一次。因此，反应器打开前必须进行脱气和蒸汽清洗。

最终的排放水平由反应器打开频率和蒸汽清洗效率综合决定。有效减小反应器中残留 VCM 的程序如下：

- 减少打开反应器的频率；
- 反应器减压并排气到 VCM 回收系统；
- 将反应器内含有的液体排到封闭容器；
- 用水冲洗和清洁反应器；
- 将清洗水排水到汽提系统；
- 汽蒸和/或用惰性气体冲洗以去除反应器残留的微量 VCM，并将气体输送到 VCM 回收系统。可以考虑使用萃取塔。

在排气操作期间，需特别注意控制泡沫并防止泡沫离开高压反应釜。这可以通过小心控制阀门开启速度来实现，该操作由计算机控制。排气期间，起泡也可以通过加入化学消泡剂控制。在 E-PVC 生产厂，必须具有捕捉和容纳反应器排气期间流出胶乳的系统，这些胶乳可送到胶乳或废水的汽提处理系统。

（2）环境效益

预防反应器中 VCM 的排放。

（3）跨介质效应

未发现跨介质效应 [27，TWGComments，2004]。

（4）运行资料

无可提供资料。

（5）适用性

通常适用于所有 PVC 生产工艺。

（6）经济性

无可提供资料。

（7）实施驱动力

卫生和环境原因。

（8）案例工厂

遵守 ECVM 宪章规定的工厂。

（9）参考文献

[11，EVCM，2002，27，TWGComments，2004]。

12.4.4　脱气

（1）概述

在蒸汽汽提过程中，通过合适的温度、压力和停留时间组合使单位胶乳体积的自由胶乳表面最大化，可以使悬液或胶乳中 VCM 达到很低的含量。

可以采用的最大停留时间和最大温度，可通过测量 PVC 的热降解和胶乳凝聚的倾向性确定。可以采用的最低压力和总体的最高汽提速率通过测量起泡趋势、聚合物携带量以及蒸汽冷凝器和汽提塔下游管路的污染程度确定。

汽提工艺的效率还受粒径分布的影响，尤其是存在直径 $2\mu m$ 及以上的颗粒时。通过微悬浮和乳液聚合工艺产生的胶乳就是这种情况。对于较小的胶乳颗粒，限速过程是 VCM 从 PVC 颗粒表面扩散到水相以及从水相扩散到气相。对于较大的胶乳颗粒，限速过程转变为 VCM 在颗粒内部的扩散以及向水相的扩散。

汽提可以在配有冷凝系统的高压反应釜内进行，或在外部的汽提塔中以间歇、连续或间歇/连续相结合的方式进行。当气相-聚合物界面和汽提时间最佳时，会达到最有效的汽提。反应器可通过设计使液体和器壁的接触面积尽可能大，从而优化聚合过程中的冷却效率。这并不会使气相-聚合物界面最大化，尤其当反应器体积增加时。连续式外部汽提塔非常适合悬浮聚合 PVC 的汽提。

E-PVC 的汽提设备，可通过设计使胶乳呈薄膜状以尽量增大气相-胶乳界面。但汽提时间的灵活度很小，因为是由汽提塔本身的几何和物理尺寸及工厂的生产量决定。采用间歇式或间歇/连续组合式外部汽提塔可达到最佳的胶乳汽提效果。但这种汽提塔并不总是适用，最明显的是不适合与连续聚合工艺结合。

（2）环境效益

- 从胶乳和淤浆中去除 VCM。
- 防止干燥阶段向空气排放 VCM。
- 防止最终产品的 VCM 排放。

（3）跨介质效应

无可提供资料。

（4）运行资料

无可提供资料。

（5）适用性

通常适用于所有的悬浮法及乳液法 PVC 生产工艺。

（6）经济性

无可提供资料。

（7）实施驱动力

卫生、环境和经济原因。

（8）案例工厂

遵守 ECVM 宪章规定的工厂。

（9）参考文献

［11，EVCM，2002，27，TWGComments，2004］。

12.4.5 干燥过程粉尘排放的预防

（1）概述

干燥器通常具有很高的气流速度（通常 $10000m^3/t\ PVC$）及较低的 VCM 含量。

由于乳液聚合和悬浮聚合 PVC 的颗粒粒径存在差异，因此，干燥后树脂采用不同的技术从空气中分离出来，乳液聚合 PVC 采用多袋式过滤器，悬浮聚合 PVC 采用旋风分离器。

袋式过滤器的粉末去除效率最高，但袋子有时会裂开，因此，连续或有效地监测出口空气含尘量非常重要，以确保可以立即检查出这些裂开的袋子并更换。有效去除粉末的另一种方法是湿式除尘。

① S-PVC 汽提处理后的悬液通常采用机械方法（如离心）尽可能地脱水以减少干燥阶段的能耗。干燥效果由干燥设备几个干燥步骤中的一个来保证。干燥设备设计五花八门，但都以优化温度、气流和停留时间组合为目标。

② E-PVC PVC 胶乳通常用空气作为第二流体从喷嘴中喷出，或采用高速旋转的轮子喷出。尽管转轮喷雾更加节能，但由于最终塑性溶胶流变特性的原因而很少使用。另外还存在胶乳在转轮轴承中卡住并起火的问题。

如果胶乳中存在 PVC 粗颗粒,喷雾喷嘴会被堵塞,因此,胶乳在干燥前要先过滤,以优化干燥器的生产能力。

某些特种树脂的生产也采用其他干燥工艺,如用无机酸使胶乳凝聚,离心脱水,然后用一个旋转的加热筒干燥,某些情况下需在真空中操作。

(2) 环境效益

防止干燥过程中的粉尘排放。

(3) 跨介质效应

无明确的跨介质效应。

(4) 运行数据

无可提供资料。

(5) 适用性

通常适用于乳液聚合和悬浮聚合 PVC 生产工艺。

(6) 经济性

无可提供资料。

(7) 实施驱动力

环境原因。

(8) 案例工厂

无可提供资料。

(9) 参考文献

[11,EVCM,2002,27,TWGComments,2004]。

12.4.6 回收系统废气的处理

(1) 概述

回收系统中 VCM 的排放量取决于冷凝工艺的效率。排出废气可采用以下技术进行处理以去除 VCM:

- 吸收;
- 吸附;
- 催化氧化;
- 焚烧。

冷凝工艺的效率取决于所用冷凝步骤的数量、最终达到的温度以及压力降低的条件组合。

(2) 环境效益

- 去除排气中 VCM。
- 防止回收系统的 VCM 排放。

(3) 跨介质效应

无明确的跨介质效应。

（4）运行资料

无可提供资料。

（5）适用性

通常适用于所有 PVC 生产工艺。

（6）经济性

无可提供资料。

（7）实施的驱动力

环境和经济原因。

（8）案例工厂

无可提供资料。

（9）参考文献

［11，EVCM，2002，27，TWGComments，2004］。

12.4.7　VCM 逸散性排放的预防与控制

（1）概述

VCM 主要排放源如下。

• 打开聚合反应器和下游设备进行清洗。在设备打开前，应吹洗和/或蒸汽冲洗并脱气。然而，设备打开后残留其中的所有 VCM 都会被释放到空气中。也可以考虑使用萃取器处理。

• 打开任何设备进行维护后会排放 VCM，尽管经过了彻底吹洗和冲洗。

• 溶解在储气罐水封中的 VCM 的蒸发。

逸散性排放是设备连接和密封处的排放，通常这些位置被认为是无泄漏的。通过采用足够有效的操作，可以减少这种排放，包括选择有效的"无泄漏"设备，安装 VCM 监测系统，以及对所有的密封段进行定期检查。检测和维修计划是工厂健康、安全和环境管理体系的一部分。这些措施对于达到保障工厂员工健康所需要的低暴露水平是不可或缺的。

ECVM 已经提出了如下参考方法。

• 用于测量和控制逸散性排放（ECVMreference method 'Identification，measurement and control of fugitive emissions from process equipment leaks'，October 2004）。

• 用于评估储气罐排放（ECVM reference method for the assessment of atmospheric emissions from gasholders，October 2004 revision 2）。

（2）环境效益

减少 VCM 的逸散性排放。

（3）跨介质效应

没有明确的跨介质效应。

（4）运行资料

无可提供资料。

（5）适用性

通常适用于所有 PVC 生产工艺。

（6）经济性

无可提供资料。

（7）实施驱动力

卫生和环境原因。

（8）案例工厂

使用 ECVM 推荐方法的工厂。

（9）参考文献

[9，EVCM，2000，10，EVCM，2001，11，EVCM，2002，27，TWGComments，2004]。

12.4.8　VCM 事故性排放的预防

（1）概述

例如，当聚合反应过程中反应速率超过了正常范围和紧急控制限值时，会发生 VCM 的事故性泄漏。如果正常的控制措施失效，反应能量须通过氯乙烯的应急排放进行释放。

预防 VCM 向大气中应急排放的辅助措施包括以下几方面。

- 反应器给料和操作条件采用专门的控制设备。
- 用化学抑制系统终止反应。
- 具有反应器应急冷却能力。
- 设置搅拌应急电源。
- 具有紧急情况下受控排气到 VCM 回收系统的能力。

（2）环境效益

防止事故条件下 VOC 排放。

（3）跨介质效应

没有明确的跨介质效应。

（4）运行资料

无可提供资料。

（5）适用性

通常适用于所有 PVC 生产工艺。

（6）经济性

无可提供资料。

（7）实施驱动力

安全与环境原因。

（8）案例工厂

通常是 ECVM 工厂。

（9）参考文献

［11，EVCM，2002，27，TWGComments，2004］。

12.5 UP 技术

12.5.1 废气处理

（1）概述

废气有很多来源（特别是工艺容器），在排放到大气前必须进行处理。应用最广泛的废气处理技术是热氧化技术。

然而，也有其他技术可供使用。例如，活性炭吸附可用于从流量和 VOCs 浓度相对较低的排气中去除 VOCs。

其他案例如下。

- 乙二醇洗涤器用于处理顺丁烯和邻苯二甲酸酐储罐排气。
- 升华箱（冷捕集器，用于酸酐升华，包括维护清洗及回收材料再加工的系统）。

（2）环境效益

减小反应器的 VOCs 排放。

（3）跨介质效应

无可提供资料。

（4）运行数据

无可提供资料。

（5）适用性

普遍适用。

（6）经济学

无可提供资料。

（7）实施驱动力

环境原因。

（8）案例工厂

荷兰 Schoonebeek 的 DSM 公司（热氧化）。

西班牙贝尼卡洛（Benicarlo）Ashland 公司（活性炭柱）。

（9）参考文献

［5，CEFIC，2003，8，European Commission，2003］。

12.5.2 废水热处理

（1）概述

聚酯生产中的废水主要为反应水。这些废水可以在装置区内处理或装置区外处理。

在装置区内处理时，采用热氧化处理。

废气和废液的组合焚烧设备，是目前最通用的技术。焚烧炉还可用于回收热量，即通过蒸汽或热油回收能量，然后用于工艺加热。

反应水的一种外部处理方法是将其导引或输送到废水生物处理厂（WWTP）。

（2）环境效益

破坏反应水中的 VOCs 和 COD/TOC。

（3）跨介质效应

- 热量回收。
- 增加了 CO_2 和 NO_x 排放。

（4）运行资料

无可提供资料。

（5）适用性

普遍适用。废物焚烧指令提出了焚烧和监测的要求。

（6）经济性

无可提供资料。

（7）实施驱动力

环境和经济原因。

（8）案例工厂

无可提供资料。

（9）参考文献

［5，CEFIC，2003］。

12.5.3　废水生物处理

（1）概述

聚酯生产中的废水主要为反应水。这些废水可以在装置区内处理或装置区外处理。反应水的一种外部处理方法是将其导引或输送到废水生物处理厂（WWTP）或厌氧消化池。

（2）环境效益

- 破坏了反应水中的 VOCs 和 COD/TOC。
- 不需焚烧废水即将其中的有害有机物破坏。
- 不使用燃料。
- 不向大气排放污染物。

（3）跨介质效应

废水处理厂内和输送中的气味问题。

（4）运行资料

无可提供资料。

（5）适用性

取决于反应水的组成。须测定生物降解性。

（6）经济学

较废水焚烧处理便宜（取决于运输距离）。

（7）实施驱动力

环境和经济原因。

（8）案例工厂

芬兰波尔卧（Porvoo）Ashland 工厂。

（9）参考文献

［27，TWGComments，2004］，［46，TWGComments，2005］。

12.6　**ESBR 技术**

［13，IISRP，2002］

以下所列技术根据表 12.13 方案进行分级。

表 12.13　ESBR 工艺使用的技术

排放源	可用技术	成本	效率
气体			
存储	液位变化最小(仅适用于综合性工厂)	L	M
	气体平衡管线(仅适用于附近储罐)	M(H)	M(H)
	浮顶(仅适用于大型储罐)	H	H
	排气冷凝器	H	H
	改进苯乙烯汽提	M	M
	收集排气到装置外处理(通常是焚烧)	H	H
工艺设备	收集排气到装置外处理 (通常是焚烧)	H	H
气体			
粉尘 整理设备中的橡胶 添加剂中的粉末	过滤器	H	M
	水力旋流器	H	M
	收集排气到外部处理(通常是焚烧)		
扩散(逸散性) 排放	法兰、泵、密封等的监测	H	M
	预防性维护	H	H
	闭环采样	H	H
	装置升级:串联机械密封,防泄漏阀门,加强垫圈	H	H
液体			
工艺水	厂内循环	M	H
废水	生物处理	L	H
	沉淀池	L	L
	废水汽提塔	H	H

排放源	可用技术	成本	效率
固体废物			
危险废物	通过加强隔离减少废物体积	L	M
无害废物	收集到外部处理	H	H
	通过加强管理和厂外循环利用减少废物体积	L	M

（1）概述

通常，生产原料通过管道从附近的生产设施或航海站输送。部分工厂的单体通过公路或铁路罐车运输。工厂存储容器必须专门设计和维护，以防止泄漏导致土壤和水污染。

丁二烯在其自身蒸汽压力下存储于覆盖有耐火材料的球形容器中，以减小来自外部火灾的风险。

苯乙烯通过外部热交换器保持冷却状态。两个单体都包含一种抑制剂如叔丁基邻苯二酚，以防止聚合物生成以及极端情况下发生失控聚合反应。

通常，所有的储罐装备有密封围堰以在泄漏发生时容纳泄漏的物料。丁二烯是例外，因为人们认为更好的措施是将所有泄漏通过槽道引流走而不是允许液体在容器下积累。这避免了液体在储罐底部逐渐积累进而防止丁二烯池火的发生。丁二烯存储时排放气体应进行收集。

其他关于存储的信息详见 Storage BREF（ESB）。

（2）环境效益

预防存储过程中的排放。

（3）跨介质效应

没有已知的跨介质效应。

（4）运行资料

无可提供资料。

（5）适用性

普遍适用。

（6）经济性

无可提供资料。

（7）实施驱动力

环境和经济原因。

（8）案例工厂

无可提供资料。

（9）参考文献

［13，IISBR，2002］。

12.7 黏胶纤维技术

12.7.1 精纺机加防护罩

（1）概述

精纺机是 CS_2 排放源之一。通过精纺机加防护罩可避免这些排放。

为便于操作，防护罩必须配有防漏的滑动窗口。为避免有害和爆炸性气体的累积，防护罩内安装吸气系统以将 CS_2 输送到回收设备。

（2）环境效益

减少纺丝单元 CS_2 的排放。

（3）跨介质效应

CS_2 的回收减少了工艺所需的新鲜 CS_2 量。

（4）运行资料

无可提供资料。

（5）适用性

适用于所有的纺丝生产线。

（6）经济性

无可提供资料。

（7）实施驱动力

该技术通过循环利用，减小了工厂排放量和 CS_2 消耗量。

（8）案例工厂

奥地利 Lenzing 工厂。

（9）参考文献

[30，UBA，2004]。

12.7.2 冷凝回收 CS_2

（1）概述

冷凝系统用于处理来自纺丝生产线的废气，使精纱机排放的 CS_2 凝结后进一步用于生产工艺。

温度约 95℃的蒸汽、CS_2 和空气的混合物从 CS_2 箱中吸出。大部分水汽通过与水混合而在蒸汽冷凝器凝结。冷凝器出口的水温大约为 $70\sim75$℃，并且该废水流回到酸性水循环系统，以弥补产品从系统中带走的水。为避免 CS_2 在蒸汽冷凝器内凝结，输送到蒸汽冷凝器的水温不应低于 50℃。

CS_2 和蒸汽饱和的空气通过冷凝器，在其中被水射流萃取，更多的 CS_2 被冷水凝结。

接着通过空气分离器将气相与液相分离。

气相包含空气和所有的未凝结气体，而液相包含工艺水和凝结的 CS_2，接着在 CS_2 沉淀器中分离。气相排出后进行进一步净化，如 12.7.3 节所述。上述过程如图 12.2 所示。

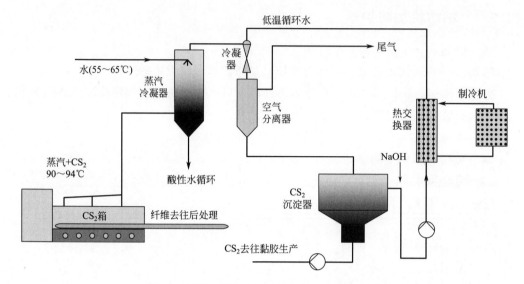

图 12.2　黏胶纤维生产过程中 CS_2 冷凝的示意

回收的 CS_2 是高纯度的，不需经过额外的净化程序即可再次用于黏胶工艺。沉淀器溢流出的水几乎不含 CS_2，用氢氧化钠处理去除剩余的 H_2S 后可循环利用。

（2）环境效益

减少 CS_2 排放。

（3）跨介质效应

回收的 CS_2 循环回工艺。

（4）运行资料

该技术可使蒸汽中 CS_2 的回收率高达 98％。

（5）适用性

普遍适用。

（6）经济性

无可提供资料。

（7）实施驱动力

环境、经济和法律因素。

（8）案例工厂

奥地利的 Lenzing 工厂。

（9）参考文献

[30，UBA，2004，41，Lenzing-Technik]。

12.7.3 活性炭吸附回收 CS_2

12.7.3.1 仅回收 CS_2

（1）概述

该技术只适用于不含 H_2S 的废气。为避免 H_2S 造成污染，气体进入吸附单元前先用 NaOH 洗涤器处理。

首先，蒸汽饱和的废气被脱除 H_2S。该过程发生在包含两个气流洗涤器的吸收装置中，气流洗涤器采用稀氢氧化钠溶液。之后是一台离心洗涤器，用于去除氢氧化钠喷雾。然后废气被送到 2 个或 3 个平行的吸附柱，用于吸附 CS_2。当吸附柱达到吸附容量时，通过蒸汽解吸附作用逆流再生。水蒸气和二硫化碳气体的混合蒸汽被冷凝，并根据密度差在洗提器中分层。回收的 CS_2 不需进一步纯化直接循环到黏胶生产工艺。冷凝的蒸汽通过汽提去除残留 CS_2 后，作为稀释水加到气流洗涤器。

（2）环境效益

通过循环利用减少了 CS_2 排放和消耗量。

（3）跨介质效应

无可提供资料。

（4）运行资料

一个案例工厂的运行数据如下。

- 气体流量：$110000Nm^3/h$。
- CS_2 进口浓度：$5 \sim 15g/m^3$。
- CS_2 出口浓度：$<150mg/m^3$。
- H_2S 出口浓度：$<5mg/m^3$。
- CS_2 去除效率：$94\% \sim 96\%$。

（5）适用性

适用于含低浓度 H_2S 的废气。

（6）经济性

无可提供资料。

（7）实施驱动力

经济和环境原因。

（8）案例工厂

奥地利 Lenzing 工厂。

（9）参考文献

［30，UBA，2004］。

12.7.3.2 回收 CS_2 和单质硫

（1）概述

该技术用于处理精纺机排出的富含硫化氢的废气。

在所谓的 Sulfosorbon 工艺中，H_2S 被转化为可用 CS_2 萃取的单质硫。接着用一个分离塔使二硫化碳与硫分离。

硫采用回收的 CS_2 萃取。萃取形成的混合物通过精馏再次分离。吸附在上部区域的 H_2S 通过蒸汽再生脱除。

废气经冷却和蒸汽饱和后进入吸附柱。吸附柱下部充满用碘化钾浸渍的活性炭，以促进 H_2S 转变为硫单质。被吸附的硫用 CS_2 解吸，然后通过 CS_2 蒸发和精馏分离，最后如 12.7.4.2 部分所述用于生产硫酸。

吸附柱上部区域用于回收 CS_2。当达到吸附饱和时，活性炭用蒸汽再生。蒸汽和 CS_2 混合物经冷凝分离，CS_2 直接循环回到罐区。水中残余的 CS_2 汽提脱除。

汽提排放的废空气循环回吸附柱。

（2）环境效益

通过循环利用减少了 CS_2 排放和消耗量。

（3）跨介质效应

无可提供资料。

（4）运行资料

一个工厂实例的运行数据如下。

- CS_2 进口浓度：$5\sim15g/m^3$。
- CS_2 出口浓度：$<150mg/m^3$。
- H_2S 出口浓度：$<5mg/m^3$。
- CS_2 去除效率：$96\%\sim98\%$。

（5）适用性

适用于含溶剂的废气。

（6）经济性

无可提供资料。

（7）实施驱动力

经济和环境原因。

（8）案例工厂

奥地利 Lenzing 工厂。

（9）参考文献

[30，UBA，2004]。

12.7.4　生产硫酸的脱硫处理

对于含有高浓度含硫化合物（体积百分比大于 5%）的废气，有更多的处理技术可供选用。在实践中，经常选择将废气焚烧催化氧化为硫酸的技术。该工艺在生产出足够高浓度酸的情况下，具有经济可行性。

12.7.4.1 湿式催化工艺过程（单层催化剂）

（1）概述

在案例工厂中，处理烟气流量约为 22000Nm³/h，主要来自四个排放源（硫化、溶解、真空脱气和纺丝浴制备）。气体含有约 2.4g/Nm³ H_2S 和 2.3～2.4g/Nm³ 的 CS_2。该气体在贵金属催化剂作用下，在温度为 350 到 400℃时燃烧为 SO_2，然后在一种湿式催化剂（V_2O_5）作用下一步氧化为 SO_3。含 SO_3 气体在 250℃下冷凝制得约 88％的硫酸。残余硫酸气溶胶采用湿式静电除尘器去除。在该生产装置，可生产约 200L/h 硫酸，并用于纺丝工艺。

（2）环境效益

减少了 CS_2 和 H_2S 排放。

（3）跨介质效应

- 增加了 SO_2 排放。
- 硫酸循环回生产工艺。

（4）运行资料

- 尾气中残留 SO_x（以 SO_2 计）排放浓度约达 100～190mg/Nm³，残留 CS_2 5mg/Nm³，H_2S 不可追踪（traceable）。
- 转化率为 99％。
- 增加废气的 H_2O_2 处理，SO_2 可达到 50mg/Nm³ 的排放浓度。

（5）适用性

特别适用于硫化、溶解、真空脱气、纺丝浴制备过程中排放的含 CS_2 和 H_2S 总量大于 5g/Nm³ 的废气处理。

（6）经济性

无可提供资料。

（7）实施驱动力

环境、法律和经济原因。

（8）案例工厂

奥地利 Glanzstoff 工厂。

（9）参考文献

[30，UBA，2004]，[41，Lenzing-Technik]，[43，Glanzstoff]。

12.7.4.2 干-湿催化双接触工艺

（1）概述

该工艺中，纤维生产烟气（H_2S 和 CS_2 的体积分数分别为 40％～45％和 10％～15％）被燃烧处理。该工艺也可用于单质硫及高浓度含硫气体的处理。

（2）环境效益

减少 CS_2 与 SO_2 排放。

（3）跨介质效应

硫酸循环回生产工艺。

（4）运行资料

· SO_2 排放：$500mg/Nm^3$。

· SO_2 向 SO_3 的转化率：99.8%。

（5）适用性

适用于高负荷废气。

（6）经济性

无可提供资料。

（7）实施驱动力

经济、环境和法律原因。

（8）案例工厂

奥地利 Lenzing 工厂。

（9）参考文献

[30，UBA，2004]。

12.7.5 纺丝浴中硫酸盐的回收

（1）概述

硫酸钠可结晶为芒硝。因此，纺丝浴溶液被送入多级浓缩器以提高硫酸钠浓度。在浓缩器内，水被蒸发使溶液达到饱和点并发生结晶。

通过在熔炉中重结晶和结晶器中蒸发结晶水，获得浆状硫酸钠。

浆状硫酸钠经离心机分离后在干燥塔内通过天然气炉直接加热至450℃干燥。也可采用滚筒式烘干机烘干并在随后的旋风分离器中分离。

（2）环境效益

降低了硫酸盐的排放。

（3）跨介质效应

所得硫酸钠可作为副产品出售。

（4）运行资料

无可提供资料。

（5）适用性

通常适用于硫酸盐减排。如果有必要进一步的减少硫酸盐量，可采用12.7.7部分所述工艺。

（6）经济性

无可提供资料。

（7）实施驱动力

法律和环境原因。

（8）案例工厂

奥地利 Lenzing 工厂和 Glanzstoff 工厂。

（9）参考文献

[30，UBA，2004]。

12.7.6　含硫酸锌废水的处理

（1）概述

通过二级或三级中和去除其他含硫酸锌废水中的锌，该过程中废水用石灰乳将 pH 值从 4 调节到 10。

锌以氢氧化物 [$Zn(OH)_2$] 形式沉淀，并在下游初级沉淀池分离。沉淀污泥含有氢氧化锌和多余的石灰，在浓缩池中浓缩并用离心机或箱式压滤机脱水。脱水后，干物质大约是原重的 50%～55%，其中，锌的含量根据采用脱水技术的不同分别为 10%～15% 和 8%～10%。

在第二阶段，硫化氢可用于进一步将锌以硫化锌的形式沉淀。

（2）环境效益

减少了废水锌的排放。

（3）跨介质效应

必须考虑沉淀污泥的处理。

（4）运行资料

使用该技术的第一步，可在废水进入集中式废水处理厂前，使锌浓度从 35mg/L 下降到 1mg/L 以下。

同时使用第一步和第二步，废水中锌的浓度下降到 0.2mg/L 以下。

（5）适用性

普遍适用。

（6）经济性

无可提供资料。

（7）实施驱动力

法律和环境原因。

（8）案例工厂

奥地利 Lenzing 工厂和 Glanzstoff 工厂。

（9）参考文献

[30，UBA，2004]。

12.7.7　硫酸盐厌氧还原

（1）概述

在厌氧反应器中，硫酸盐被微生物还原为 H_2S。大部分气体随液相输送到曝气池。其余的硫化氢以气体形式存在。部分溶解态的硫化氢被循环利用于将锌沉淀为硫化锌

（如 12.7.6 部分所述）。在曝气区硫化氢用定量氧气再氧化以得到单质硫，并伴随剩余污泥从处理工艺中排出。剩余废水和市政、工业废水混合后处理。

（2）环境效益

减少废水中硫酸盐的排放。

（3）跨介质效应

通过厌氧还原产生的硫化氢用于沉淀锌。

（4）运行资料

无可提供资料。

（5）适用性

适用于排放到敏感水体的废水中硫酸盐的还原。

（6）经济性

无可提供资料。

（7）实施驱动力

法律和环境原因。

（8）案例工厂

奥地利 Lenzing 工厂。

（9）参考文献

［30，UBA，2004］。

12.7.8　无害废物的处理

（1）概述

黏胶纤维生产过程中产生的无害固体废物主要由污水污泥（初始污泥和活性污泥）组成，用于生产蒸汽和能量。

这些废物在一个流化床焚化炉焚烧。

来自黏胶纤维生产的灰烬用于物料回收，例如，用于水泥工业。

（2）环境效益

减少废物排放和燃料消耗。

（3）跨介质效应

降低了用于生产蒸汽和能量的燃料消耗。

（4）运行资料

无可提供资料。

（5）适用性

普遍适用。受废弃物焚烧指令的限制。

（6）经济性

无可提供资料。

（7）实施驱动力

环境和经济原因。

（8）案例工厂

奥地利 Lenzing 工厂。

（9）参考文献

［30，UBA，2004］。

12.7.9 废水生物处理

（1）概述

废水中的硫酸盐和锌被去除后，输送到生物法污水处理厂。废水处理示意如图 12.3 所示。

沉淀过程产生的剩余污泥经机械脱水至干物质含量约为 35%～50%，并通过流化床焚烧炉焚烧。压滤水经收集后与工厂污水混合处理。

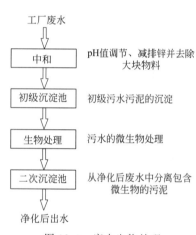

图 12.3 废水生物处理
的原理［Glanzstoff］

（2）环境效益

- 减排 COD。
- 去除残留的硫化物和锌。

（3）跨介质效应

必须考虑污水污泥的处理。

（4）运行资料

达到以下排放值：COD 小于 20mg/L。

（5）适用性

普遍适用。

（6）经济性

无可提供资料。

（7）实施驱动力

环境和法律原因。

（8）案例工厂

奥地利 Lenzing 工厂和 Glanzstoff 工厂。

（9）参考文献

［30，UBA，2004］。

13

BAT技术

为了理解本章的内容，请仔细阅读本书的序言，特别是序言第五节"如何理解和使用本书"。本章介绍的BAT技术及其相关的污染排放和/或消耗水平或大致范围，经过了系统评估，具体步骤如下。

- 识别行业所存在的主要环境问题。
- 考察解决这些问题最为相关的技术。
- 根据欧盟和全球现有资料，判断最佳环境绩效。
- 分析实现最佳环境绩效的条件，如成本、跨介质效应以及技术实施的主要驱动力。
- 一般地，根据指令2（11）条款和附件Ⅳ，确定该行业的BAT技术及其排放和/或消耗水平。

欧洲综合污染预防与控制局（European IPPC Bureau）及相关技术工作组（Technical Working Group，TWG）的专家意见在上述过程的每个步骤及信息陈述方式中起着关键作用。

本章根据评估结果介绍了BAT技术及其应用的污染排放和材料消耗水平，这些技术总体上适应于聚合物行业的需求，基本反映了聚合物行业的一些设施的当前性能。"与BAT技术相关的"排放或消耗水平，"水平"（levels）反映这些技术在行业应用的预期环境效益和BAT技术自身的成本效益平衡，并非排放或消耗的限值。某些技术尽管可取得更好的排放或消耗水平，综合费用和跨介质因素后，总体上却不能作为聚合物行业的BAT技术。当然，在一些更特殊、存在特殊驱动力的情况下，这些排放或消耗水平合理可行。

BAT技术应用时的排放和消耗水平的确定必须考虑具体的背景条件（如平均

周期）。

上述"与 BAT 技术相关的水平"与本书其他章节介绍的"可达到水平"的概念完全不同。某项技术或组合技术应用后的"可达到"水平，应该理解为，采用该项技术的工艺或装置在维护运行良好的情况下经过一段时间运行后，可以达到的水平。

前面章节介绍了一些技术及其大致的成本数据，实际成本还需要根据其应用的具体情况，如税收、收费及装置技术特征确定。本书未详细评估这些具体因素。如果技术成本的相关资料缺乏，则可开展现有装置调研，评估技术的经济可行性。

可以本章介绍的通用 BAT 技术为参照，开展现有装置运行性能评估，或提出新装置运行改进建议，从而有助于确定装置"基于 BAT"工况，或对照指令第 9（8）条款，建立具有普遍约束力的规则。这样，设计新装置的运行性能可达到或超过通用 BAT 技术。如果技术在已有装置的应用具有技术经济可行性，其运行性能也能达到或超过通用 BAT 技术。

BAT 参考文件虽然没有构建法律约束力标准，却为聚合物行业、欧盟成员国以及公众提供了指导性资料，即采用某项技术时达到的排放和消耗水平。但是，某项技术应用后的合理排放限值的确定则需要综合 IPPC 指令的目标以及装置所处场地的实际状况。

（1）与 CWW BREF 的关系

CWW BREF 描述了化学工业应用的共性技术。有关回收或减排技术的详细描述可以在该文件中找到。

CWW BREF 所述末端治理技术的 BAT 排放水平都应作为 BAT 技术参考，无论这些技术应用于聚合物行业的哪一领域。

（2）物质流量和浓度水平

在本章，一般在以浓度和质量流量两种形式给出 BAT 技术相关排放水平的地方，在具体情况下应将两者中较大的排放量作为 BAT 技术参考。所有 BAT 技术相关排放水平都是指包括点源排放和逸散性排放在内的总排放。

（3）理解本章所述 BAT 技术的应用

本书适用于不同类型的聚合物（例如，聚乙烯、聚酯）。本章所列出的 BAT 技术包括了通用 BAT 技术（详见 13.1）和本文件所涵盖聚合物类型的专用 BAT 技术（详见 13.2～13.10）。表 13.1 给出了为一种聚合物确定适用 BAT 的方法。通用 BAT 技术是指被认为普遍适用于所有类型聚合物生产装置的 BAT 技术；聚合物专用 BAT 是指那些被认为专门适用于主要生产或完全生产某些类型聚合物装置的 BAT。

因此，在确定 BAT 技术时，既要考虑通用 BAT 技术，也要考虑专用 BAT（见表 13.1）。

需要注意的是，技术交流尚未得出聚酰胺和 PET 纤维专用 BAT 技术及其水平范围。因此，适用于这些聚合物的 BAT 技术被认为是通用 BAT 以及 CWW BREF 描述的 BAT 技术。

表 13.1 不同聚合物组合本章所述 BAT 技术的方法

通用 BAT 技术 （见 13.1 部分）	附加	用于聚合物生产的专用 BAT 技术
		聚烯烃，参见 13.2 部分
		聚苯乙烯，参见 13.3 部分
		聚氯乙烯，参见 13.4 部分
		不饱和聚酯，参见 13.5 部分
		乳液聚合丁苯橡胶，参见 13.6 部分
		含丁二烯的溶液聚合橡胶，参见 13.7 部分
		聚酰胺，参见 13.8 部分
		聚对苯二甲酸乙二醇酯纤维，参见 13.9 部分
		黏胶纤维，参见 13.10 部分

由于该行业的动态特性以及本书的时效性，不可能列举所有技术，因此，可能有本书所述之外的可以满足或超过本章所述 BAT 水平的其他技术。

13.1 通用 BAT

通常认为，对于每一种聚合物装置，将本节（13.1）所列 BAT 技术与 13.2～13.10 所列相应聚合物类型的专用 BAT 技术相结合，可以作为起点进一步确定合适的现场技术与条件。因此，结合装置现场的环境条件，考虑本 BAT 导则和其他当地因素进行具体优化是一个很现实的目标。

因此，为了提供与 BAT 技术相符的性能水平，结合本章后续章节提供的其他专用 BAT，聚合物生产的通用 BAT 技术如下。

（1）BAT 技术是应用和遵守环境管理体系

许多环境管理技术被确定为 BAT 技术。采用环境管理体系（标准化的或非标准化的）的范畴（如详细程度）及性质通常根据生产装置的特性、规模、复杂程度及其环境影响范围确定。

一种适合具体情况的环境管理体系（EMS）包括如下功能。

• 高层管理人员制订装置的环境政策（高层管理人员的承诺被认为是 EMS 其他功能成功应用的前提）；

• 规划和建立必要的程序；

• 程序的执行，需特别注意以下几点：

a. 机构和职责；

b. 培训、认知和能力；

c. 信息交流；

d. 员工参与；

e. 记录文件；

f. 有效的工艺控制；

g. 维护计划；

h. 应急准备和响应；

i. 符合环境法规的安全防护措施。

- 检查绩效并采取纠正措施，需特别注意以下几点：

a. 监控（见 [32，European Commission，2003]）；

b. 纠正及预防措施；

c. 记录；

d. 独立（在可实行的情况下）的内部审核，以评估环境管理体系是否合乎计划的安排以及是否被有效执行和维护。

- 由高层管理人员进行评估。

有另外三项功能被认为是支撑措施，可作为上述功能的补充。然而，如果这三项功能缺失，通常认为与 BAT 技术不相符。这三个附加的功能如下。

- 委托一个官方认可的认证机构或一个外部 EMS 校验员对环境管理体系及审核程序进行检验和认证。

- 定期编制和发布（尽可能由外部认证）描述装置所有显著环境性能的环境报告，并可逐年对比环境目标与指标，并与行业基准进行比较。

- 执行并遵守国际公认的管理体系，如 EMAS 和 EN ISO14001：1996。这个自愿步骤会给 EMS 带来更高的公信力。特别是 EMAS，包含了上述提及的所有功能，具有更高的可靠性。但是，原则上讲，非标准化体系只要设计与实施得当，也可以达到同样效果。

具体到聚合物行业，以下 EMS 潜在功能也非常重要。

- 在新装置设计阶段考虑其最终报废带来的环境影响。

- 清洁生产技术的研发。

- 在可实行的情况下，定期与行业基准对比，包括能源效率、节能措施、原材料的选择、向空气和水的排放、水消耗量和废物产生量等。

（2）BAT 技术是通过先进的设备设计减少逸散性排放（详见 12.1.2）

用于预防和减少空气污染物逸散性排放的技术规定包括以下几点。

- 使用波纹管密封、双重填料密封的阀门或具有同等效能的设备。对于涉及高毒性物料的场合，特别推荐使用波纹管密封阀。

- 使用磁力泵、屏蔽泵或带液体屏障和双重密封的泵。

- 使用磁力压缩机、屏蔽电机驱动压缩机或带液体屏蔽和双重密封的压缩机。

- 使用磁力搅拌机、屏蔽电机驱动搅拌机或带液体屏蔽和双重密封的搅拌机。

- 尽可能减少法兰（或接头）的数量。

- 使用有效的密封垫。

- 使用封闭的采样系统。
- 在封闭系统中排放废水。
- 收集排放口排气。

对于新建装置而言，在装置设计时必须考虑这些技术规定。对于现有装置，可以根据 12.1.3 和 12.1.4 所述技术的监测结果逐步应用。

（3）BAT 技术是对逸散损失进行评估和测定，将部件按照类型、用途和工艺条件进行分类，以便识别对逸散损失贡献最大的因素（详见 12.1.3）

（4）BAT 技术是基于一个组件和用途数据库，结合逸散损失的评估和测定，建立并保持一个设备监测与维护（M&M）计划和/或泄漏检测与维修（LDAR）计划（详见 12.1.3）

（5）BAT 技术是综合利用以下技术减少粉尘排放（详见 12.1.5）

- 浓相输送比稀相输送粉尘排放更少。
- 尽可能降低将稀相输送系统中的速度。
- 通过表面处理和合适的管道布置减少输送线上粉尘的生成。
- 在除尘单元采用旋风除尘器或过滤除尘器，布袋除尘对细尘更加有效［27，TWGComments，2004］。
- 使用湿式除尘器［27，TWGComments，2004］。

（6）BAT 技术是减少装置开车和停车次数（详见 12.1.6）以避免峰值排放并降低总体消耗量（如每吨产品的能量和单体消耗）

（7）BAT 技术是在紧急停车时确保反应器内物料安全（如采用防泄漏容器系统，详见 12.1.7）

（8）BAT 技术是循环利用来自 BAT 7 的容纳物料，将其用作燃料

（9）BAT 技术是通过合理的管道设计及选材预防水污染（详见 12.1.8）

为便于检修，新建工厂或改建工厂的排水收集系统应注意以下几点。

- 将管道和泵设置在地上。
- 将管道设置在易于检修的管廊（ducks）内。

（10）BAT 技术是对以下废水采用分流制排水收集系统（详见 12.1.8）

- 受污染的工艺废水。
- 由于泄漏或其他污染源造成潜在污染的水，包括冷却水和厂区地表径流等。
- 未污染的水。

（11）BAT 技术是采用以下一种或多种技术处理来自排气筒仓的空气吹洗气流和反应器排气（详见 12.1.9）

- 回收。
- 热氧化。
- 催化氧化。
- 火炬（仅用于不连续废气）。

在某些情况下，使用吸附技术也被作为 BAT 考虑。

(12) BAT 技术是用火炬系统处理反应器系统的不连续排放（详见 12.1.10）。

只有在这些排放不能循环回工艺或用作燃料的情况下，反应器不连续排放的火炬处理才被认为是 BAT 技术。

(13) BAT 技术是尽可能采用来自热电联产装置的电和蒸汽（详见 12.1.11）。

当工厂能够利用所产生的蒸汽时或产生的蒸汽有出口时，通常会建立热电联产装置。产生的电能既可本厂使用，也可向外输出。

(14) BAT 技术是在具有内部或外部低压蒸汽用户的装置或厂内通过产生低压蒸汽回收反应热（详见 12.1.12）。

(15) BAT 技术是对聚合物生产厂的潜在废物进行再利用（详见 12.1.15）。

一般来说，对潜在废物的再利用优于填埋。

(16) BAT 技术是在多产品厂内采用管道清理系统清理液体原料和产物（详见 12.1.16）。

(17) BAT 技术是利用废水处理厂上游废水的缓冲器获得稳定的废水水质（详见 12.1.17）。

这适用于所有废水产生过程，例如，PVC 和 ESBR。

(18) BAT 技术是高效地处理废水（详见 12.1.18）。

废水处理可以在集中式污水处理厂或专门处理某种废水的处理厂进行。根据废水水质，有时也需要进行专门的预处理。

13.2 聚烯烃生产的 BAT 技术

对于聚烯烃生产，除通用 BAT 外（详见 13.1），还要考虑如下的 BAT 技术。

(1) BAT 技术是从 LDPE 工艺的往复式压缩机回收单体（详见 12.2.1）

- 将其循环回生产工艺。
- 将其送至热氧化器。

(2) BAT 技术是收集挤出机尾气（详见 12.2.2）

在 LDPE 生产中，来自挤出工段（挤压机后密封）的尾气富含 VOCs。通过吸走挤出工段的烟气，可减少单体排放，去除率>90%。

(3) BAT 技术是采用以下技术降低整理和存储工段的排放量（详见 12.2.3）

用于降低 LDPE 生产工艺整理和储存工段排放的 BAT 包括以下几点。

- 如 12.2.3.1 所述，以最小压力运行低压分离器（LPS）罐。
- 如 12.2.3.4 所述选择溶剂。
- 如 12.2.3.5 所述采用脱挥挤出。
- 如 12.2.3.6 所述处理脱气筒仓吹洗空气。

用于降低低压悬浮法工艺整理和存储工段排放的 BAT 包括以下几点。

- 如 12.2.3.1 所述采用闭路氮气吹洗系统。

- 如 12.2.3.2 所述优化汽提过程。采用优化的汽提技术，低压悬浮技术生产的聚烯烃（PP，HDPE）中单体含量降至原有水平的 25％以下。
- 如 12.2.3.2 所述，对汽提工艺回收的单体循环利用。单体循环回生产工艺，而不是火炬处理。生产每吨产品约回收 10kg 单体。
- 如 12.2.3.3 所述对溶剂进行冷凝。
- 如 12.2.3.4 所述选择溶剂。

用于降低气相法工艺（LLDPE，HDPE 和 PP）整理和存储工段排放的 BAT 技术包括以下几点。

- 如 12.2.3.1 所述采用闭路氮气吹洗系统。
- 如 12.2.3.4 所述选择溶剂和共聚单体（仅适用于 LLDPE）。

用于降低溶液法 LLDPE 工艺整理和存储工段排放的 BAT 包括以下几点。

- 如 12.2.3.3 所述对溶剂进行冷凝。
- 如 12.2.3.4 所述选择溶剂。
- 如 12.2.3.5 所述采用脱挥挤出。
- 如 12.2.3.6 所述处理来自脱气筒仓的吹洗空气。

（4）BAT 技术是尽可能提高运行反应器中的聚合物浓度（详见 12.2.4）

通过提高反应器内聚合物浓度，生产工艺的整体能量效率得到优化。

（5）BAT 技术是采用闭路循环冷却系统（详见 12.2.6）

（6）在采用 13.1 和 13.3BAT 技术的情况下，聚烯烃生产的 BAT 相关排放及消耗水平

LDPE 生产的 BAT 相关排放及消耗水平见表 13.2。

表 13.2　LDPE 生产的 BAT 技术相关排放及消耗水平（BAT AEL）

LDPE	单位	BAT AEL
消耗量		
单体消耗	kg/t 产品	1006
直接能量消耗[①]	GJ/t 产品	管式：2.88～3.24[②] 高压釜：3.24～3.60
初级能源消耗[①]	GJ/t 产品	管式：7.2～8.1[②] 高压釜：8.1～9.0
水消耗	m³/t 产品	1.7
排放到空气		
粉尘排放	g/t 产品	17
VOCs 排放 新建装置 已有装置	g/t 产品	700～1100 1100～2100
排放到水中		
COD 排放	g/t 产品	19～30

LDPE	单位	BAT AEL
废物		
惰性废物	kg/t 产品	0.5
危险废物	kg/t 产品	1.8～3

① 仅指输入能源。

② 排除低压蒸气潜在的正值能量消耗 0～0.72GJ/t（取决于低压蒸气输出的可能性）。

注：1. 直接能量消耗是指直接发生的能量消耗。

2. 初级能源指换算回化石燃料的能量。初级能源按以下效率计算：电力 40%，蒸汽 90%。直接能量消耗和初级能源消耗的巨大差别是由电能在 LDPE 生产中占很高比例造成的。

3. 烟尘包括参与者所报道的所有烟尘。

4. VOCs 包括逸散性排放在内的所有烃类及其他有机物。

5. 惰性废物（填埋处理）以 kg/t 产品计。

6. 危险废物（进行处理或焚烧）以 kg/t 产品计。

对于剩余寿命有限的现有装置而言，考虑到上述 BAT 的经济可行性，这些现有装置和新建装置的 VOCs 排放存在显著差别（见表 13.3）。

表 13.3　LDPE 共聚物生产的 BAT 技术相关排放及消耗水平（BAT AEL）

LDPE 共聚物	单位	BAT AEL
消耗		
单体消耗	kg/t 产品	1020
直接能量消耗	GJ/t 产品	4.5
初级能量消耗	GJ/t 产品	10.8
水消耗	m³/t 产品	2.8
排放到空气		
粉尘排放	g/t 产品	20
VOCs 排放	g/t 产品	2000
废物		
惰性废物	kg/t 产品	1.3
危险废物	kg/t 产品	5

注：1. 高压共聚物的生产将导致能耗显著升高。

2. 高 EVA 共聚物（18%，质量分数）的生产会使 VOCs 排放量增加 1500g/t。

3. 从原理上讲，VOCs 和 COD 排放量取决于共聚单体的类型和含量，比报道的 LDPE 生产的排放量更高。

HDPE 生产的 BAT 相关排放及消耗水平见表 13.4，LLDPE 生产的 BAT 相关排放及消耗水平见表 13.5。

表 13.4　HDPE 生产的 BAT 相关排放及消耗水平（BAT AEL）

HDPE	单位	BAT AEL
消耗		
单体消耗	kg/t 产品	1008

HDPE	单位	BAT AEL
消耗		
直接能量消耗	GJ/t 产品	新建装置:2.05 已有装置:2.05~2.52
初级能量消耗	GJ/t 产品	新建装置:4.25 已有装置:4.25~5.36
水消耗	m³/t 产品	1.9
排放到空气		
粉尘排放	g/t 产品	56
VOCs 排放 新建装置 已有装置	g/t 产品	300~500 500~1800
排放到水		
COD 排放	g/t 产品	17
废物		
惰性废物	kg/t 产品	0.5
危险废物	kg/t 产品	3.1

注:1. 直接能量消耗是指直接发生的能量消耗。
2. 初级能源指换算回化石燃料的能量。初级能源按以下效率计算:电力40%,蒸汽90%。
3. 烟尘包括参与者所报道的所有烟尘。烟尘排放主要来自挤出前的干粉。
4. VOCs包括逸散性排放在内的所有烃类及其他有机物。
5. 惰性废物(填埋处理)以 kg/t 产品计。
6. 危险废物(进行处理或焚烧)以 kg/t 产品计。

表 13.5　LLDPE 生产的 BAT 相关排放及消耗水平（BAT AEL）

LLDPE	单位	BAT AEL
消耗		
单体消耗	kg/t 产品	1015
直接能量消耗	GJ/t 产品	新建装置:2.08 已有装置:2.08~2.45
初级能量消耗	GJ/t 产品	新建装置:2.92 已有装置:2.92~4014
水消耗	m³/t 产品	1.1
排放到空气		
粉尘排放	g/t 产品	11
VOCs 排放 新建装置 已有装置	g/t 产品	200~500 500~700
排放到水		
COD 排放	g/t 产品	39

续表

LLDPE	单位	BAT AEL
废物		
惰性废物	kg/t 产品	1.1
危险废物	kg/t 产品	0.8

注：1. 直接能量消耗是指直接发生的能量消耗。

2. 初级能源指换算回化石燃料的能量。初级能源按以下效率计算：电力 40%，蒸汽 90%。

3. 烟尘包括参与者所报道的所有烟尘。

4. VOCs 包括逸散性排放在内的所有烃类及其他有机物。VOCs 排放量取决于共聚单体类型。（正丁基为 200mg/L 和正辛基 500mg/L）。

5. 惰性废物（填埋处理）以 kg/t 产品计。

6. 危险废物（进行处理或焚烧）以 kg/t 产品计。

13.3 聚苯乙烯生产的 **BAT** 技术

对于聚苯乙烯生产，除通用 BAT 技术外（详见 13.1），还要考虑如下的 BAT 技术。

（1）BAT 技术是采用一种或多种如下技术减小和控制储存过程的排放量（详见 12.3）

- 尽量减少液位变化。
- 气体平衡管线。
- 浮顶（仅适于大型储罐）。
- 安装冷凝器。
- 回收排气进行处理。

（2）BAT 技术是回收所有吹洗气流和反应器排气（详见 12.3）

吹洗气流用作燃料或采用热氧化器进行处理，用于回收热量和生产蒸汽。

（3）BAT 技术是收集和处理造粒过程废气（详见 12.3）

通常情况，从造粒工段吸出的空气，可与反应器排气和吹洗气流共同处理。该技术这仅适用于 GPPS 和 HIPS 工艺的加工过程。

（4）BAT 技术是采用一种或多种如下技术或同等技术减少 EPS 工艺准备阶段的排放量（详见 12.3）

- 蒸气平衡管线。
- 安装冷凝器。
- 回收排气进一步处理。

（5）BAT 技术是采用一种或多种如下技术或同等技术减少 HIPS 工艺溶解系统的排放（详见 12.3）

- 旋风分离处理输送空气。
- 高浓度抽吸系统。

- 连续溶解系统。
- 蒸气平衡管线。
- 回收排气进一步处理。
- 安装冷凝器。

（6）在采用13.1和13.3部分BAT技术的情况下，聚苯乙烯生产的BAT技术相关排放及消耗水平

GPPS生产的BAT相关排放及消耗水平见表13.6，HIPS生产的BAT相关排放及消耗水平见表13.7。

表13.6　GPPS生产的BAT相关排放及消耗水平（BAT AEL）

GPPS	单位	BAT AEL
废气排放		
粉尘	g/t 产品	20
总VOCs	g/t 产品	85
水排放		
COD	g/t 产品	30
悬浮固体	g/t 产品	10
总烃	g/t 产品	1.5
废水	t/t 产品	0.8
冷却塔排水	t/t 产品	0.5
废物		
危险废物	kg/t 产品	0.5
无害废物	kg/t 产品	2
消耗		
总能量	GJ/t 产品	1.08
苯乙烯	t/t 产品	0.985
矿物油	t/t 产品	0.02
冷却水（封闭循环）	t/t 产品	50
工艺水	t/t 产品	0.596
氮气	t/t 产品	0.022
稀释剂	t/t 产品	0.001
添加剂	t/t 产品	0.005

注1. 水中的污染物排放量为处理后测量数据。废水处理设施可设在厂内或在某处集中处理的位置。

2. 不包括冷却塔排水。

3. 危险废物（进行处理或焚烧）以kg/t产品计。

4. 惰性废物（填埋）以kg/t产品计。

表 13.7 HIPS 生产的 BAT 相关排放及消耗水平 （BAT AEL）

HIPS	单位	BAT AEL
废气排放		
粉尘	g/t 产品	20
总 VOCs	g/t 产品	85
水排放		
COD	g/t 产品	30
悬浮固体	g/t 产品	10
总烃	g/t 产品	1.5
废水	t/t 产品	0.8
冷却塔排水	t/t 产品	0.6
废物		
危险废物	kg/t 产品	0.5
无害废物	kg/t 产品	3
消耗		
总能耗	GJ/t 产品	1.48
苯乙烯	t/t 产品	0.915
矿物油	t/t 产品	0.02
橡胶	t/t 产品	0.07
冷却水(闭路循环)	t/t 产品	50
工艺水	t/t 产品	0.519
氮气	t/t 产品	0.010
稀释剂	t/t 产品	0.001
添加剂	t/t 产品	0.005

注：1 水中的污染物排放量为处理后测量数据。废水处理设施可设在厂内或在某处集中处理的位置。

2. 不包括冷却塔排水。

3. 危险废物（进行处理或焚烧）以 kg/t 产品计。

4. 惰性废物（填埋）以 kg/t 产品计。

EPS 生产的 BAT 相关排放及消耗水平见表 13.8。

表 13.8 EPS 生产的 BAT 相关排放及消耗水平 （BAT AEL）

EPS	单位	BAT AEL
废气排放		
粉尘	g/t 产品	30
包含点源排放戊烷在内的 VOCs	g/t 产品	450～700
水排放		
COD	g/t 产品	
总固体	g/t 产品	
总烃	g/t 产品	
溶解性固体	g/t 产品	0.3
废水	t/t 产品	5

续表

EPS	单位 每吨产品	BAT AEL
水排放		
冷却塔排水	t/t 产品	1.7
磷酸盐(以 P_2O_5 计)	g/t 产品	
废水		
危险废物	kg/t 产品	3
惰性废物	kg/t 产品	6
消耗		
总能耗	GJ/t 产品	1.8
苯乙烯	t/t 产品	0.939
戊烷	t/t 产品	0.065
冷却水(闭路循环)	t/t 产品	17
工艺水	t/t 产品	2.1
氮气	t/t 产品	0.01
添加剂	t/t 产品	0.03

注：1. 不包括存储过程的排放物。

2. 水中的排放量为处理后测量数据。废水处理设施可设在厂内或在某处集中处理的位置。

3. 危险废物（进行处理或焚烧）以 kg/t 产品计。

4. 惰性废物（填埋）以 kg/t 产品计。

13.4 PVC 生产的 BAT 技术

对于 PVC 生产，除通用 BAT 技术外（详见 13.1），还要考虑如下的 BAT 技术。

（1）BAT 技术是采用合适的设施存储氯乙烯单体（VCM）原料，存储设施应优化设计和维护以预防其泄漏并造成空气、土壤和水的污染（详见 12.4.1）

BAT 技术是将 VCM 存储于：

• 常压冷藏罐。

• 常温加压罐。

BAT 技术是为储罐配备以下设备以避免 VCM 排放：

• 冷却回流冷凝器。

• 连接至 VCM 回收系统或合适的排气处理设备。

（2）BAT 技术是采用以下一种技术预防 VCM 卸载连接处的排放（详见 12.4.2）

• 使用蒸气平衡管线。

• 连接脱离前排空和处理连接处的 VCM。

（3）BAT 技术是组合应用如下技术或同等技术减少反应器内剩余 VCM 的排放（详见 12.4.3）

- 减小反应器打开频率。
- 反应器减压排气进行 VCM 回收。
- 反应器液体成分排至密闭容器。
- 用水冲洗及清洗反应器。
- 把反应器清洗水排至汽提处理系统。
- 汽蒸和/或用惰性气体冲洗以除去反应器残留的微量 VCM，并将这些气体输送 VCM 回收设备。

（4）BAT 技术是采用汽提技术处理悬浮液或胶乳以获得低 VCM 含量的产品（详见 12.4.4）

合适的温度、压力、停留时间组合和自由胶乳比表面积最大化是获得高汽提处理效率的关键。

（5）PVC 生产的 BAT 技术是组合应用以下技术处理废水

- 汽提。
- 絮凝。
- 废水生物处理（详见 12.1.18）。

（6）BAT 技术是预防干燥过程中的粉尘排放（详见 12.4.5）

由于乳液聚合和悬浮聚合 PVC 的颗粒粒径不同，因此，采用不同的 BAT 技术，具体如下。

- 乳液聚合 PVC 的 BAT 技术是采用多袋式过滤器。
- 微悬浮聚合 PVC 的 BAT 技术是采用袋式过滤器。
- 悬浮聚合 PVC 的 BAT 技术是采用旋风分离器。

（7）BAT 技术是采用一种或多种如下技术或同等技术处理来自回收系统的 VCM 排放（详见 12.4.6）

- 吸收。
- 吸附。
- 催化氧化。
- 焚烧。

（8）BAT 技术是预防和控制设备连接和密封处的逸散性 VCM 排放（详见 12.4.7）

通过采用足够有效的操作、选择有效的"无泄漏"设备、安装 VCM 监测系统以及对所有密封段定期检查，使 VCM 排放最小化。检测和维修计划是工厂健康、安全和环境管理体系的一部分。这些措施对于达到保障工厂员工健康所需的低暴露水平是不可或缺的。

（9）BAT 技术是采用一种或多种如下技术或同等技术预防聚合反应器 VCM 的事故性排放（详见 12.4.8）

- 反应器给料和操作条件采用专门的控制设备。
- 用化学抑制系统终止反应。
- 具有反应器应急冷却能力。

- 设置搅拌应急电源（如果催化剂只溶于水，就没必要设置搅拌应急电源）。
- 具有紧急情况下受控排气到 VCM 回收系统的能力。

（10）在采用 13.1 和 13.4 BAT 技术的情况下，PVC 生产的 BAT 技术相关排放及消耗水平

PVC 生产的 BAT 相关排放及消耗水平见表 13.9。

表 13.9　PVC 生产的 BAT 相关排放及消耗水平

PVC	单位	BAT AEL S-PVC	BAT AEL E-PVC
排放到空气			
总 VCM	g/t 产品	18～45	100～500
PVC 粉尘	g/t 产品	10～40	50～200
排放到水			
排入水中的 VCM①	g/t 产品	0.3～1.5	1～8
COD②	g/t 产品	50～480	
悬浮固体④	g/t 产品	10	
废物			
危险废物③	g/t 产品	10～55	25～75

① 在废水处理（WWT）前。
② 最终出水中。
③ VCM 含量大于 0.1% 的固体废物。
④ 预处理后，PVC 生产厂或 EDC、VCM 和 PVC 的综合性生产厂，最终出水的 AOX 值达到 1～12g/tPVCM。

（11）技术分歧

据记载，有三个成员国提出了不同于表 13.9 的数据，根据 5.3 节所提供信息，表 13.10 所列数据被认为是 BAT 排放水平。

表 13.10　技术分歧——BAT 相关 VCM 排放

PVC	单位	BAT AEL S-PVC	BAT AEL E-PVC
排放到空气			
总 VCM	g/t 产品	18～72	160～700

变化范围的上限适用于小型生产厂。BAT AEL 变化范围较大不是由于不同 BAT 技术性能的差异，而是由于生产的产品组合不同。此范围内所有 BAT AEL 都来自整个生产过程采用 BAT 技术的工厂。

13.5　不饱和聚酯生产的 BAT 技术

对于 UP 的生产，除通用 BAT 技术外（详见 13.1），还要考虑如下的 BAT。

（1）BAT 技术是采用一种或多种如下技术或同等技术处理废气（详见 12.5.1）

- 热氧化。
- 活性炭。
- 乙二醇洗涤器。
- 升华箱。

（2）BAT 技术是对主要来自反应过程的废水进行热处理（详见 12.5.2）

废液和废气混合焚烧设备是目前最普遍采用的技术。

（3）在采用 13.1 和 13.5 BAT 技术的情况下，UP 生产的 BAT 技术相关排放及消耗水平如下

UP 生产的 BAT 相关排放及消耗水平见表 13.11。

表 13.11 UP 生产的 BAT 相关排放及消耗水平

UP	单位	BAT AEL 变化范围	
消耗			
能量	GJ/t	2	3.5
水	m^3/t	1	5
排放到空气			
排入空气的 VOCs	g/t	40	100
排入空气的 CO	g/t		50
排入空气的 CO_2	kg/t	50	150
排入空气的 NO_x	g/t	60	150
排入空气的 SO_2	g/t	≈0	100
排入空气的颗粒物	g/t	5	30
废物			
需外部处理的危险废物	kg/t		7

13.6 ESBR 生产的 BAT 技术

对于 ESBR 生产，除通用 BAT 技术外（详见 13.1），还要考虑如下的 BAT 技术。

（1）BAT 技术是合理设计和维护储罐以预防泄漏造成空气、土壤和水污染（详见 12.6.1 部分）

BAT 技术是丁二烯在其自身蒸气压力下存储于覆盖有耐火材料的球形容器中，以减小来自外部火灾的风险。

BAT 技术是苯乙烯通过外部热交换器保存在冷却状态下。

BAT 技术是采用一种或多种如下技术或同等技术。

- 减小液位变化范围（仅适于综合性生产厂）。
- 气体平衡线（仅适于相邻储罐）。
- 浮顶（仅适于大型储罐）。
- 排气冷凝器。
- 改善苯乙烯汽提。
- 收集排气到装置外处理（通常为焚烧）。

（2）BAT 技术是采用如下技术或同等技术控制和减少扩散性（逸散性）排放（详见 12.6）

- 对法兰、泵、密封口等进行监测。
- 预防性维护。
- 闭环采样。
- 装置升级更新：串联机械密封口、防泄漏阀门、强化密封垫。

（3）BAT 技术是收集工艺设备排气进行处理（通常为焚烧）（详见 12.6）

（4）BAT 技术是水循环利用（详见 12.6）

（5）BAT 技术是采用生物处理技术或同等技术处理废水（详见 12.6）

（6）BAT 技术是通过加强隔离减少危险废物体积（详见 12.6）

（7）BAT 技术是通过有效管理及装置外循环利用减少无害废物体积（详见 12.6）

（8）在采用 13.1 和 13.6 BAT 技术的情况下，ESBR 生产的 BAT 技术相关排放及消耗水平

ESBR 生产的 BAT 相关排放及消耗水平见表 13.12。

表 13.12　ESBR 生产的 BAT 相关排放及消耗水平

项目	单位	BAT AEL
排放到空气		
总 VOCs	g/t 产品	170～370
排入水		
COD	g/t 产品	150～200

13.7　含丁二烯溶液聚合橡胶生产的 BAT 技术

对于 SBR 生产，除通用 BAT 技术外（详见 13.1），还要考虑如下的 BAT。

BAT 技术是采用一种或两种如下技术或同等技术去除溶剂。

- 脱挥挤出。
- 蒸汽汽提。

13.8 聚酰胺生产的 **BAT** 技术

对于聚酰胺生产，除通用 BAT 技术外（详见 13.1），还要考虑如下的 BAT。
BAT 技术是采用湿式除尘处理聚酰胺生产过程的烟气。

13.9 聚对苯二甲酸乙二醇酯纤维生产的 **BAT** 技术

对于 PET 生产，除通用 BAT 外（详见 13.1），还要考虑如下的 BAT。

（1）BAT 技术是在 PET 生产废水送往废水处理厂前进行预处理

- 汽提。
- 循环利用。
- 或同等技术。

（2）BAT 技术是采用催化氧化或同等技术处理 PET 生产废气

13.10 黏胶纤维生产的 **BAT** 技术

对于黏胶纤维生产，除通用 BAT 技术外（详见 13.1），还要考虑如下的 BAT。

（1）BAT 技术是在防护罩内运行精纺机（详见 12.7.1）

（2）BAT 技术是冷凝处理纺丝生产线废气回收 CS_2，并将其循环回生产工艺（详见 12.7.2）

（3）BAT 技术采用活性炭吸附回收废气中的 CS_2（详见 12.7.3）
根据废气中 H_2S 的浓度，可用不同的 CS_2 吸附回收技术。

（4）BAT 技术是采用催化氧化生产 H_2SO_4 的脱硫工艺处理废气（详见 12.7.4）
根据质量流量和浓度，可采用多种不同工艺氧化含硫废气。

（5）BAT 技术是回收纺丝浴中的硫酸盐（详见 12.7.5）
BAT 技术是以硫酸钠形式回收废水中硫酸盐。副产品具有经济价值且可出售。

（6）BAT 技术是通过碱沉淀串联硫化物沉淀去除废水中的 Zn 含量（详见 12.7.5）

- BAT 技术可使 Zn 含量达到 1.5mg/L。
- 对于排入敏感水体的废水，BAT 技术可使 Zn 含量达到 0.3mg/L。

（7）BAT 技术是采用厌氧硫酸盐还原技术处理排入敏感水体的废水（见 12.7.7）
如有必要进一步除去硫酸盐，可将废水厌氧还原产生 H_2S。

（8）BAT 技术是采用流化床焚烧炉焚烧无害废物（详见 12.7.5）并回收热量用于蒸汽或能量生产。

（9）在采用 13.1 和 13.10 BAT 技术的情况下，黏胶短纤维生产的 BAT 技术相关排放及消耗水平如下。

黏胶短纤维生产的 BAT 相关排放及消耗水平见表 13.13。

表 13.13　黏胶短纤维生产的 BAT 相关排放及消耗水平

黏胶短纤维	单位	BAT AEL 变化范围	
消耗量			
能量	GJ/t 产品	20	30
工艺用水	m³/t 产品	35	70
冷却水	m³/t 产品	189	260
浆粕	t/t 产品	1.035	1.065
CS_2	kg/t 产品	80	100
H_2SO_4	t/t 产品	0.6	1.0
NaOH	t/t 产品	0.4	0.6
Zn	kg/t 产品	2	10
纺丝油剂	kg/t 产品	3	5
NaClO	kg/t 产品	0	50
排放量			
排入空气的 S	kg/t 产品	12	20
排入水中 SO_4^{2-}	kg/t 产品	200	300
排入水中 Zn	g/t 产品	10	50
COD	g/t 产品	3000	5000
废物			
危险废物	kg/t 产品	0.2	2
噪声			
厂界噪声	dB(A)	55	70

14

新技术

14.1 黏胶纤维生产中回收 H_2SO_4 的蓄热式催化工艺

（1）概述

在一个工业化原型装置中，每周净化约 100000Nm³ 来自于胎线纺丝及后处理过程排放的废气（约含 2g/Nm³ CS_2）。SO_2 浓度低阻止了废气的自热燃烧，因此，该厂按照蓄热式催化原理运行。工作过程如下：在两个交替使用反应器内通过陶瓷蓄热物质将吸收过程产生的热量用于加热废气。加热后，废气在约 450℃ 温度、贵金属催化剂作用下，直接氧化产生 SO_3，然后在另一个陶瓷反应器内冷凝。

该工艺的示意如图 14.1 所示。

（2）环境效益

减少了 CS_2 和 H_2S 的排放。

（3）跨介质效应

· 增加了 SO_2 排放。

· 硫酸循环回生产工艺。

（4）运行资料

SO_x（如 SO_2）的残余排放浓度约为

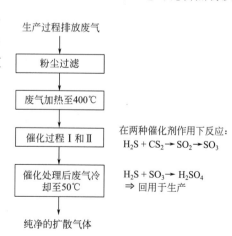

图 14.1 采用双催化剂的脱硫并生产 H_2SO_4 的流程 [43，Glanzstoff]

$180mg/Nm^3$。CS_2 残余为 $45mg/Nm^3$，但废气中残余 H_2S 含量难于测定。

（5）适用性

尤其适用于低浓度废气。

（6）经济性

无可提供资料。

（7）实施的驱动力

环境、法律以及经济因素。

（8）案例工厂

奥地利 Glanzstoff 工厂。

（9）参考文献

[30，UBA，2004]，[43，Glanzstoff]。

15

结束语

（1）工作进度安排

2003～2005 年间，组织开展了关于聚合物生产的污染综合防治最佳可行技术的信息交流。通过 2 年的工作，完成了资料收集和初稿编制，通过两次咨询会和最后的技术工作组会议（TWG）完成了本书。表 15.1 列出了该项工作的重要时间节点。

表 15.1　聚合物生产工业（POL）BREF 编制工作进程

启动会议	2003 年 12 月 3～4 日
初稿	2004 年 9 月
第二稿	2005 年 4 月
技术工作组会议	2005 年 10 月 24～27 日

（2）资料来源和书稿编制

在本书启动会议前，精心编制了几个相关内容的报告，旨在为本书编写提供目标信息。这些报告来自代表欧洲大多数聚合物生产商的欧洲塑料行业协会以及德国、意大利和法国。这些报告是本书初稿的主要素材。

通过访问位于西班牙、比利时、荷兰及奥地利的 12 家生产厂，收集了许多第一手资料，此项工作在一位或多位 TWG 成员的组织陪同下完成。此外，还有行业和成员国组织提供了资料及成功实践案例。此外，第二稿草案中两章新增内容的相关资料由欧洲塑料行业协会和奥地利提供。

一般情况下，技术交流以行业协会的参与为主。

本书的编写基于对第一稿草案的约 600 条技术意见和对第二稿草案的约 600 条技术意见。最后技术工作组会议的主要议题是 BAT 相关的排放水平和从收集数据进行推导的方法学以及用于去除生产过程排放 VOCs 的末端处理技术的适用性。

（3）本书提供信息

根据该行业的复杂性以及启动会议上达成的共识，本书不能涵盖所有聚合物的生产工艺。本书主要关注最重要的产品或产品系列。有些重要产品如聚甲醛和聚碳酸酯由于缺乏资料而无法涉及。

聚酰胺和 PET 生产加工过程的排放及消耗水平变化范围大，受产品类型影响很大，需进一步评估以加深理解，从而确定 BAT 相关的排放与消耗水平。

（4）确定 BAT 技术相关排放及消耗水平的方法学

由 APME 提供的"现有排放消耗水平"体现了一种统计学方法。例如，将 BAT 水平设定在前 25% 或 50% 生产装置达到的水平。在需要提供该方法技术理由的地方，TWG 内达成一致意见。

对含丁二烯的溶液聚合橡胶，由于技术理由未达成一致意见，因此，未能确定其 BAT 技术相关排放及消耗水平。

（5）共识程度

通过技术工作组的交流和最终技术工作组会议，资料交流非常成功，技术上达成高度共识。只有一条技术分歧记录。但是，需要强调的是，技术保密的日益增强是本书资料收集编制过程中遇到的较大障碍。

（6）未来工作建议

建议拓宽本书的范围，在修订过程中包含更多的产品和通用工艺。为达到此目的，在修订之前，需要在各成员国开展资料收集和更新工作。

有关热氧化器的排放数据，资料中应包含一个注解，说明该数据是否包含来自燃料燃烧的排放。在本书中由 APME 提供的数据，均包含了这种排放。

（7）R&D 的未来工作

通过 RTD 计划，启动支持了清洁生产技术、新兴废水处理和循环技术以及管理策略的计划课题。这些课题的成果可以为 BREF 的审查提供技术支撑。诚邀读者将涉及本书内容（详见本书绪论）的研究成果及时通报 EIPPCB。

参 考 文 献

［1］ APME (2002). "BAT Reference Document: Contribution by Industry".

［2］ APME (2002). "Best Available Techniques: Production of Polyethylene".

［3］ APME (2002). "Best Available Techniques: Production of Polystyrenes and Expandalble Polystyrenes".

［4］ APME (2004). "Best Available Techniques: Production of Polyamides".

［5］ CEFIC (2003). "Best available Techniques, Production of unsaturated Polyesters".

［6］ California Energy Commission (1982). "Cogeneration Handbook".

［7］ European Commission (2003). "BREF on common waste water and waste gas treatment /management systems in the chemical sector", European Commission.

［8］ ECVM (2004). "Identification, measurement and control of fugitive emissions from process equipment leaks".

［9］ ECVM (2001). "ECVM reference method for the assesment of atmospheric emissions from gasholders (revision 2)".

［10］ Hiltscher, M., Smits (2003). "Industrial pigging technology", Wiley-VCH, 3-527-30635-8.

［11］ International Institute of Synthetic Rubber Producers, I. (2002). "Best Available Techniques: Production of Emulsion polymerised Styrene-Butadiene Rubber (ESBR)".

［12］ Winnacker-Kuechler (1982). "Chemische Technologie, Technology for organic compounds", Carl Hanser Verlag, Muenchen.

［13］ Ullmann (2001). "Ullmann's Encyclopedia of Industrial Chemistry", Wiley-VCH.

［14］ Stuttgart-University (2000). "Resource-sparing production of polymer materials", Institute for Plastics Testing and Plastics Engineering.

［15］ Pfleiderer, W. (2004). "ZSK MEGAcompounders The polyolefin machines."

［16］ ESIG (2003). "Guide on VOC emissions management".

［17］ CIRFS, C. I. d. l. R. e. d. F. S. (2003). "Best Available Techniques: Polyester Fibre Technology".

［18］ G. Verrhiest, J.-M. B. (2003). "French contribution for the Kick-off meeting of the Technical Working Group for Best Available Techniques for the production of Polymers".

［19］ Ministerio de Medio Ambiente, S. (2003). "Location, Capacity and Production of Polymer Istallations in Spain at the end of 2002".

［20］ Roempp (1992). "Roempp Chemie Lexikon", G. Thieme Verlag, 3137348102.

［21］ J. Brandrup and E. Immergut (1998). "Polymer Handbook", John Wiley & Sons, 0 47147936 5.

［22］ TWGComments (2004). "Comments made by the TWG on the first draft document. Excel spreadsheet."

［23］ Italy (2004). "Polyamides", TWG.

［24］ M. Parth; N. Aust and K. Lederer (2003). "Molecular Characterization of Ultra-high Molar Mass and Soluble Fractions of Partially Cross-linked Polyethylenes", Int. J. Polym. Anal. Charact., 8.

［25］ UBA, A. (2004). "Austrian Mini BREF Cellulose Fibres".

［26］ UBA, U. (2004). "Medienübergreifende Umweltkontrolle in ausgewählten Gebieten. Umweltbundesamt", Bd. M-168. Wi.

［27］ Chemiefaser, I. "Man-made Fibres, The way from production to use".

［28］ Retzlaff, V. (1993). "Reststoffproblematik bei der Herstellung von synthetischen Chemiefasern", Technische Hochschule Koethen, Institut fuer Umwelttechnik.

［29］ CIRFS, C. I. d. l. R. e. d. F. S. (2004). "Proposal for a BREF document on Viscose fibres".

［30］ Plastics _ Europe (2004). "An analysis of plastics consumption and recovery in Europe".

［31］ APME (2003). "Annual Report".

［32］ Fechiplast _ Belgian _ Plastics _ Converters' _ Association.

［33］ Lenzing-Technik.

［34］ International Institute of Synthetic Rubber producers（2004）．"BAT Production of Solution Polimerised Rubber containning Butadiene".

［35］ Glanzstoff，A.，Glanzstoff Austria.

［36］ TWGComments（2005）．"Comments made by the TWG on the second draft document. Excel spreadsheet."

［37］ EPA（1989）. Reference Method 21，"Determination of Volatile Organic Compounds Leaks".

附录

附录一　词　汇　表

ABS	聚丙烯腈-丁二烯-苯乙烯
AC	碱纤维素
acid	酸,质子供体,一种在水溶液中或难或易给出氢离子的物质
AH salt	1,6-己二胺和1,6-己二酸反应生成的有机盐
AOCl	可吸附有机氯化合物
AOX	吸附性有机卤化合物。水样中能够吸附在活性碳上的所有卤素化合物(氟除外)的总浓度,以 mgCl/L 计
APE	烷基酚聚氧乙烯醚
API separator	油/水/污泥分离器(由美国石油研究所开发)
Aquifer	含水层,一种岩石(砾石或沙子)持水层,可向井或泉提供可供数量的水
Assimilative capacity	涵容能力。自然水体接受废水或有毒材料不产生有害效应或不对水生生物造成损害的能力
ASA	聚丙烯腈-苯乙烯-丙烯酸酯
Bactericide	杀菌剂,用于控制和破坏细菌的农药
BAT	最佳可行技术
BATAEL	最佳可行技术相关排放水平
BCF	膨体连续长丝
BF	间歇絮凝
BFO	船用燃料油

BFW	蒸汽生产用锅炉给水（boiler feed-water to produce steam）
Biochemicals	生化制品，自然界中自然产生的化学品或与自然界中自然产生物质一致的化学品。例如，荷尔蒙、信息素和酶。生化制品通过非毒性、非致死方式用作杀虫剂，如干扰昆虫的交配模式，调节生长或用作驱虫剂
Biodegradable	可生物降解，指可依靠微生物或其他生物环境物理和/或化学分解的特性，例如，许多化学品、食品、棉花、羊毛、纸张是可生物降解的
BOD	生化需氧量：微生物分解有机物质所需要的溶解氧量，计量单位为 mg O_2/L。在欧洲，BOD 测定时间通常为 3d、5d 或 7d
BPU	间歇聚合单元
BR	顺丁橡胶
BREF	BAT 参考文献
BTEX	苯、甲苯、乙苯、苯乙烯
BTX	苯、甲苯、苯乙烯
CAS	化学文摘社
CCR	康拉逊残碳
CF	连续絮凝
CHP	热电联产
COD	化学需氧量：在 150℃下废水中物质被化学氧化需要的重铬酸钾量（以氧计）
Concarbon	康拉逊碳＝残炭量（Conradson carbon＝the amount of carbon residue）
Cross-media effects	跨介质效应：水/空气/土壤排放、能量消耗、原材料消耗、噪声和水提取物等（即 IPPC 指令所要求的每一件事）的所有环境影响的计算
CSTR	连续搅拌釜反应器（continuous stirred tank reactor）
DAF	溶气气浮
DCPD	双环戊二烯
Diffuse emission	扩散性排放，挥发性物质或轻尘与环境（通常操作条件下为大气）直接接触造成的排放，可能由以下原因造成： • 设备本身的设计（如过滤器、干燥器） • 操作条件（如不同容器间的物料转移） • 操作类型（如维护操作） • 或通过向其他介质的逐渐释放（如冷却水或废水）
Diffuse sources	面源，在限定区域内分布的许多相似的扩散或直接排放源
DMT	对苯二甲酸二甲酯
DS	干固体（含量）。采用标准测试方法干燥后材料的剩余质量
EC50	半效应浓度，受试种群中 50% 的个体表现出效应的投加浓度。这些效应包括蚤不活动以及对生长、细胞分裂和生物质增长或藻类叶绿素生产的抑制
ECVM	欧洲乙烯基制造商委员会
EDC	二氯乙烷
Effluent	出水或排气，形成排放的物理流（带有污染物的空气或水）
EG	乙二醇

续表

EI catalyst	酯交换催化剂
EIPPCB	欧洲污染综合预防与控制局
Emerging techniques	新兴技术,未来可能的 BAT 技术
Emission	排放,装置内的独立源或面源直接或间接地向空气、水和土地释放物质、振动、热或噪声
BAT AEL	采用 BAT 技术可达到的排放和消耗水平
Emission limit values	排放限值,指在一个或多个时期内不能超过的排放浓度或水平,用某些具体参数表达
Emulsifier	乳化剂,使乳液稳定的物质
End-of-pipe technique	末端控制技术,不改变核心工艺基本运行的情况下通过额外的处理措施削减最终排放和消耗的技术。同义词:二次技术、削减技术。反义词"工艺整合技术",初级技术(通过某种方式改变核心工艺操作方式从而减少排放和消耗的技术)
EOP	末端
EP	静电除尘器
EPDM	三元乙丙橡胶
EPS	可发性聚苯乙烯
EPVC	乳液聚合 PVC
ESBR	乳液聚合丁苯橡胶
EVA	乙烯-乙酸乙烯酯
Existing installation	现有装置,运行中的装置或在 IPPC 指令生效前符合法律的装置,以及获得相关管理部门批准在 IPPC 指令生效后一年内投入运行的装置
FB	流化床
FDY	全拉伸丝
FOY	全取向丝
Fugitive emission	逸散性排放,由于非密封设备或泄漏造成的排放:一台设计为容纳密闭流体(气体或液体)的设备由于密封性逐渐损失造成的环境排放,主要由压力差异或泄漏造成。如法兰、泵、密封或密闭设备的泄漏等
GDP	国内生产总值
GPPS	通用聚苯乙烯
HDPE	高密度聚乙烯
HFO	重质燃料油
HIPS	高抗冲聚苯乙烯
HP	高压
HPS	高压分离器
HTM	传热介质
HVAC	热/通风/空气调节
HVU	高真空单元,在高真空条件下运行的生产单元(生产线中的一个步骤)
IBC	中型贮运箱
IEF	信息交流论坛(IPPC 指令框架下的非正式咨询团体)
Immission	污染物侵入,污染物质、气味和噪声在环境中的出现及其水平

Installation	装置,指 IPPC 指令附录Ⅰ所述的一项或多项活动在其中进行的稳定技术单元,在同一地点还会进行具有技术关联并对排放和污染产生影响的其他直接相关活动
IPPC	污染综合防治
IPS	抗冲击聚苯乙烯
IV	固有黏度
LDAR	泄漏检测与维修计划
LDPE	低密度聚乙烯
LLDPE	线型低密度聚乙烯
LOEC	最低可见效应浓度,试验确定的受试物质表现出负面效应的最低浓度
LP	低压
LPS	低压分离器
LTD	低温干燥
LVOC	大宗有机化学品生产的 BREF
MDI	亚甲基二苯基二异氰酸酯
MDPE	中密度聚乙烯
Median	中位数,50%的情况落在该数值以下的值
MEG	乙二醇
MF	膜过滤
MFI	熔融指数
Micelles	胶束,分散在液相胶体中的表面活性剂分子聚集体
MLSS	混合液悬浮固体浓度,活性污泥混合液悬浮固体浓度,以 mg/L 表示。通常用于活性污泥曝气单元
MMD	分子量分布
Monitoring	监测,旨在评价和测定排放或其他参数的实际数值和变化范围的过程,基于系统、定期的程序或现场监督、检查、取样和测定,或基于其他旨在提供排放量和/或排放污染物趋势信息的评价方法
Multi-media effects	详见 cross-media effects
MWD	分子量分布
n/a	不可用或不可得(根据上下文)
n/d	无数据
Naphthenes	环烷烃,分子中含由 5~6 个碳原子形成的 1 个或多个饱和环的烃,可连接链烷烃支链(形容词:napthenic)
NBR	丁腈橡胶
N-Kj	凯氏氮
NMMO	N-甲基-吗啉氧化物
NOAC	无可见急性效应浓度
NOEC	无可见效应浓度

Operator	经营者,任何经营或控制装置的自然人或法人;或该词在国家法律中出现时,是指代表装置技术功能之上具有决定性经济力量的自然人或法人
PA	聚酰胺
PBT	聚对苯二甲酸丁二酯
PBu	聚丁二烯
PC	聚碳酸酯
PE	聚乙烯
PEEK	聚醚醚酮
PE-HD	聚乙烯-高密度
PEI	聚醚酰亚胺
PE-LD	聚乙烯-低密度
PE-LLD	聚乙烯-线型低密度
PEN fibres	聚萘二甲酸乙二醇酯纤维
PES	聚醚砜
PET	聚对苯二甲酸乙二醇酯
PFR	推流反应器
PI	聚酰亚胺
PI	工艺整合
PLA	聚乳酸
PMMA	聚甲基丙烯酸甲酯
Pollutant	污染物,会对环境产生危害或影响的一种物质或一组物质
POM	聚甲醛(聚缩醛)
PP	聚丙烯
PPO	聚苯醚
PPS	聚苯硫醚
Primary measure/technique	初级措施/技术,通过某种方式改变核心工艺操作方式从而减少排放和消耗的技术(见 end-of-pipe technique)
PS	聚苯乙烯
PTA	聚对苯二甲酸
PTFE	聚四氟乙烯
PUR	聚亚胺酯
PVA	聚醋酸乙烯酯
PVC	聚氯乙烯
PVDC	聚偏二氯乙烯
PVDF	聚偏二氟乙烯
SAN	聚苯乙烯-丙烯腈
SBC	苯乙烯嵌段共聚物

SBR	丁苯橡胶
SBS	苯乙烯-丁二烯-苯乙烯
SEBS	苯乙烯-乙烯-丁二烯-苯乙烯
Secondary measure/technique	二次措施/技术(详见 end-of-pipe technique)
SEPS	苯乙烯-乙烯-丙烯-苯乙烯
SIS	苯乙烯-异戊二烯-苯乙烯
SM	苯乙烯单体
SMA	聚苯乙烯-马来酸酐
SME	中小型企业
Specific emission	比排放,相对于一个参考基础的排放量,如参考产能、实际产量(单位产量(吨)的排放质量)
S-PVC	悬浮聚合 PVC
SS	悬浮固体(含量)(水中)(见 TSS)
SSBR	溶液聚合丁苯橡胶
STR	搅拌釜反应器
Surfactant	表面活性剂,降低液体表面张力的物质,用于清洁剂、湿润剂、起泡剂
SV	溶液黏度
SWS	酸性水汽提器
TBC	4-叔丁基邻苯二酚
TFC	总余氯
THF	四氢呋喃
TOC	总有机碳—废水中有机物的计量之一。不包含样品中的其他还原剂(不同于 COD_{Cr})。欧洲总有机碳(TOC)的标准方法为 EN 1484
TMEDA	四甲基乙二胺
TPA	对苯二甲酸
TS	总固体(含量),样品干燥前的固体量[total solids(content)]
TSS	总悬浮固体(含量)(水中)(另见 SS)
TWG	技术工作组
UP	不饱和聚酯
USEPA	美国环境保护署
UV	紫外
VDI	德国工程师协会
V. I.	黏度指数(VI)
VA	醋酸乙烯酯
VCM	氯乙烯单体
VKE	塑料制造工业联合会

续表

VOC	挥发性有机化合物,在本书中指293.15K温度下蒸汽压在0.01kPa及以上的任何有机化合物,或在特定应用条件下具有相应挥发性的有机化合物
WHB	废热锅炉
WWTP	污水处理厂

附录二　常用单位、单位制和符号

术语	含　义
atm	标准大气压($1atm=101325N/m^2$)
bar	巴(1.013巴$=1atm$)
℃	摄氏度
cgs	厘米克秒,一种单位制,目前已很大程度上被SI取代
cm	厘米
cSt	厘司
d	天
g	克
GJ	千兆焦耳
Hz	赫兹
h	小时
ha	公顷($10^4 m^2$)
J	焦耳
K	开尔文($0℃=273.15K$)
kA	千安
kcal	千卡($1kcal=4.19kJ$)
kg	千克($1kg=1000g$)
kJ	千焦($1kJ=0.24kcal$)
kPa	千帕
kt	千吨
kW·h	千瓦时($1kW·h=3600kJ=3.6MJ$)
L	升
m	米
m^2	平方米
m^3	立方米
mg	毫克($1mg=10^{-3}gram$)
MJ	兆焦($1MJ=1000 kJ=10^6 joule$)
mm	毫米($1mm=10^{-3}m$)
m/min	米每分
Mt	兆吨($1Mt=10^6 tonne$)
Mt/a	兆吨每年
mV	毫伏
MWe	兆瓦电能